DEIN COACH ZUM ERFOLG!

Dein ActiveBook auf My**STARK**:

Du kannst auf alle digitalen Inhalte zu diesem Band online zugreifen. Registriere dich dazu unter **www.stark-verlag.de/mystark** mit deinem **persönlichen Zugangscode:**

C0910N-004884

Die Inhalte dieser Auflage stehen bis Schuljahresende zur Verfügung.

My**STARK**

Das Active**Book** *bietet dir:*

- Viele zusätzliche interaktive Übungsaufgaben zu allen prüfungsrelevanten Kompetenzbereichen
- Sofortiges Feedback und Auswertung der Ergebnisse
- Interaktive Lösungen: in kleinen Schritten zum Ergebnis
- Vorgerechnete Beispiele als weitere Hilfe

DEIN COACH ZUM ERFOLG!

So kannst du interaktiv lernen:

Interaktive Aufgaben

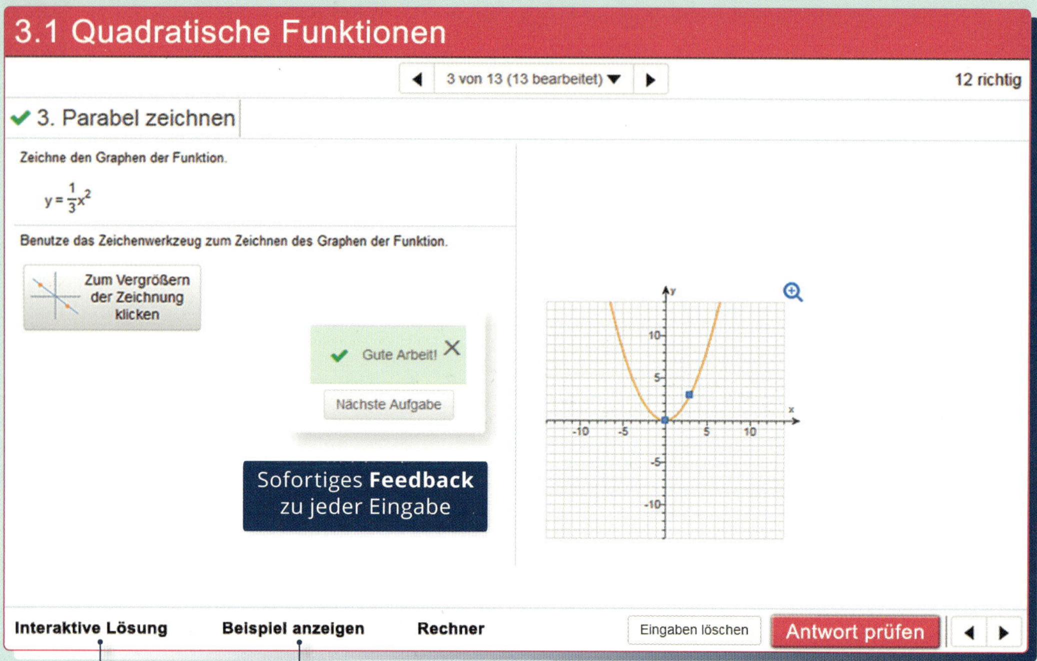

Interaktive Lösung mit kleinschrittiger Anleitung zu jeder Aufgabe

Vorgerechnetes **Beispiel** zu jeder Aufgabe

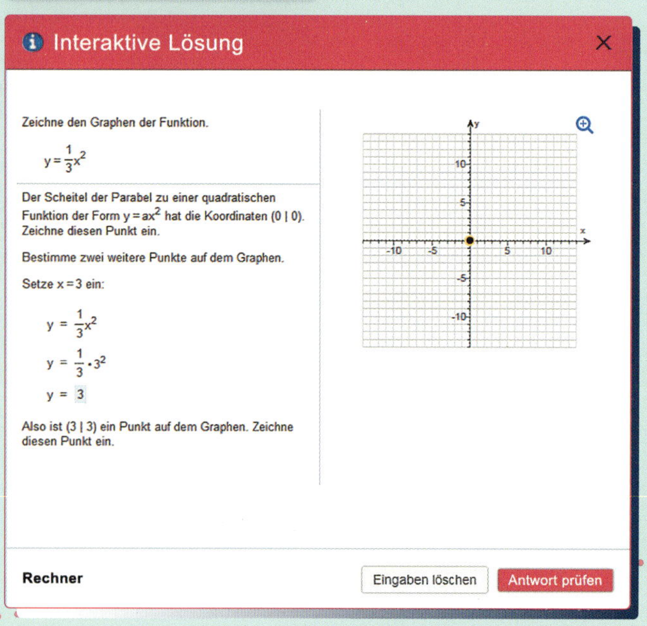

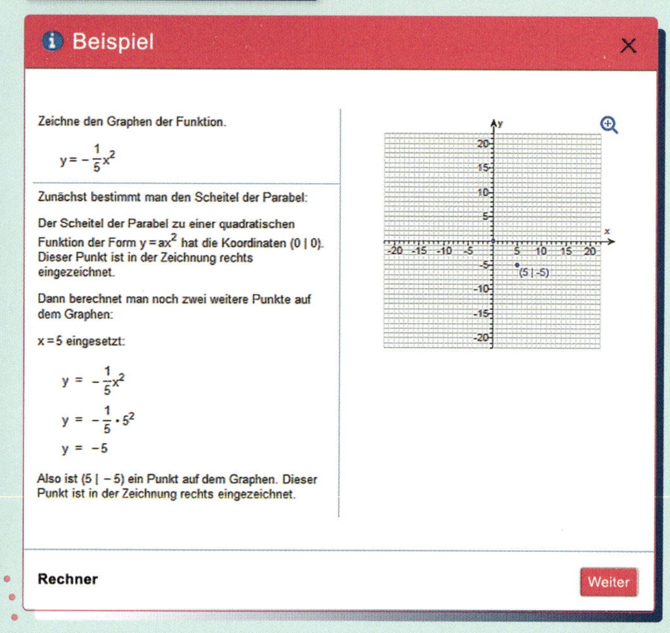

Systemvoraussetzungen:
- Mindestens 1024×768 Pixel Bildschirmauflösung
- Chrome, Firefox oder ähnlicher Webbrowser
- Internetzugang

2023

Training

Abschlussprüfung

Realschule Bayern

Mathematik II/III

STARK

Bildnachweis

S. 1: © Joe Gough / Dreamstime.com
S. 19: © Frolov Andrey / Dreamstime.com
S. 61: © Otto Durst - Fotolia.com
S. 64: © Prinzlinse - Fotolia.com
S. 71: Erde: © NASA /NSSDC; Schnur: Sergej Razvodovskij - Fotolia.com
S. 74: © Zts / Dreamstime.com
S. 77: © Mihut84 / FreeImages.com
S. 78: © matimix / shutterstock
S. 80: © chettster / FreeImages.com
S. 86: © Skatzenberger / shutterstock
S. 92: © Vincent Giordano / Dreamstime.com
S. 118: © DeVIce - Fotolia.com
S. 125: © Ioana Grecu / Dreamstime.com
S. 157: © Nruboc / Dreamstime.com
S. 161: © DeVIce - Fotolia.com
S. 167: © Florea Marius Catalin - Fotolia.com
S. B-1: © ClipDealer

14. neu bearbeitete und ergänzte Auflage
www.stark-verlag.de

Inhalt

Komplexe Aufgaben

Aufgaben im Stil der Prüfung

Original-Abschlussprüfung

Sobald die Original-Prüfungsaufgaben 2022 freigegeben sind, können sie als PDF auf der Plattform MyStark heruntergeladen werden (Zugangscode vgl. Farbseiten vorne im Buch).

ActiveBook Interaktives Training

Mit dem **Interaktiven Training** kannst du online mit vielen zusätzlichen interaktiven Aufgaben zu allen prüfungsrelevanten Kompetenzbereichen trainieren.

Die **interaktiven Aufgaben** sind im Buch mit diesem Button gekennzeichnet.

Ausführliche Infos inkl. Zugangscode findest du auf den **Farbseiten** vorne in diesem Buch.

Autoren: Markus Hochholzer, Markus Schmidl

Vorwort

Liebe Schülerin, lieber Schüler,

mit diesem Buch kannst du dich langfristig und nachhaltig auf die Abschlussprüfung in Mathematik vorbereiten. Das Buch ist so konzipiert, dass es sich zudem bereits ab Beginn der 9. Klasse zur Vorbereitung auf Schulaufgaben eignet.

Mit dem Buch erhältst du:

- **Grundwissen 5.–8. Klasse**
  Hier findest du wichtige Themen aus den früheren Schuljahren zur Wiederholung.
- **Grundwissen 9. Klasse und Grundwissen 10. Klasse**
  In diesen Kapiteln wird der prüfungsrelevante Stoff der 9. und der 10. Jahrgangsstufe anhand von Beispielen erläutert. Zu jedem Themenbereich findest du zudem vielfältige Aufgaben. Diese eignen sich sowohl zur Vorbereitung auf Schulaufgaben in der 9. bzw. 10. Klasse als auch zur Vorbereitung auf die Abschlussprüfung.
  Die Aufgaben mit einem durchgestrichenen Taschenrechnersymbol eignen sich auch zur Bearbeitung ohne Taschenrechner. 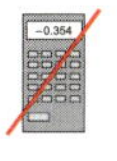
- **Komplexe Aufgaben**
  Dieses Kapitel enthält Aufgaben, die nach den Themenbereichen der Abschlussprüfung geordnet sind. Sie greifen auch auf das Grundwissen der vorhergehenden Jahrgangsstufen zurück, das für die Abschlussprüfung relevant ist.
- **Aufgaben im Stil der neuen Prüfung ab 2023**
  Dieses Kapitel enthält Aufgaben, die wie in der Abschlussprüfung zusammengestellt und bepunktet sind. So kannst du prüfen, ob du fit bist für die Abschlussprüfung in Mathematik. Der Umfang und Schwierigkeitsgrad der Aufgaben entspricht jeweils den einzelnen Prüfungsteilen der Abschlussprüfung.
- **Original-Abschlussprüfungen 2022**
  Obwohl sich die Abschlussprüfung 2023 von denen der Vorjahre unterscheidet, eignet sich die Abschlussprüfung 2022 dennoch dazu, unter Prüfungsbedingungen zu üben. Versuche, die Abschlussprüfung zusammenhängend in der Prüfungszeit von 150 min zu lösen.

Zu allen Aufgaben der einzelnen Kapitel gibt es **ausführliche Lösungen** mit hilfreichen **Hinweisen und Tipps**. Diese findest du in einem separaten **Lösungsbuch (Bestell-Nr. C0910NL)**, damit die Versuchung sofort nachzuschlagen nicht zu groß ist. Zuerst solltest du versuchen, selbst die Lösung zu finden, und dann mit dem Lösungsbuch vergleichen. Aus den gemachten Fehlern wirst du am meisten lernen!
Wenn du den Inhalt dieses Buches beherrscht, bist du bestens auf die Prüfung vorbereitet.

Viel Erfolg in der Prüfung!

Markus Hochholzer Markus Schmidl

Hinweise zur Prüfung

Die Abschlussprüfungsaufgaben im Fach Mathematik werden vom Bayerischen Staatsministerium für Unterricht und Kultus zentral für alle bayerischen Realschulen gestellt.

Die Abschlussprüfung dauert insgesamt **150 Minuten** und besteht aus **zwei Teilen**.

In **Teil A**, der ab 2023 **ohne Taschenrechner** zu bearbeiten ist, sind mehrere kurze Aufgaben aus den Themenbereichen *Funktionen*, *ebene Geometrie* und *Raumgeometrie* sowie *Daten und Zufall* zu lösen. Eine zugelassene Formelsammlung darf hierbei verwendet werden. Nach **30 Minuten** ist dieser Teil abzugeben. Die erreichbaren Punkte aus Teil A betragen in etwa 20 % der Gesamtpunkte.

Der **Teil B** ist in den restlichen **120 Minuten** zu bearbeiten. Es dürfen ein (grafikfähiger) Taschenrechner und eine zugelassene Formelsammlung verwendet werden. Der Teil B besteht jeweils aus zwei kurzen und zwei langen Aufgaben. Die beiden langen Aufgaben können sich auf die Themenbereiche *Funktionen*, *ebene Geometrie* und *Raumgeometrie* beziehen. In den beiden kurzen Aufgaben kann auch der Bereich *Daten und Zufall* geprüft werden. Die erreichbaren Punkte aus Teil B betragen in etwa 80 % der Gesamtpunkte.

Der Notenschlüssel, nach dem die Prüfung bewertet wird, wird nach der Prüfung vom Bayerischen Staatsministerium für Unterricht und Kultus bekannt gegeben und kann leicht variieren. Zur Orientierung ist hier der Notenschlüssel von 2022 abgedruckt:

53 – 45 Punkte	**Note 1**
44 – 36 Punkte	**Note 2**
35 – 27 Punkte	**Note 3**
26 – 18 Punkte	**Note 4**
17 – 9 Punkte	**Note 5**
8 – 0 Punkte	**Note 6**

Eine umfangreiche **Sammlung der Prüfungsaufgaben 2017 bis 2022** enthält das Buch „Original-Prüfungen Realschule 2023 – Mathematik II/III – Bayern“ (Bestell-Nr. C0910NK). Es ist insbesondere für die **Vorbereitungsphase unmittelbar vor der Abschlussprüfung** gedacht und hilft dir dabei, noch mehr Sicherheit im Umgang mit Prüfungsaufgaben zu gewinnen.

Sollten nach Erscheinen dieses Bandes noch wichtige Änderungen in der Abschlussprüfung 2023 vom Bayerischen Staatsministerium für Unterricht und Kultus bekannt gegeben werden, findest du aktuelle Informationen dazu unter www.stark-verlag.de/mystark (Zugangscode vgl. Farbseiten vorne in diesem Buch).

Training Grundwissen

1 Grundwissen 5.–8. Klasse

1.1 Termumformungen

Merke

Zahlen, Variablen und sinnvolle Verknüpfungen von Zahlen, Variablen und Rechenzeichen nennt man **Terme**.

Beispiele

1. Beispiele für Terme sind: 123; 3^0+2y; $3x^2+2xy+1$; $\frac{4x-12}{3}$.
2. Die Verknüpfungen $2-+:8$; $8y-(+2$; $17\,\%:\{\ \}$ sind nicht sinnvoll und damit **keine** Terme. Insbesondere sind $\frac{12}{0}$; $\frac{2y^2+y}{0}$ und $\frac{9(x+3)^2}{4-2\cdot 2}$ keine Terme, da die Division durch null nicht definiert ist.

Merke

Termnamen

Term	**Termname**	**Name von a**	**Name von b**
$a+b$	Summe	Summand	Summand
$a-b$	Differenz	Minuend	Subtrahend
$a\cdot b$	Produkt	Faktor	Faktor
$a:b$	Quotient	Dividend	Divisor
a^b	Potenz	Basis	Exponent

Beachte: Eine Differenz kann auch als Summe geschrieben werden:
$a-b=a+(-b)$
Daher kann jede Differenz als Summe aufgefasst werden.

Belegung der Variablen eines Terms

Terme bezeichnet man mit T. Treten in einem Term Variablen auf, werden diese nach dem T in runden Klammern angegeben.

Wird eine Variable eines Terms mit Werten aus einer Grundmenge G belegt, so erhält man Termwerte.

Beispiel

$T(a)=\frac{1}{2}(a-1)^2 \qquad G=\left\{-2;0;\frac{1}{2}\right\}$

Der Termwert hängt von dem gewählten Wert für die Variable a ab.

$T(-2)=\frac{1}{2}(-2-1)^2=\frac{1}{2}(-3)^2=\frac{1}{2}\cdot 9=4\frac{1}{2}$

$T(0)=\frac{1}{2}(0-1)^2=\frac{1}{2}(-1)^2=\frac{1}{2}\cdot 1=\frac{1}{2}$

$T\left(\frac{1}{2}\right)=\frac{1}{2}\left(\frac{1}{2}-1\right)^2=\frac{1}{2}\left(-\frac{1}{2}\right)^2=\frac{1}{2}\cdot\frac{1}{4}=\frac{1}{8}$

Wertetabelle:

a	–2	0	$\frac{1}{2}$
T(a)	$4\frac{1}{2}$	$\frac{1}{2}$	$\frac{1}{8}$

Aufgaben

1 Bestimme zu den Textaufgaben den zugehörigen Term und berechne seinen Wert.

a) Addiere zum Quotienten der Zahlen 11,5 und $\frac{1}{2}$ das Produkt dieser Zahlen.

b) Multipliziere die Differenz der Zahlen 4,5 und 6 mit der Summe der Zahlen 17 und 4.

c) Subtrahiere das Produkt der Zahlen –5 und –6 von der Zahl 100 und dividiere das Ergebnis durch den Quotienten der Zahlen $2\frac{5}{8}$ und $\frac{3}{8}$.

2 Berechne jeweils die Termwerte, indem du die Variablen mit den Elementen aus $G = \left\{-6; 0; \frac{1}{3}\right\}$ belegst, und erstelle eine Wertetabelle.

a) $T(x) = (2x-1)^2$ b) $T(x) = -\frac{3}{2}x + 5$ c) $T(x) = \frac{x-7}{x^2}$

Interaktive Aufgaben

1. Satz wählen
2. Term aufstellen
3. Termtabelle

Merke

Besitzen Terme $T_1(x)$ und $T_2(x)$ für alle Belegungen der Grundmenge G jeweils gleiche Termwerte, heißen sie **äquivalent**. Man schreibt: $T_1(x) = T_2(x)$
Terme sind auch dann **äquivalent**, wenn sie mithilfe der Rechengesetze so umgeformt werden können, dass sie übereinstimmen.
Die Umformung eines Terms in einen äquivalenten Term heißt **Termumformung**.

Beispiel

$T_1(x) = (x-1)\cdot 6 + 3$ und $T_2(x) = 6x - 3$ mit $G = \left\{-2{,}3; -1; 0; \frac{1}{2}\right\}$.
Es gilt:

$T_1(-2{,}3) = -16{,}8$	$T_2(-2{,}3) = -16{,}8$
$T_1(-1) = -9$	$T_2(-1) = -9$
$T_1(0) = -3$	$T_2(0) = -3$
$T_1\left(\frac{1}{2}\right) = 0$	$T_2\left(\frac{1}{2}\right) = 0$

Die Terme $T_1(x)$ und $T_2(x)$ sind über der Grundmenge $G = \left\{-2{,}3; -1; 0; \frac{1}{2}\right\}$ äquivalent.

$T_1(x) = (x-1)\cdot 6 + 3$ Forme $T_1(x)$ mithilfe des Distributivgesetzes um.
$T_1(x) = 6x - 6 + 3$
$T_1(x) = 6x - 3$ T_1 stimmt mit T_2 überein.
Also sind die beiden Terme sogar über $G = \mathbb{R}$ äquivalent: $T_1(x) = T_2(x)$

Merke

Terme, die sich nur in den **Koeffizienten** (Zahlfaktoren) vor den Variablen unterscheiden, nennt man **gleichartige Terme**. Gleichartige Terme lassen sich durch Addition bzw. Subtraktion der Koeffizienten zusammenfassen.

Beispiele

1. Gleichartige Terme:
   - $\mathbf{-1{,}7}x^2$; $\mathbf{\frac{4}{5}}x^2$; $\mathbf{11}x^2$ Die Koeffizienten der Terme sind rot gekennzeichnet.
   - $\mathbf{-5\frac{1}{2}}x^2y^3z$; $\mathbf{0{,}4}x^2y^3z$; $\mathbf{-1}x^2y^3z$
   - $\mathbf{-2}(1+z)$; $\mathbf{0{,}2}(1+z)$; $\mathbf{1}(1+z) = (1+z)$ Der Koeffizient 1 wird oft weggelassen (letzter Term).

2. $7x^2+9x^2-16x^2$
$=(7+9-16)x^2$
$=0\cdot x^2$
$=0$

Die Terme sind gleichartig und können daher zusammengefasst werden, indem man ihre Koeffizienten addiert bzw. subtrahiert.

3. $11y+3y^2$

Die Terme sind nicht gleichartig und können daher nicht zusammengefasst werden.

Summen- und Produktterme

Merke

Kommutativgesetz der Addition/Multiplikation
In Summen- und Produkttermen kann die Reihenfolge der einzelnen Glieder unter Mitnahme des Vorzeichens beliebig verändert werden.
$a+b=b+a \quad a\cdot b=b\cdot a$

Beispiele

1. $\underline{-4a^3}+\underline{\underline{2a^2}}+2a+\underline{\underline{5a^2}}-a-\underline{a^3}$
$=-4a^3-1a^3+2a^2+5a^2+2a-1a$
$=(-4-1)a^3+(2+5)a^2+(2-1)a$
$=-5a^3+7a^2+1a$
$=-5a^3+7a^2+a$

Die gleichartigen Terme $-4a^3$ und $-a^3$ bzw. $2a^2$ und $5a^2$ bzw. $2a$ und $-a$ können jeweils zusammengefasst werden.

Der Faktor 1 muss nicht geschrieben werden.

2. $12z\cdot(-3)\cdot x\cdot 2z$
$=12\cdot(-3)\cdot 1\cdot 2\cdot z\cdot x\cdot z$
$=12\cdot(-3)\cdot 2\cdot x\cdot z\cdot z$
$=-72xzz$
$=-72xz^2$

Ordne nach Zahlfaktoren und variablen Faktoren.
$x=1\cdot x$, doch der Faktor 1 kann weggelassen werden.
Die variablen Faktoren werden alphabetisch angeordnet.
$z\cdot z=z^2$ (1. Potenzgesetz: $z^1\cdot z^1=z^{1+1}=z^2$)

Aufgabe 3

Vereinfache die Terme so weit wie möglich.

a) $\frac{1}{6}a^3-\frac{1}{2}a^2+a^3+\frac{1}{4}a^2$

b) $-\left(\frac{2}{3}\right)^2c+\frac{5}{6}c^2+3^{-2}c-\left(\frac{6}{1}\right)^{-1}c^2$

c) $\frac{1}{2}x^2y\cdot\frac{3}{4}\cdot 1{,}5x\cdot(-4)y^2$

d) $0{,}5x\cdot 0{,}3x^2z\cdot 6z^5x^2\cdot z^{-5}x^4$

e) $2ab^2\cdot\left(-3b^2\right)+\left(-6b^3\right)\cdot(-ab)$

f) $-4a\cdot(2b)^2+(-7a)^2+2b(ba)\cdot 2^3-(7a)^2$

Merke

Addition und Subtraktion von Summentermen
Steht ein Pluszeichen vor einer Klammer, so kann die Klammer weggelassen werden:
$a+(b+c)=a+b+c \qquad a+(b-c)=a+b-c$
$a+(-b+c)=a-b+c \qquad a+(-b-c)=a-b-c$
Steht ein Minuszeichen vor einer Klammer, so kann die Klammer und das „–“-Zeichen vor der Klammer weggelassen werden, wenn man bei allen Summanden in der Klammer die Vorzeichen umkehrt:
$a-(b+c)=a-b-c \qquad a-(b-c)=a-b+c$
$a-(-b+c)=a+b-c \qquad a-(-b-c)=a+b+c$

Beispiel

$$12u + 5v - (-3u + 7v)$$
$$= 12u + 5v + 3u - 7v$$
$$= 15u - 2v$$

Minuszeichen vor der Klammer heißt Vorzeichen der Summanden umkehren. Anschließend werden gleichartige Terme zusammengefasst.

Aufgaben

4 Berechne den Umfang u des nebenstehenden Dreiecks in Abhängigkeit von x.

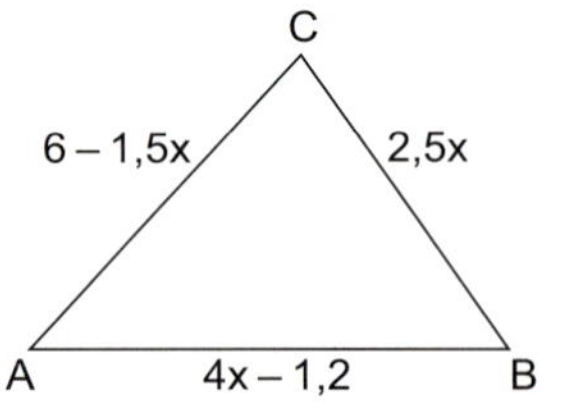

5 Vereinfache die Terme.

a) $(8u + 4v) - 2u - (u - 5v) + 6u$

b) $-\frac{3}{8}x - 1{,}4y - \left(-\frac{5}{16}x + \frac{4}{5}y\right)$

c) $-\left(-\frac{7}{10}a - 5\frac{1}{2} + \frac{4}{5}ab^2\right) + \left(-3 + \frac{4}{5}a - 2\frac{1}{2}ab^2\right)$

d) $\left(-c + \frac{7}{3}a^2b\right) - \left(-\frac{1}{4}ab + \frac{2}{3}a^2b\right) + \left(c + \frac{3}{4}ab - \frac{5}{3}a^2b\right)$

Interaktive Aufgabe

4. Term vereinfachen

Merke

Faktor mal Summe (Distributivgesetz)
Alle Summanden in der Klammer werden mit dem Faktor vor der Klammer multipliziert.
$a \cdot (b + c) = a \cdot b + a \cdot c$

Beispiel

$$-\frac{2}{3}a \cdot \left(-\frac{1}{4}a + \frac{3}{5}b\right)$$

Faktor mal 1. Summand; Faktor mal 2. Summand

$$= -\frac{2}{3}a \cdot \left(-\frac{1}{4}a\right) + \left(-\frac{2}{3}a\right) \cdot \left(+\frac{3}{5}b\right)$$
$$= \frac{2}{12}a^2 - \frac{6}{15}ab$$

Kürzen

$$= \frac{1}{6}a^2 - \frac{2}{5}ab$$

Aufgabe

6

a) $5 \cdot (a - 3b) + a \cdot (2b - 8)$

b) $4\sqrt{3} \cdot (\sqrt{3} + 2\sqrt{5})$

c) $\left(\frac{1}{4}\right)^{-2} a^2b^3 \cdot \left(-\frac{1}{2}b + 8a^4b\right)$

d) $-\frac{1}{2}x \cdot \left(3x - \frac{1}{2}\right)^2 - 1{,}5(x + 1)^2 \cdot 3x$

Interaktive Aufgaben

5. Term vereinfachen

6. Term vereinfachen

Merke

Summe mal Summe

Jeder Summand der ersten Summe wird mit jedem Summanden der zweiten Summe multipliziert. Die dabei entstehenden Produkte werden addiert.

$(a+b)\cdot(c+d)=ac+ad+bc+bd$

Beispiel

$(-2w^2+3u)\cdot(3w-5u)$

$=-2w^2\cdot 3w+(-2w^2)\cdot(-5u)+3u\cdot 3w+3u\cdot(-5u)$

$=-6w^3+10uw^2+9uw-15u^2$

Aufgabe 7

a) $\left(1\frac{1}{3}x-2\frac{1}{2}y\right)\cdot\left(-2\frac{1}{4}x+1\frac{1}{5}y\right)$

b) $-(3a-7b)\cdot(-2a-7b)$

c) $(4x-5y)\cdot(x-y)\cdot(3x+2y)$

d) $\left(4x^2-\frac{3}{4}y^3\right)\cdot\left(\frac{1}{3}x-\frac{2}{5}y^2\right)$

Interaktive Aufgabe

7. Multiplikation zweier Summen

Merke

Faktorisieren

Enthalten alle Summanden eines Summenterms den gleichen Faktor, so kann der Summenterm durch Ausklammern dieses Faktors in einen Produktterm **faktorisiert** werden. Umgekehrt wird ein Produktterm durch Ausmultiplizieren zum Summenterm.

axy + az Summenterm	**Ausklammern** → ← **Ausmultiplizieren**	a · (xy + z) Produktterm

Beispiel

Faktorisiere den Term $12a^2b-4a$.

$12a^2b-4a$

$=4\cdot 3\cdot a\cdot a\cdot b-4\cdot a$ — Ermittle die gemeinsamen Faktoren.

$=4\cdot a\cdot \underbrace{3\cdot a\cdot b}\ \underbrace{-}\ 4\cdot a\cdot \underbrace{1}$ — Klammere die gemeinsamen Faktoren aus.

$=4\cdot a\ (3ab\ -\ 1)$

$=4a(3ab-1)$

Aufgabe 8

Faktorisiere so weit wie möglich.

a) $6wx^3-9wx^2+12wx$

b) $-5ax-20xy+25x^2$

c) $(a+b)\cdot x+(a+b)\cdot y$

d) $-34a^2c^2+17ac^3-51a^2c^2$

Interaktive Aufgaben

8. Faktorisieren

9. Bruchterm kürzen

Binomische Formeln

Eine zweigliedrige Summe, die aus genau zwei Zahlensymbolen besteht, die durch + oder – getrennt sind (z. B. $a+b$ oder $ab-cd$), wird als **Binom** (griechisch: bi = zwei; nomen = Namen) bezeichnet. Die Regel für die Multiplikation von „Summe mal Summe" lässt sich auch auf den Sonderfall anwenden, dass die Summen gleich sind bzw. sich nur in einem Rechenzeichen unterscheiden:

$$(a+b)\cdot(a+b)=a^2+ab+ab+b^2=a^2+2ab+b^2$$

$$(a-b)\cdot(a-b)=a^2-ab-ab+b^2=a^2-2ab+b^2$$

$$(a+b)\cdot(a-b)=a^2-ab+ab-b^2=a^2-b^2$$

Diese drei Sonderfälle kommen in Rechnungen häufig vor. Um Zeit zu sparen und vorteilhaft rechnen zu können, lohnt es sich also, sich die 3 binomischen Formeln gut zu merken.

Merke

Binomische Formeln
1. binomische Formel: $(a+b)^2=a^2+2ab+b^2$
2. binomische Formel: $(a-b)^2=a^2-2ab+b^2$
3. binomische Formel: $(a+b)\cdot(a-b)=(a-b)\cdot(a+b)=a^2-b^2$
Statt $(a+b)(a+b)$ schreibt man $(a+b)^2$, statt $(a-b)(a-b)$ schreibt man $(a-b)^2$.

Beispiele

1. $(\underbrace{2x}_{a}+\underbrace{5z}_{b})^2$

$$=\underbrace{(2x)^2}_{a}+2\cdot\underbrace{2x}_{a}\cdot\underbrace{5z}_{b}+\underbrace{(5z)^2}_{b}$$
$$=4x^2+2\cdot2\cdot5\cdot x\cdot z+25z^2$$
$$=4x^2+20xz+25z^2$$

Wende die 1. binomische Formel $(a+b)^2=a^2+2ab+b^2$ an.

2. $\left(\underbrace{\frac{1}{2}u}_{a}-\underbrace{\frac{2}{3}}_{b}\right)^2$

$$=\underbrace{\left(\frac{1}{2}u\right)^2}_{a}-2\cdot\underbrace{\frac{1}{2}u}_{a}\cdot\underbrace{\frac{2}{3}}_{b}+\underbrace{\left(\frac{2}{3}\right)^2}_{b}$$
$$=\frac{1}{4}u^2-2\cdot\frac{1}{2}\cdot\frac{2}{3}\cdot u+\frac{4}{9}$$
$$=\frac{1}{4}u^2-\frac{2}{3}u+\frac{4}{9}$$

Wende die 2. binomische Formel $(a-b)^2=a^2-2ab+b^2$ an.

3. $(\underbrace{0{,}6s^2}_{a}+\underbrace{0{,}8t}_{b})\cdot(\underbrace{0{,}6s^2}_{a}-\underbrace{0{,}8t}_{b})$

$$=\underbrace{(0{,}6s^2)^2}_{a}-\underbrace{(0{,}8t)^2}_{b}$$
$$=0{,}36s^4-0{,}64t^2$$

Wende die 3. binomische Formel $(a+b)\cdot(a-b)=a^2-b^2$ an.

Aufgaben

9 Gib das zugehörige Binom an.

a) $25b^2 + 40bc + 16c^2$

b) $\frac{9}{16}m^2 + \frac{3}{4}mp + \frac{1}{4}p^2$

c) $0{,}25 - 36g^2$

d) $0{,}81a^8 - 49a^{-6}$

10 Berechne.

a) $(2p+q)^2 - (2p-q)^2$

b) $\left(\frac{3}{4}u - 0{,}8v\right)^2$

c) $(a^3 - 3b^2)^2$

d) $(4a-5)^2 - (6a+7)^2 + 5(2a+4)(2a-4)$

e) $(3y+2)^3$

f) $\left(\sqrt{8} - 3\sqrt{18}\right)^2$

11 Stelle den Flächeninhalt des roten Bereichs in Abhängigkeit von x dar. Vereinfache den entstehenden Term so weit wie möglich.

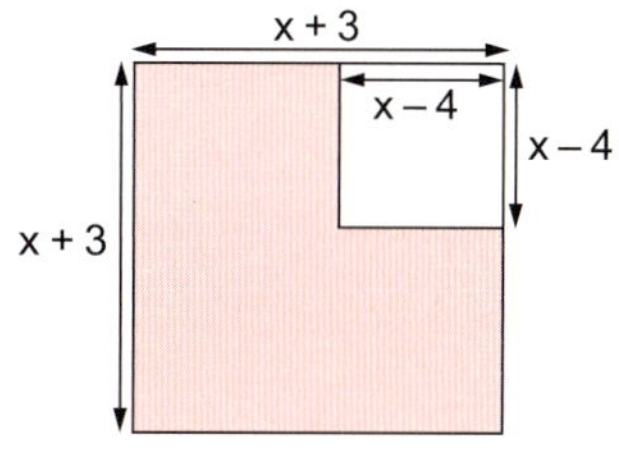

12 Stelle den Flächeninhalt des roten Bereichs in Abhängigkeit von x dar. Vereinfache den entstehenden Term so weit wie möglich.

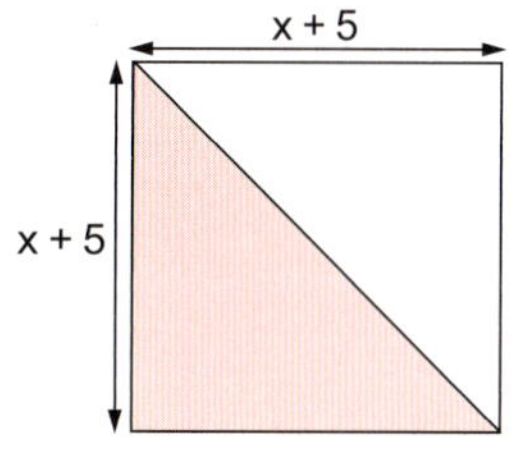

Interaktive Aufgaben

- 10. Binomische Formel anwenden
- 11. Binomische Formel anwenden
- 12. Term faktorisieren
- 13. Term faktorisieren
- 14. Flächeninhalt bestimmen

1.2 Extremwertbestimmung bei quadratischen Termen

Ein Term heißt **quadratischer Term**, wenn die **höchste vorkommende Potenz** der Variablen den **Wert 2** hat.

Beispiele

$5a^2 \quad y^2 - 5 \quad 4x^2 + 12xy + 9y^2 \quad (x+3)(x-2)$

Merke

Alle quadratischen Terme besitzen einen **Extremwert**, also entweder einen **maximalen Termwert T_{max}** oder einen **minimalen Termwert T_{min}**.

Beispiele

1. $T(x) = x^2 \quad x \in \mathbb{R}$

   $T_{min} = 0$ für $x = 0$

   Der minimale (kleinste) Wert, den der Term x^2 annehmen kann, ist 0, da das Quadrat einer Zahl aus $\mathbb{R}$ stets größer oder gleich 0 ist. Diesen Wert nimmt der Term für die Belegung $x = 0$ an.

2. $T(x) = -x^2 + 17 \quad x \in \mathbb{R}$

$T_{max} = 17$ für $x = 0$

Der Term x^2 liefert Werte größer oder gleich 0.
Der Term $-x^2$ liefert also Werte kleiner oder gleich 0.
Der Term $-x^2 + 17$ liefert demnach Werte kleiner oder gleich 17.

Merke

Extremwerte von Termen der Form: $T(x) = a(x - m)^2 + n$

Wenn $a > 0$ ist, besitzen Terme der Form $a(x - m)^2 + n$ ein **Minimum** n für $x = m$.
Man schreibt: $T_{min} = n$ für $x = m$

Wenn $a < 0$ ist, besitzen Terme der Form $a(x - m)^2 + n$ ein **Maximum** n für $x = m$.
Man schreibt: $T_{max} = n$ für $x = m$

Beispiel

$T(x) = \frac{3}{2}(x + 1)^2 - 4 \quad x \in \mathbb{R}$

$T_{min} = -4$ für $x = -1$

Der quadratische Teilterm nimmt für alle Belegungen Werte größer oder gleich 0 an. Von jedem dieser Werte wird noch 4 subtrahiert. Den kleinsten Wert, den der Term annehmen kann, nimmt er daher für die Belegung $x = -1$ an, bei der die Klammer den Wert 0 annimmt. (Hier: $a = \frac{3}{2}$; $m = -1$; $n = -4$)

Grafische Veranschaulichung:

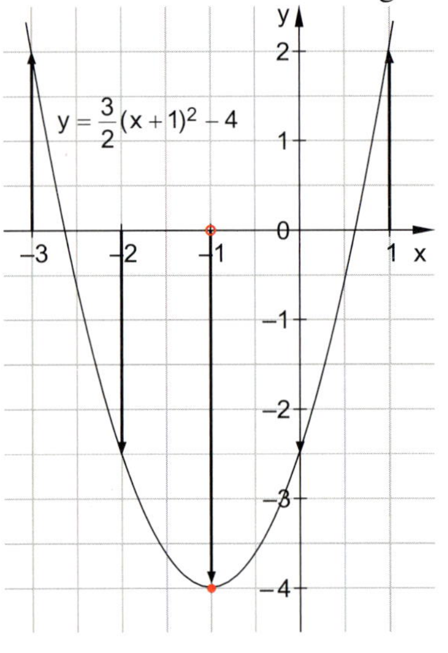

Der Term T(x) hat das Minimum $T_{min} = -4$ für $x = -1$.

Merke

Extremwerte von Termen der Form: $T(x) = ax^2 + bx + c$

Um den **Extremwert** bestimmen zu können, muss man Terme der Form $T(x) = ax^2 + bx + c$ in die Form $T(x) = a(x - m)^2 + n$ umformen.
Als Termumformungen sind die **binomischen Formeln** und das **quadratische Ergänzen** anzuwenden.

Beispiele

1. $T(x) = x^2 - 8x + 2 \quad x \in \mathbb{R}$

$T(x) = x^2 - 2 \cdot x \cdot 4 + 2$ — Anwendung der 2. binomischen Formel: $a^2 - 2ab + b^2$

$T(x) = (x^2 - 2 \cdot x \cdot 4 + \underbrace{4^2) - 4^2}_{=0} + 2$ — Der Term $x^2 - 2 \cdot x \cdot 4$ wird durch Addition des Terms 4^2 so quadratisch ergänzt, dass die 2. binomische Formel anwendbar ist. Damit der Termwert nicht verändert wird, muss anschließend 4^2 wieder subtrahiert werden.

$T(x) = (x - 4)^2 - 16 + 2$ — 2. binomische Formel: $a^2 - 2ab + b^2 = (a - b)^2$

$T(x) = (x - 4)^2 - 14$ — $a = 1$; $m = 4$; $n = -14$

$T_{min} = -14$ für $x = 4$

2. $T(x) = -1{,}5x^2 + 9x - 10{,}5 \quad x \in \mathbb{R}$ — Den Faktor vor dem x^2 immer ausklammern, falls vorhanden!

$T(x) = -1{,}5[x^2 - 6x + 7]$ — Den Term in der Klammer quadratisch ergänzen.

$T(x) = -1{,}5[(x^2 - 2 \cdot x \cdot 3 + 3^2) - 3^2 + 7]$

$T(x) = -1{,}5[(x-3)^2 - 2]$

$T(x) = -1{,}5(x-3)^2 + 3$ — $a = -1{,}5;\ m = 3;\ n = 3$

$T_{max} = 3$ für $x = 3$

Grafische Veranschaulichung:

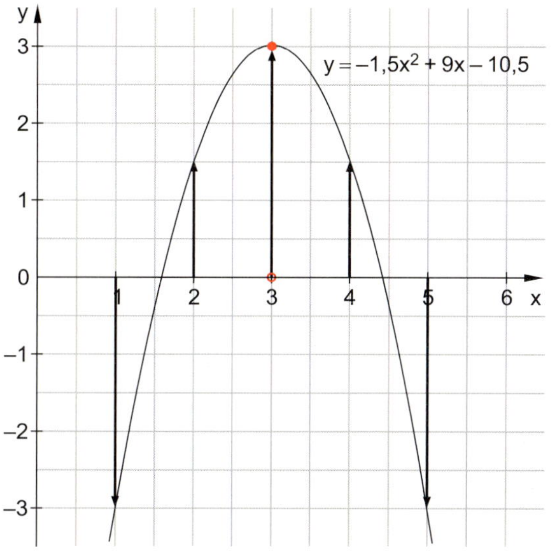

Der Term T(x) hat das Maximum $T_{max} = 3$ für $x = 3$.

Aufgaben

13 Bestimme den Extremwert und gib die zugehörige Belegung der Variablen an.

a) $T(x) = -4x^2 + 12x - 16 \quad x \in \mathbb{R}$

b) $T(a) = \frac{1}{2}a^2 - 12a + 16 \quad a \in \mathbb{R}$

c) $A(x) = (-0{,}5x^2 + 4x + 8)\ \text{cm}^2 \quad x \in \mathbb{R}$

d) $T(x) = 3x \cdot (x+1) - 2x^2 \quad x \in \mathbb{R}$

14

a) Ein Rechteck mit dem Umfang 28 cm hat die Seitenlänge x cm. Stelle den Flächeninhalt der möglichen Rechtecke in Abhängigkeit von der Seitenlänge x dar.

b) Berechne die Seitenlängen des Rechtecks mit dem größten Flächeninhalt.

15 Aus einem Quader mit 12 cm und 5 cm langen Grundkanten und der Höhe 4 cm entstehen neue Quader, indem man die 12 cm lange Grundkante um x cm mit $0 < x < 12$ verkürzt und gleichzeitig die Höhe um x cm verlängert.

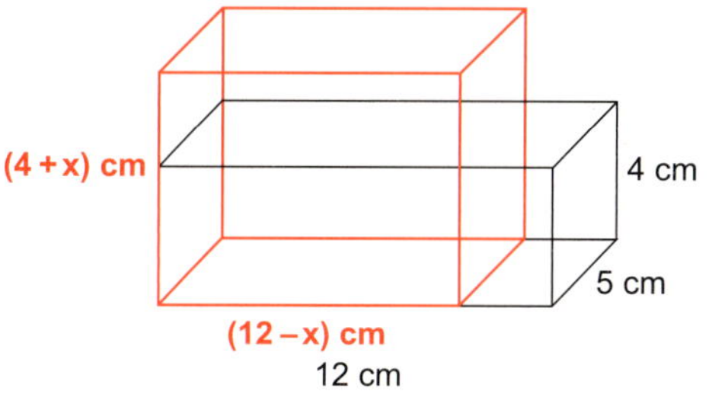

a) Stelle das Volumen V(x) der Quader in Abhängigkeit von x dar.

b) Untersuche, ob der Quader mit dem größten Volumen auch die größte Oberfläche besitzt.

Interaktive Aufgaben

1. Extremwert bestimmen
2. Extremwert bestimmen
3. Flächeninhalt maximieren

1.3 Lineare Gleichungen und Ungleichungen

Merke

Zur **Lösungsmenge L** einer Gleichung/Ungleichung mit der **Grundmenge G** gehören alle Elemente aus der Grundmenge, die eingesetzt in die Gleichung/Ungleichung eine **wahre Aussage** ergeben.

Beispiele

1. Gleichung:

$$x-1=\frac{15}{7} \qquad G=\mathbb{Z}$$

$$\Leftrightarrow \quad x=3\frac{1}{7} \qquad L=\varnothing$$

Die Lösungsmenge ist leer, da $3\frac{1}{7} \notin G=\mathbb{Z}$.

2. Ungleichung:

$$x+2<-\frac{32}{5} \qquad G=\mathbb{Z}$$

$$\Leftrightarrow \quad x<-8\frac{2}{5} \qquad L=\left\{x \,\middle|\, x<-8\frac{2}{5}\right\}=\{-9;-10\ldots\}$$

In der Lösungsmenge sind alle Zahlen aus $\mathbb{Z}$, die kleiner sind als –8,4.

Merke

Äquivalenzumformungen

Zu einer Gleichung (Ungleichung) erhält man eine **äquivalente** Gleichung/Ungleichung mit gleicher Lösungsmenge, wenn man
- auf **beiden Seiten** die gleiche Zahl (Variable) addiert bzw. subtrahiert,
- **beide Seiten** mit der gleichen von null verschiedenen Zahl multipliziert bzw. durch die gleiche von null verschiedene Zahl dividiert.

Für **Ungleichungen** gilt zusätzlich das **Inversionsgesetz:**
- Werden **beide Seiten** einer Ungleichung mit derselben **negativen Zahl** multipliziert oder dividiert, so muss man das **Ungleichheitszeichen umkehren**.

Beispiele

1. $$x+2=12 \qquad |-2 \qquad G=\mathbb{R}$$

Auf beiden Seiten 2 subtrahieren.

$$\Leftrightarrow \quad x+2-2=12-2$$
$$\Leftrightarrow \quad x=10$$
$$L=\{10\}$$

2. $$14y=98 \qquad \left|\cdot\frac{1}{14}\right. \qquad G=\mathbb{R}$$

Beide Seiten mit $\frac{1}{14}$ multiplizieren.

$$\Leftrightarrow \quad 14y\cdot\frac{1}{14}=98\cdot\frac{1}{14}$$
$$\Leftrightarrow \quad y=\frac{98}{14}$$
$$\Leftrightarrow \quad y=7$$
$$L=\{7\}$$

3. $-8x > 15 - 3x \quad | + 3x \qquad G = \mathbb{R}$

$\Leftrightarrow \quad -8x + 3x > 15 - 3x + 3x$

$\Leftrightarrow \quad -5x > 15 \quad \left| \cdot \left(-\frac{1}{5}\right)\right.$

$\Leftrightarrow \quad -5x \cdot \left(-\frac{1}{5}\right) < 15 \cdot \left(-\frac{1}{5}\right)$

$\Leftrightarrow \quad x < -3$ — Inversionsgesetz beachten!

$L = \{x \mid x < -3\}$

Eine Gleichung (bzw. Ungleichung) heißt **linear**, wenn die höchste vorkommende Potenz der Variablen den Wert 1 hat. Zur Lösung wird eine gegebene lineare Gleichung durch Äquivalenzumformungen schrittweise in eine Gleichung der Form $x = a$ ($a \in \mathbb{R}$) umgeformt. Die Lösungsmenge lässt sich dann leicht angeben: $L = \{a\}$
Entsprechend löst man lineare Ungleichungen.

Merke

Lösungsverfahren für lineare Gleichungen und Ungleichungen

- Linksterm und Rechtsterm so weit wie möglich vereinfachen (ausmultiplizieren, Klammern auflösen, zusammenfassen …).
- Zunächst die Strich-Äquivalenzumformungen „+“ und „–“:
  Alle Terme mit Variable auf einer Seite sammeln, alle Zahlen auf der anderen Seite.
- Dann erst die Punkt-Äquivalenzumformungen „·“ und „:“:
  Beide Seiten mit dem Kehrwert des Faktors vor der Variablen multiplizieren.
  (Bei Ungleichungen ist das Inversionsgesetz zu beachten.)
- Lösungsmenge angeben, dabei Grundmenge beachten.

Beispiele

1. $5{,}5x - 5 + 0{,}5x - 2 = 1 \qquad G = \mathbb{R}$ — Vereinfache Links- und Rechtsterm durch Zusammenfassen gleichartiger Terme.

$\Leftrightarrow \quad 6x - 7 = 1 \quad | + 7$ — Zuerst die Strich-Umformung …

$\Leftrightarrow \quad 6x = 8 \quad \left| \cdot \frac{1}{6}\right.$ — dann erst die Punkt-Umformung.

$\Leftrightarrow \quad x = 1\frac{1}{3}$

$L = \left\{1\frac{1}{3}\right\}$ — Lösungsmenge angeben

Probe: — Es empfiehlt sich immer, eine Probe durchzuführen. Setze dazu die erhaltene Lösung in die Ausgangsgleichung ein.

$5{,}5 \cdot \mathbf{1\frac{1}{3}} - 5 + 0{,}5 \cdot \mathbf{1\frac{1}{3}} - 2 = 1$

$\Leftrightarrow \quad 6 \cdot \frac{4}{3} - 7 = 1$

$\Leftrightarrow \quad 2 \cdot 4 - 7 = 1$

$\Leftrightarrow \quad 1 = 1 \quad (w)$ — Wahre Aussage

2. Gib die Lösungsmenge der Gleichung $0{,}5x+3=12{,}5-5{,}5x+4{,}5$ für die Grundmengen $G=\mathbb{N}_0$, $G=\mathbb{Z}$ und $G=\mathbb{R}$ an.

Lösung:

$$0{,}5x+3=12{,}5-5{,}5x+4{,}5$$

Vereinfache Links- und Rechtsterm durch Zusammenfassen gleichartiger Terme.

$$\Leftrightarrow \quad 0{,}5x+3=17-5{,}5x \quad \left| +5{,}5x\right.$$

Zuerst alle Strich-Umformungen …

$$\Leftrightarrow \quad 6x+3=17 \quad \left| -3\right.$$

$$\Leftrightarrow \quad 6x=14 \quad \left| \cdot\frac{1}{6}\right.$$

dann erst die Punkt-Umformung.

$$\Leftrightarrow \quad x=\frac{7}{3}$$

$$\Leftrightarrow \quad x=2\frac{1}{3}$$

$$L_{\mathbb{N}_0}=\varnothing;\ L_{\mathbb{Z}}=\varnothing;\ L_{\mathbb{R}}=\left\{2\frac{1}{3}\right\}$$

Lösungsmenge angeben, dabei die Grundmengen beachten!

3. Gib die Lösungsmenge der Ungleichung $\frac{1}{2}(10-z)>5\frac{1}{2}(z-10)+30z$ für die Grundmengen $G=\mathbb{N}_0$, $G=\mathbb{Z}$ und $G=\mathbb{R}$ an.

Lösung:

$$\frac{1}{2}(10-z)>5\frac{1}{2}(z-10)+30z$$

Vereinfache Links- und Rechtsterm.

$$\Leftrightarrow \quad 5-\frac{1}{2}z>5\frac{1}{2}z-55+30z$$

$$\Leftrightarrow \quad 5-\frac{1}{2}z>35\frac{1}{2}z-55 \quad \left| -35\frac{1}{2}z\right.$$

$$\Leftrightarrow \quad 5-36z>-55 \quad \left| -5\right.$$

$$\Leftrightarrow \quad -36z>-60 \quad \left| \cdot\left(-\frac{1}{36}\right)\right.$$

Inversionsgesetz beachten!

$$\Leftrightarrow \quad z<1\frac{2}{3}$$

Beachte die Grundmengen bei der Angabe der Lösungsmengen.

$L_{\mathbb{N}_0}=\{0;1\}$

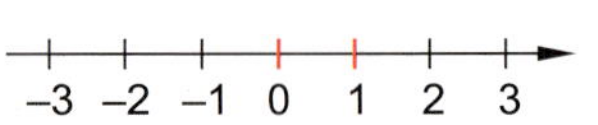

Anzugeben sind diejenigen natürlichen Zahlen z, für die gilt: $z<1\frac{2}{3}$

$L_{\mathbb{Z}}=\{1;0;-1;\ldots\}$

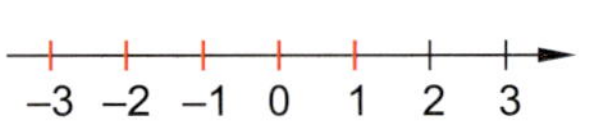

Anzugeben ist die Menge der ganzen Zahlen z, für die gilt: $z<1\frac{2}{3}$

$L_{\mathbb{R}}=\left\{z \,\middle|\, z<1\frac{2}{3}\right\}$

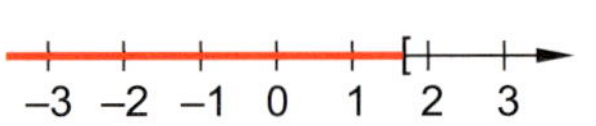

Anzugeben ist die Menge der reellen Zahlen z, für die gilt: $z<1\frac{2}{3}$

Merke

> Ein Sonderfall tritt ein, wenn sich beim Vereinfachen einer Gleichung die Variable aufhebt. Die Lösungsmenge ist dann entweder gleich der leeren Menge ∅ oder gleich der Grundmenge G.

Beispiele

1. $$17x+0{,}25-2x=\frac{45}{3}x+2{,}5$$

$$\Leftrightarrow \quad 15x+0{,}25=15x+2{,}5 \quad \left| -15x\right.$$

$$\Leftrightarrow \quad 0{,}25=2{,}5 \quad \text{(f)}$$

Alle Belegungen für x ergeben eine falsche Aussage.

$L=\varnothing$

2. $6{,}25-5x^2+9x-3{,}5x^2=3^2\cdot x-\frac{17}{2}x^2+2{,}5^2$ — Fasse zusammen und ordne.

$\Leftrightarrow\quad -8{,}5x^2+9x+6{,}25=-8{,}5x^2+9x+6{,}25 \quad |+8{,}5x^2-9x$

$\Leftrightarrow\quad 6{,}25=6{,}25$ **(w)** — Alle Belegungen für x ergeben eine wahre Aussage.

$L=\mathbb{G}$

Aufgabe 16

Ermittle jeweils die Lösungsmenge bezüglich der angegebenen Grundmenge(n).

a) $-\frac{2}{3}x+17=3\frac{1}{2}x \quad G=\mathbb{R}$

b) $13+a>-7{,}5a \quad G=\mathbb{R}$

c) $(a+3)\cdot(a+2)+12=a^2-8 \quad G=\mathbb{R}$

d) $(x+6)^2=(x-3)^2 \quad G=\mathbb{R}$

e) $(6z-3)-(8z-5)\geq(2z-4)-(3z+9) \quad G=\mathbb{N}_0;\ G=\mathbb{Z};\ G=\mathbb{R}$

f) $4-2(x+1)^2=-2(x-4)^2 \quad G=\mathbb{N}_0;\ G=\mathbb{Z};\ G=\mathbb{R}$

g) $\frac{4}{3}w(w-5)-4w-6=(11-2w)\cdot\left(-\frac{2}{3}w\right) \quad G=\mathbb{N}_0;\ G=\mathbb{Z};\ G=\mathbb{R}$

Interaktive Aufgaben

1. Gleichung lösen
2. Gleichung lösen

1.4 Bruchgleichungen

Eine Gleichung, bei der mindestens eine Variable im Nenner eines Bruchs vorkommt, nennt man **Bruchgleichung**. Da die Division durch null nicht definiert ist, sind Bruchgleichungen mit einer Variablen x nur für die Belegungen von x definiert, für die kein Nenner null wird. Alle x aus der Grundmenge G, die diese Bedingung erfüllen, fasst man in der sogenannten **Definitionsmenge D** zusammen.

Beispiel

Die Bruchgleichung $\frac{3x+9}{7-x}=2$ mit $G=\mathbb{Z}$ hat die Definitionsmenge $D=\mathbb{Z}\setminus\{7\}$ (lies: „$\mathbb{Z}$ ohne 7“), da für $x=7$ der Nenner den Wert 0 annehmen würde.

Bruchgleichungen kommen im Zusammenhang mit folgenden Themengebieten in der Abschlussprüfung bzw. in der 9. Klasse/10. Klasse vor:

- Strahlensatz
- Sinussatz und Proportionalitäten

Bruchgleichungen, wie sie im Zusammenhang mit diesen Themengebieten auftreten, können mit folgendem Lösungsverfahren gelöst werden.

Merke

Lösungsverfahren für Bruchgleichungen

- Bestimmung der Definitionsmenge D.
- Umformung durch Überkreuz-Multiplikation.
- Auflösen nach x.
- Prüfen, ob die Lösung in der Definitionsmenge enthalten ist.
- Angabe der Lösungsmenge.

Beispiele

1. $\frac{12}{12-x}=\frac{6}{x}$ $\quad G=\mathbb{Q}$

Bestimmung der Definitionsmenge:
$D=\mathbb{Q}\setminus\{0;\,12\}$

Würde man 0 oder 12 für x einsetzen, hätte der Nenner von einem der Brüche den Wert 0 und wäre nicht definiert.

$$\frac{12}{12-x} \times \frac{6}{x} \qquad |\cdot(12-x)\cdot x$$

Man multipliziert mit beiden Nennern „über Kreuz". Durch diese Umformung lassen sich die Nenner auf beiden Seiten durch Kürzen beseitigen.

Dieser Zwischenschritt dient nur der Erklärung und wird zukünftig weggelassen.

$$\Leftrightarrow \quad \frac{12\cdot(\cancel{12-x})\cdot x}{\cancel{12-x}}=\frac{6\cdot(12-x)\cdot\cancel{x}}{\cancel{x}}$$

Beseitigung der Nenner durch Kürzen

$$\begin{aligned}
\Leftrightarrow \quad 12\cdot x &= 6\cdot(12-x) \\
\Leftrightarrow \quad 12x &= 72-6x \qquad |+6x \\
\Leftrightarrow \quad 18x &= 72 \qquad |:18 \\
\Leftrightarrow \quad x &= 4
\end{aligned}$$

Auflösen nach x

$L=\{4\}$

$x=4$ ist in der Definitionsmenge (führt also nicht dazu, dass ein Nenner den Wert null annimmt).

2. $\frac{5}{x+3}=\frac{12}{2x-4}$ $\quad G=\mathbb{Q}$

Bestimmung der Definitionsmenge:
$D=\mathbb{Q}\setminus\{-3;\,2\}$

Für $x=-3$ und $x=2$ nimmt jeweils ein Nenner den Wert 0 an.

$$\frac{5}{x+3} \times \frac{12}{2x-4}$$

Überkreuz-Multiplikation

$$\begin{aligned}
\Leftrightarrow \quad 5\cdot(2x-4) &= 12\cdot(x+3) \\
\Leftrightarrow \quad 10x-20 &= 12x+36 \qquad |-12x+20 \\
\Leftrightarrow \quad -2x &= 56 \qquad |:(-2) \\
\Leftrightarrow \quad x &= -28
\end{aligned}$$

Der Zwischenschritt aus Beispiel 1 wurde weggelassen.

$-28\in D$

$L=\{-28\}$

Aufgabe 17

Löse folgende Aufgaben durch Überkreuz-Multiplikation. ($G=\mathbb{Q}$, falls nicht extra angegeben.)

a) $\frac{8}{8-x}=10$

b) $\frac{5}{8}=\frac{12}{10-x}$

c) $\frac{8}{x-4}=\frac{6}{2x-8}$

d) $\frac{10}{0{,}5x}=\frac{6}{6-x}$ $\quad G=\mathbb{Z}$

e) $\frac{36}{x-6}=\frac{72}{2x-12}$

f) $\frac{10-x}{10}=\frac{5-x}{2}$

Interaktive Aufgaben

1. Definitionsmenge bestimmen
2. Bruchgleichung lösen

1.5 Prozentrechnung

Begriffe und Abkürzungen

Merke

Grundwert GW: Entspricht der gesamten Menge, dem Ganzen bzw. 100 %.
Prozentwert PW: Entspricht einem Anteil, einem Teil des Ganzen.
Prozentsatz p %: Entspricht dem Anteil des Ganzen in Prozent, dem Anteil je hundert bzw. dem Anteil in hundertstel.

Beispiel

In einer Klasse sind $\underbrace{\text{25 Schüler.}}_{\text{GW}}$ $\underbrace{5}_{\text{PW}}$ davon sind Mädchen, das sind $\underbrace{20\ \%}$.

$p\ \% = \frac{5}{25} = \frac{20}{100} = 20\ \%$

Man sagt: 25 Schüler entsprechen 100 %.
5 Schüler entsprechen 20 % von 25 Schülern.
5 Schüler ist der Prozentwert, der dem Prozentsatz 20 % entspricht.

Merke

Wichtige Prozentsätze

$\frac{\mathbf{1}}{\mathbf{2}} = 0{,}5 = \frac{50}{100} = \mathbf{50\ \%}$ $\frac{\mathbf{1}}{\mathbf{4}} = 0{,}25 = \frac{25}{100} = \mathbf{25\ \%}$ $\frac{\mathbf{1}}{\mathbf{5}} = 0{,}2 = \frac{20}{100} = \mathbf{20\ \%}$

$\frac{\mathbf{1}}{\mathbf{8}} = 0{,}125 = \frac{12{,}5}{100} = \mathbf{12{,}5\ \%}$ $\frac{\mathbf{1}}{\mathbf{10}} = 0{,}1 = \frac{10}{100} = \mathbf{10\ \%}$ $\frac{\mathbf{1}}{\mathbf{20}} = 0{,}05 = \frac{5}{100} = \mathbf{5\ \%}$

Beachte: „Prozent“ steht für „von hundert“

Berechnungen

In der Prozentrechnung sind zwei Arten der Berechnung üblich:
Dreisatz und Quotientengleichheit (mithilfe der Prozentformel).

Merke

Dreisatz

1. Angabe erfassen
2. Schließen auf die Einheit
3. Schließen auf das Ergebnis

Beispiele

1. Berechnung des Prozentwertes PW:
   Ein Tennisschläger kostet 120 €. Heute gibt es einen Rabatt von 20 %. Wie viel spart man dadurch?

   Lösung:
   Gegeben: GW = 120 €; p % = 20 %
   Gesucht: Prozentwert PW

   Dreisatz:

: 100	100 % ≙ 120 €	: 100	Schließen auf 1 %
	1 % ≙ 1,20 €		
· 20	20 % ≙ 24 €	· 20	Schließen auf das Ergebnis

   Der Prozentwert beträgt 24 €. Man spart also 24 €.

2. Berechnung des Prozentsatzes p:
   500 $m\ell$ Limonade enthalten 175 $m\ell$ reinen Fruchtsaft. Wie viel Prozent sind das?

   Lösung:
   Gegeben: GW = 500 $m\ell$, PW = 175 $m\ell$
   Gesucht: Prozentsatz p in Prozent

   Dreisatz:

   $$\begin{aligned} :500 \quad & 500\,m\ell \mathrel{\hat{=}} 100\,\% & :500 \quad & \text{Schließen auf } 1\,m\ell \\ & 1\,m\ell \mathrel{\hat{=}} 0{,}2\,\% & & \\ \cdot 175 \quad & 175\,m\ell \mathrel{\hat{=}} 35\,\% & \cdot 175 \quad & \text{Schließen auf das Ergebnis} \end{aligned}$$

   Der Anteil beträgt $\frac{35}{100} = 35\,\%$.

3. Berechnung des Grundwertes GW:
   Bei der Klassensprecherwahl erhältst du 21 Stimmen. Das sind 75 % aller Stimmen. Wie viele Stimmen wurden insgesamt abgegeben?

   Lösung:
   Gegeben: p % = 75 %; PW = 21
   Gesucht: Grundwert GW

   Dreisatz:

   $$\begin{aligned} :75 \quad & 75\,\% \mathrel{\hat{=}} 21\,\text{Stimmen} & :75 \quad & \text{Schließen auf } 1\,\% \\ & 1\,\% \mathrel{\hat{=}} 0{,}28\,\text{Stimmen} & & \\ \cdot 100 \quad & 100\,\% \mathrel{\hat{=}} 28\,\text{Stimmen} & \cdot 100 \quad & \text{Schließen auf das Ergebnis} \end{aligned}$$

   Es wurden 28 Stimmen abgegeben.

Merke

Die Quotienten $\frac{PW}{GW}$ und $\frac{p}{100}$ besitzen den gleichen Wert. Somit ergibt sich die

Prozentformel: $\mathbf{\frac{PW}{GW} = \frac{p}{100}}$

Beispiele

1. Berechnung des Prozentwertes PW:
   Ein Tennisschläger kostet 120 €. Heute gibt es einen Rabatt von 20 %.
   Wie viel spart man dadurch?

   Lösung:
   Gegeben: GW = 120 €; p % = 20 %
   Gesucht: Prozentwert PW
   Einsetzen in die Prozentformel $\frac{PW}{GW} = \frac{p}{100}$ mit der Variablen x für PW:

   $$\frac{x}{120\,€} = \frac{20}{100} \qquad \text{Überkreuz-Multiplikation}$$

   $$x \cdot 100 = 20 \cdot 120\,€ \quad |:100 \qquad \text{Auflösen nach x}$$

   $$x = 24\,€$$

   Der Prozentwert ist 24 €. Man spart also 24 €.

2. Berechnung des Prozentsatzes p:
   500 $m\ell$ Limonade enthalten 175 $m\ell$ reinen Fruchtsaft. Wie viel Prozent sind das?

   Lösung:
   Gegeben: GW = 500 $m\ell$, PW = 175 $m\ell$
   Gesucht: Prozentsatz p in Prozent

Einsetzen in die Prozentformel $\frac{PW}{GW} = \frac{p}{100}$ mit x für p:

$$\frac{175\ m\ell}{500\ m\ell} = \frac{x}{100}$$

Überkreuz-Multiplikation.
Die Maßeinheit $m\ell$ wird gekürzt.

$$175 \cdot 100 = x \cdot 500 \quad |:500$$

$$x = 35$$

Der Anteil beträgt $\frac{35}{100} = 35\ \%$.

3. Berechnung des Grundwertes GW:
   Bei der Klassensprecherwahl erhältst du 21 Stimmen. Das sind 75 % aller Stimmen. Wie viele Stimmen wurden insgesamt abgegeben?

   Lösung:
   Gegeben: p % = 75 %; PW = 21
   Gesucht: Grundwert GW

   Einsetzen in die Prozentformel $\frac{PW}{GW} = \frac{p}{100}$ mit x für GW:

   $$\frac{21}{x} = \frac{75}{100}$$

   Überkreuz-Multiplikation

   $$21 \cdot 100 = 75 \cdot x \quad |:75$$

   $$x = 28$$

   Es wurden 28 Stimmen abgegeben.

Aufgabe 18

Ordne jeweils Grundwert, Prozentwert bzw. Prozentsatz zu und löse mithilfe des Dreisatzes oder der Prozentformel.

a) Du legst 2 500 € für ein Jahr an. Der Zinssatz beträgt 3,8 %.
Bestimme, wie hoch die Zinsen nach einem Jahr sind.

b) Ein Computer kostet 780 €. Er wird mit Rabatt 80 € billiger für 700 € verkauft.
Bestimme, wie hoch der Rabatt in Prozent war.

c) Eine Firma entlässt 5 % aller Mitarbeiter. Das sind 24 Arbeiter.
Bestimme, wie viele Beschäftigte die Firma hatte.

d) 40 % der Fläche eines Baugrundstücks wird verkauft. Das sind 300 m^2.
Bestimme, wie groß das Grundstück insgesamt ist.

e) Eine Partei hat 35 % der Sitze im Parlament.
Insgesamt hat das Parlament 680 Sitze.
Bestimme, wie viele Sitze die Partei zugeteilt bekommt.

f) Der Ölpreis ist innerhalb eines Jahrzehnts von 10 € pro Fass auf 127 € pro Fass gestiegen.
Bestimme, um wie viel Prozent der Ölpreis zugenommen hat.

g) Heute ist alles um 20 % reduziert. Du kaufst ein Buch für 18 €.
Bestimme, wie viel du ohne Rabatt hättest bezahlen müssen.

h) Eine Aktie kostet 100 €. Der Kurs der Aktie fällt am ersten Tag um 8 %.
Einen Tag später steigt der Kurs wieder um 8 %. Bestimme, wie viel die Aktie dann kostet.

Interaktive Aufgaben

1. Grundwert
2. Prozentwert
3. Zinssatz
4. Verminderter Grundwert
5. Vermehrter Grundwert
6. Gehaltserhöhung

1.6 Vektoren

Regel „Spitze minus Fuß“

Merke

Die Koordinaten eines Pfeils $\overrightarrow{AB}$ mit Fußpunkt $A(x_A \mid y_A)$ und Spitze $B(x_B \mid y_B)$ berechnet man mithilfe der Regel „Spitze minus Fuß“:

Spitze minus Fuß

$$\overrightarrow{AB} = \begin{pmatrix} x_B - x_A \\ y_B - y_A \end{pmatrix}$$

Pfeile haben genau dann dieselben Koordinaten, wenn sie **gleich lang** und **parallel** sind und in **dieselbe Richtung** zeigen. Alle Pfeile, die diese drei Eigenschaften gemeinsam haben, fasst man in einer Menge zusammen, die man **Vektor** nennt.

Beispiel

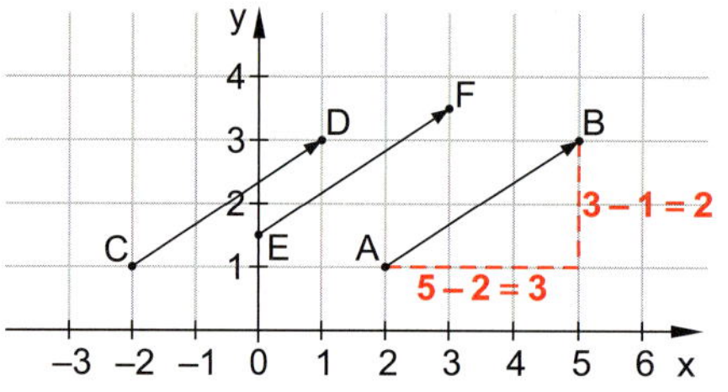

Die Pfeile $\overrightarrow{AB}$, $\overrightarrow{CD}$ und $\overrightarrow{EF}$ haben dieselben Koordinaten, denn sie sind alle gleich lang, parallel und zeigen in dieselbe Richtung. Sie gehören somit zum selben Vektor.

Berechnung der Koordinaten der Pfeile:

Spitze B – Fuß A

$$\overrightarrow{AB} = \begin{pmatrix} 5-2 \\ 3-1 \end{pmatrix} = \begin{pmatrix} 3 \\ 2 \end{pmatrix}$$

$$\overrightarrow{CD} = \begin{pmatrix} 1-(-2) \\ 3-1 \end{pmatrix} = \begin{pmatrix} 3 \\ 2 \end{pmatrix}$$

$$\overrightarrow{EF} = \begin{pmatrix} 3-0 \\ 3{,}5-1{,}5 \end{pmatrix} = \begin{pmatrix} 3 \\ 2 \end{pmatrix}$$

$B(5 \mid 3)$ ist die Spitze, $A(2 \mid 1)$ ist der Fußpunkt des Pfeils $\overrightarrow{AB}$.
Vom Fußpunkt A aus $\begin{pmatrix} \text{3 LE nach rechts} \\ \text{2 LE nach oben} \end{pmatrix}$ zur Spitze B.

Berechnungen mithilfe von Vektoren

Parallelverschiebung

Merke

Bei einer **Parallelverschiebung** wird jeder Punkt P durch einen Vektor $\vec{v}$ auf einen Bildpunkt P' verschoben. Man schreibt: $P \overset{\vec{v}}{\mapsto} P'$

Beispiel

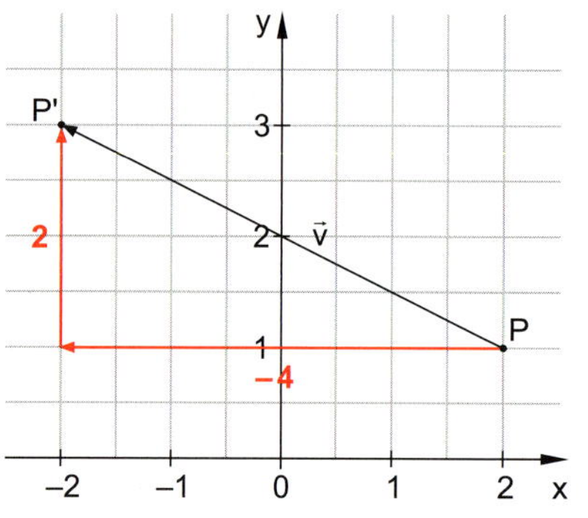

Der Punkt $P(2 \mid 1)$ wird durch Parallelverschiebung mit dem Vektor $\vec{v} = \begin{pmatrix} -4 \\ 2 \end{pmatrix}$ auf den Punkt P' abgebildet.

Der Pfeil $\overrightarrow{PP'}$ gehört zum Vektor $\vec{v} = \begin{pmatrix} -4 \\ 2 \end{pmatrix}$. Somit lassen sich die Koordinaten des Bildpunktes P'(x | y) (Spitze des Vektors) durch einen Vektorvergleich berechnen:

$\overrightarrow{PP'} = \vec{v}$ — Vektorvergleich: $\overrightarrow{PP'}$ und $\vec{v}$ haben dieselben Koordinaten.

$\Leftrightarrow \begin{pmatrix} x-2 \\ y-1 \end{pmatrix} = \begin{pmatrix} -4 \\ 2 \end{pmatrix}$ — Spitze minus Fuß mit P'(x | y). Man vergleicht die Koordinaten auf beiden Seiten.

$\Leftrightarrow \; x-2=-4 \; \wedge \; y-1=2$ — Vergleiche die x- und y-Koordinaten zeilenweise.

$\Leftrightarrow \; x=-2 \; \wedge \; y=3$

P'(–2 | 3)

Analog lassen sich die Koordinaten des Urpunkts (Fußpunkts) berechnen, falls nur der Bildpunkt gegeben ist.

Aufgabe 19

Der Punkt P wurde mit dem Vektor $\vec{v} = \begin{pmatrix} 3 \\ -5 \end{pmatrix}$ auf den Punkt P'(7 | 4) parallel verschoben. Berechne die Koordinaten des Urpunkts P(x | y) durch einen Vektorvergleich.

Interaktive Aufgaben

1. Spitze-Fuss
2. Parallelverschiebung

Mittelpunktsberechnung einer Strecke

Merke

Die Koordinaten des Mittelpunkts einer Strecke $\overline{AB}$ berechnet man entweder über den Vektorvergleich von $\overrightarrow{AM}$ und $\overrightarrow{MB}$, oder über die Formel:

$M_{\overline{AB}}\left(\frac{x_A + x_B}{2} \,\middle|\, \frac{y_A + y_B}{2}\right)$

Beispiel

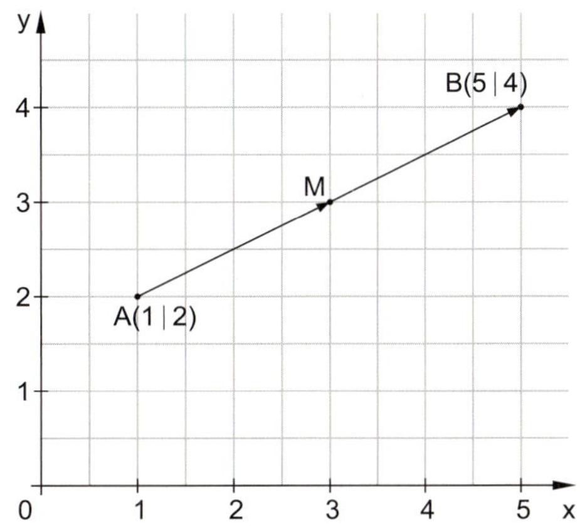

Die Pfeile $\overrightarrow{AM}$ und $\overrightarrow{MB}$ sind gleich lang, parallel und zeigen in dieselbe Richtung. Sie besitzen also dieselben Koordinaten.

Berechnung mithilfe des Vektorvergleichs:
Bezeichne den Mittelpunkt der Strecke $\overline{AB}$ mit M(x | y) und wende dann die Regel Spitze minus Fuß an:

$\overrightarrow{AM} = \overrightarrow{MB}$

$\Leftrightarrow \begin{pmatrix} x-1 \\ y-2 \end{pmatrix} = \begin{pmatrix} 5-x \\ 4-y \end{pmatrix}$

Vergleicht man zeilenweise, so erhält man:

$\Leftrightarrow \; x-1=5-x \; \wedge \; y-2=4-y$

$\Leftrightarrow \; 2x=6 \; \wedge \; 2y=6$

$\Leftrightarrow \; x=3 \; \wedge \; y=3$

Also gilt: M(3 | 3)

oder:

Berechnung mithilfe der Formel:

$M_{\overline{AB}}\left(\frac{1+5}{2}\,\middle|\,\frac{2+4}{2}\right)$, also: $M_{\overline{AB}}(3\,|\,3)$

$M_{\overline{AB}}\left(\frac{x_A+x_B}{2}\,\middle|\,\frac{y_A+y_B}{2}\right)$

Aufgaben

20 Berechne die Koordinaten des Mittelpunkts der Strecke $\overline{AB}$ mit A(–2 | 3) und B(5 | –4).

21 Berechne die Koordinaten des Diagonalenschnittpunkts M im Quadrat ABCD mit A(2 | 1), B(5 | 3) und D(0 | 4) und mithilfe von M dann die Koordinaten von C.

Interaktive Aufgabe

3. Mittelpunktsberechnung

1.7 Dreiecke

Eigenschaften beliebiger Dreiecke

Merke

- In jedem Dreieck beträgt die Innenwinkelsumme 180°.
- In jedem Dreieck liegt der größeren Seite auch der größere Winkel gegenüber.

Beispiel

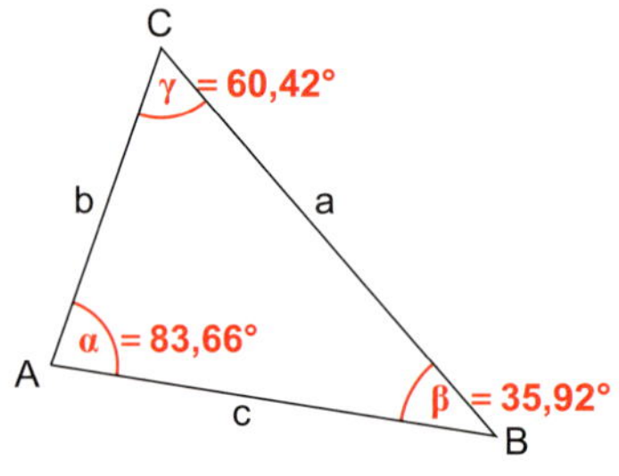

$83{,}66° + 35{,}92° + 60{,}42° = 180°$
$a > c > b \Leftrightarrow \alpha > \gamma > \beta$

Merke

Winkel bezeichnet man mithilfe des Scheitelpunktes und zweier weiterer Punkte auf den Schenkeln des Winkels. Der 1. Schenkel wird dabei gegen den Uhrzeigersinn um den Scheitelpunkt auf den 2. Schenkel gedreht.

Punkt auf dem 1. Schenkel
Punkt auf dem 2. Schenkel
$\alpha = \sphericalangle BSA$
Scheitelpunkt
$\beta = \sphericalangle ASB$
Punkt auf dem 2. Schenkel
Punkt auf dem 1. Schenkel

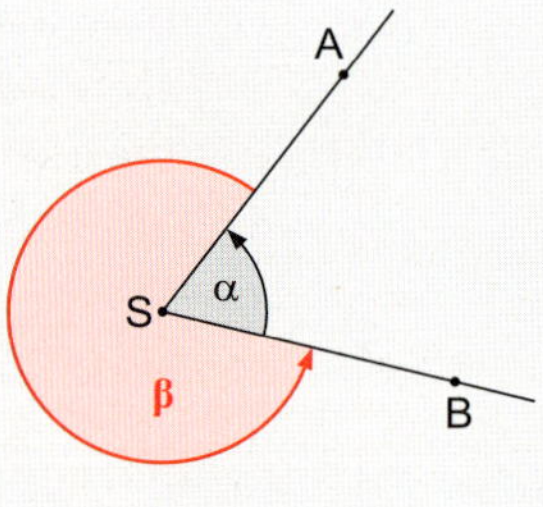

Beispiel

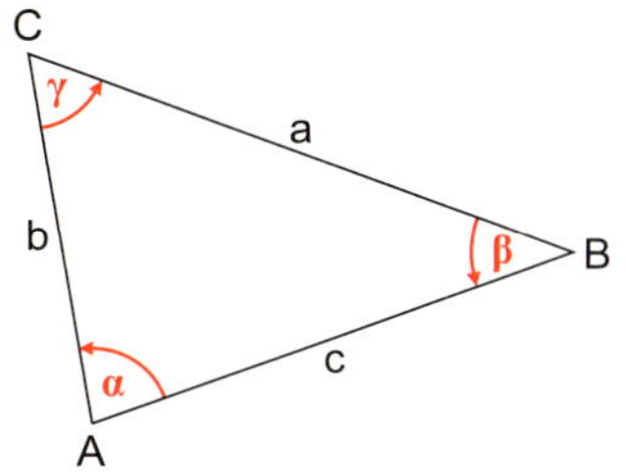

Die Winkel in Dreiecken lassen sich mithilfe der Eckpunkte bezeichnen:
$\alpha = \sphericalangle BAC$
$\beta = \sphericalangle CBA$
$\gamma = \sphericalangle ACB$
Es kann hilfreich sein, die Winkelbögen mit Pfeilspitzen zu versehen. Die Drehrichtung verläuft immer entgegen dem Uhrzeigersinn.

Die Punkte auf den Mittelsenkrechten eines Dreiecks sind gleich weit von den beiden Eckpunkten der jeweiligen Dreiecksseite entfernt (Ortslinie). Der Schnittpunkt der drei Mittelsenkrechten eines Dreiecks ist der einzige Punkt, der von allen drei Eckpunkten gleich weit entfernt ist.

Merke

- Jedes Dreieck besitzt einen **Umkreis**, auf dem alle Eckpunkte des Dreiecks liegen.
- Der Umkreismittelpunkt M_u ist der **Schnittpunkt der 3 Mittelsenkrechten**. Der Abstand des Punktes M_u von den Eckpunkten des Dreiecks entspricht dem Radius r des Umkreises.
- Zur Konstruktion des Umkreises genügen **2** Mittelsenkrechten.

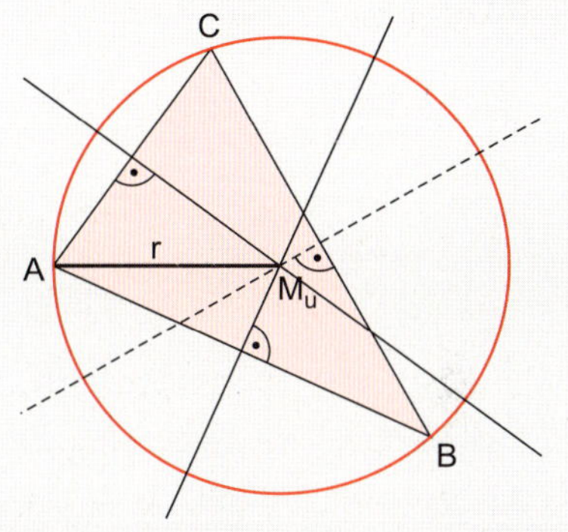

Die Punkte auf den Winkelhalbierenden eines Dreiecks haben von den jeweiligen Dreiecksseiten den gleichen Abstand. Der Schnittpunkt der Winkelhalbierenden ist der einzige Punkt, der von den drei Seiten eines Dreiecks den gleichen Abstand hat.

Merke

- Jedes Dreieck besitzt einen **Inkreis**, der alle Seiten des Dreiecks in jeweils einem Punkt berührt.
- Die Seiten des Dreiecks sind Tangenten an den Inkreis.
- Der Inkreismittelpunkt M_i ist der **Schnittpunkt der 3 Winkelhalbierenden**. Der Abstand des Punktes M_i von den Dreiecksseiten entspricht dem Radius r des Inkreises.
- Zur Konstruktion des Inkreises genügen **2** Winkelhalbierende.

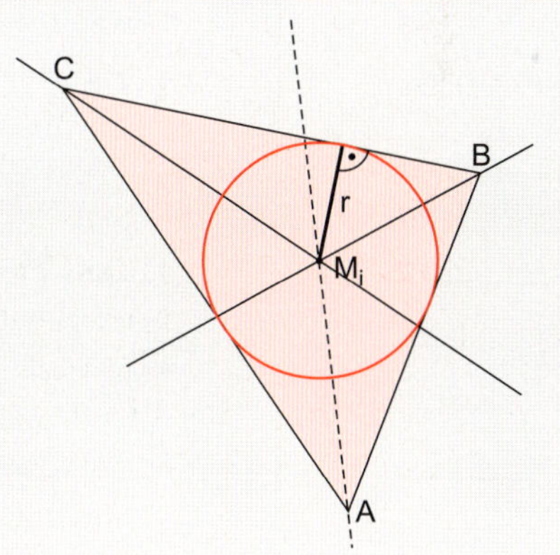

Aufgaben

22 Konstruiere den Umkreis des Dreiecks ABC mit A(1 | 1), B(4 | 0), C(3 | 5).

23 Konstruiere den Punkt C des Dreiecks ABC mit A(4 | 0), B(6 | 4) und dem Inkreismittelpunkt M_i(4 | 3). Zeichne den Inkreis ein.

Besondere Dreiecke

Merke

Rechtwinkliges Dreieck

- Ein Dreieck mit einem rechten Winkel heißt **rechtwinklig**.
- Die Seite, die dem rechten Winkel gegenüberliegt, heißt **Hypotenuse**. Die Seiten, die am rechten Winkel anliegen, heißen **Katheten**.
- Ein rechtwinkliges Dreieck hat genau einen rechten Winkel. Die beiden anderen Winkel sind kleiner als 90°.
- Im rechtwinkligen Dreieck liegt die größte Seite immer dem rechten Winkel gegenüber, d. h., im rechtwinkligen Dreieck ist die größte Seite immer die Hypotenuse.

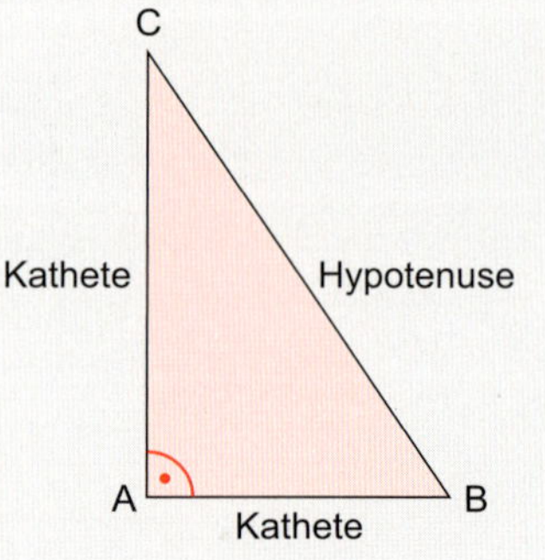

Merke

Gleichschenkliges Dreieck

- Ein Dreieck mit 2 gleich langen Seiten heißt **gleichschenklig**.
- Die gleich langen Seiten heißen **Schenkel**, die dritte Seite nennt man **Basis**.
- Ein gleichschenkliges Dreieck ist **achsensymmetrisch** zur Höhe auf die Basis.
- Die Basis wird von der zugehörigen Höhe halbiert.
- Die Basiswinkel sind maßgleich, der dritte Winkel wird von der Höhe halbiert.

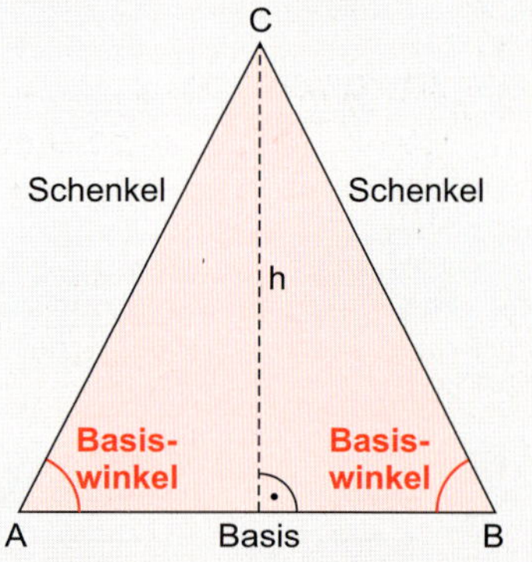

Merke

Gleichseitiges Dreieck

- Ein Dreieck mit 3 gleich langen Seiten heißt **gleichseitig**.
- Alle 3 Innenwinkel im gleichseitigen Dreieck sind gleich groß und messen 60°.
- Ein gleichseitiges Dreieck ist **achsensymmetrisch** zu den 3 Höhen.
- Im gleichseitigen Dreieck fallen Mittelsenkrechte, Winkelhalbierende und Höhen zusammen.
- Der Schnittpunkt der drei Höhen ist der Mittelpunkt des Umkreises und des Inkreises.

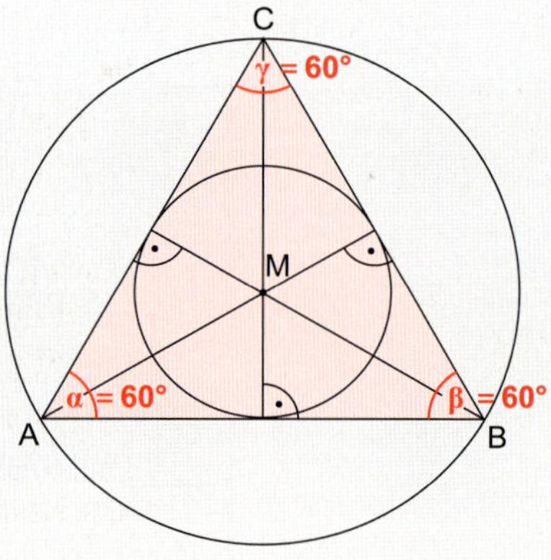

Aufgabe 24

Zeichne das gleichschenklige Dreieck ABC mit A(1 | 1), C(5 | 6), Basis [AB] und dem Basiswinkel BAC der 40° misst.
Konstruiere zudem den Inkreis und den Umkreis des Dreiecks.

Interaktive Aufgabe

1. Gleichschenkliges Dreieck

1.8 Vierecke

Eigenschaften beliebiger Vierecke

Merke

- In jedem Viereck beträgt die Innenwinkelsumme 360°.
- Nur spezielle Vierecke besitzen einen Inkreis oder einen Umkreis.

Beispiel

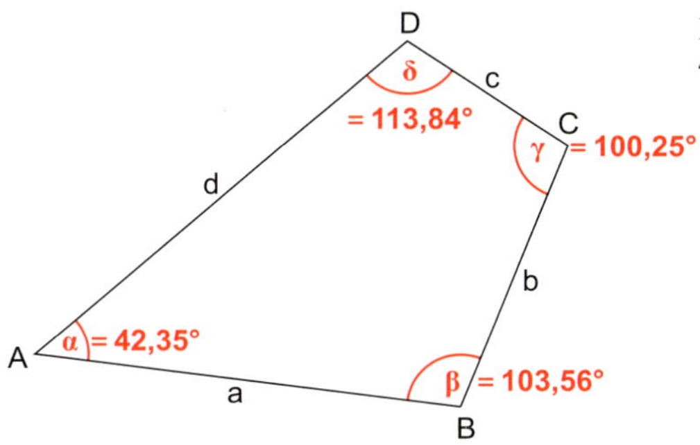

Innenwinkelsumme:
$42{,}35° + 103{,}56° + 100{,}25° + 113{,}84° = 360°$

Aufgaben

25 Zeichne das Viereck ABCD mit $|\overline{AB}| = 8\text{ cm}$, $|\overline{DA}| = 7\text{ cm}$, $\sphericalangle CBA = 90°$, $\sphericalangle BAD = 55°$ und $\sphericalangle DCB = 50°$.

26 Zeichne das Viereck ABCD mit $|\overline{DA}| = 3{,}5\text{ cm}$, $|\overline{CD}| = 5{,}5\text{ cm}$, $\sphericalangle BAD = 85°$, $\sphericalangle ADC = 110°$ und $\overline{BC} \perp \overline{CD}$. Bestimme das Maß des Winkels CBA.

Besondere Vierecke

Merke

Parallelogramm

Ein Viereck, bei dem die **gegenüberliegenden Seiten parallel** sind, heißt Parallelogramm.

- Gegenüberliegende Seiten sind gleich lang.
- Gegenüberliegende Winkel sind maßgleich: $\alpha = \gamma$ und $\beta = \delta$
- Benachbarte Winkel ergeben zusammen 180°: $\alpha + \beta = \beta + \gamma = \gamma + \delta = \delta + \alpha = 180°$
- Ein Parallelogramm ist **punktsymmetrisch** zum Diagonalenschnittpunkt.
- Die Diagonalen im Parallelogramm halbieren sich gegenseitig und teilen das Parallelogramm jeweils in kongruente (deckungsgleiche) Dreiecke.
- Wichtig für Berechnungen: $\overrightarrow{AB} = \overrightarrow{DC}$ und $\overrightarrow{AD} = \overrightarrow{BC}$

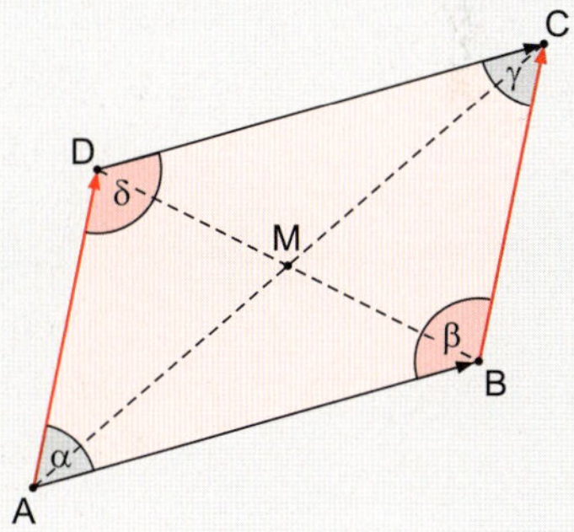

Aufgaben

27 Zeichne das Parallelogramm ABCD mit dem Diagonalenschnittpunkt M, wobei $A(1\,|\,1)$, $B(4\,|\,0)$ und $M(3\,|\,3)$. Berechne die Koordinaten von C und D.

28 Zeichne das Parallelogramm ABCD mit $|\overline{AB}| = 5\text{ cm}$, $|\overline{DA}| = 4\text{ cm}$ und $\sphericalangle CBA = 60°$. Gib die Maße der fehlenden Winkel an.

Merke

Drachenviereck

Ein Viereck, das **achsensymmetrisch** zu **einer** Diagonalen ist, heißt Drachenviereck.

- Die Diagonalen e und f stehen aufeinander senkrecht.
- 2 Paare von nebeneinanderliegenden Seiten sind gleich lang.
- Der Schnittpunkt M der Diagonalen halbiert eine der Diagonalen.
- Die Winkel zwischen den verschieden langen Seiten sind gleich groß.

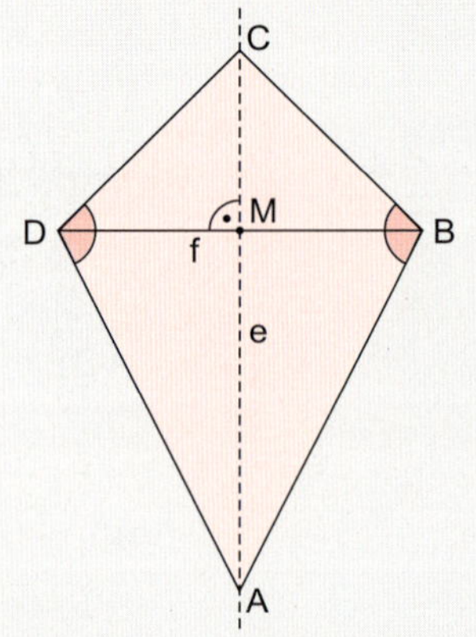

- Spezialfall: Hat ein Drachenviereck einen rechten Winkel, liegen die Eckpunkte des zugehörigen rechtwinkligen Teildreiecks auf dem **Thaleskreis** über der Hypotenuse.

Beispiele

1. Betrachte das abgebildete Drachenviereck mit $\sphericalangle DCB = 90°$.

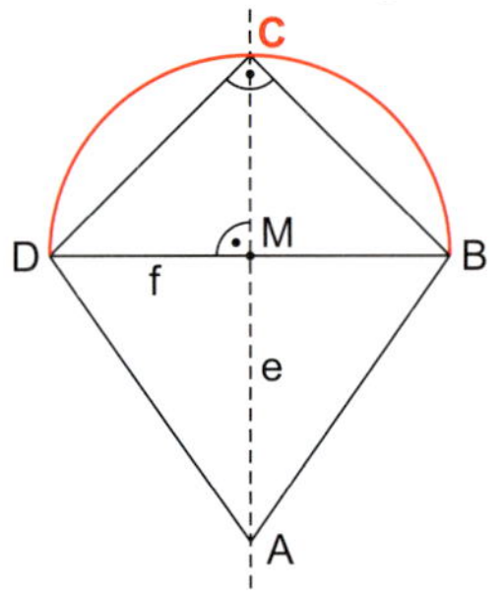

C liegt auf dem Thaleskreis über der Strecke $\overline{DB}$.

Die Dreiecke MBC und DMC sind gleichschenklig-rechtwinklig mit $|\overline{DM}| = |\overline{MC}| = |\overline{MB}|$.

2. Betrachte das abgebildete Drachenviereck mit $\sphericalangle CBA = \sphericalangle ADC = 90°$.

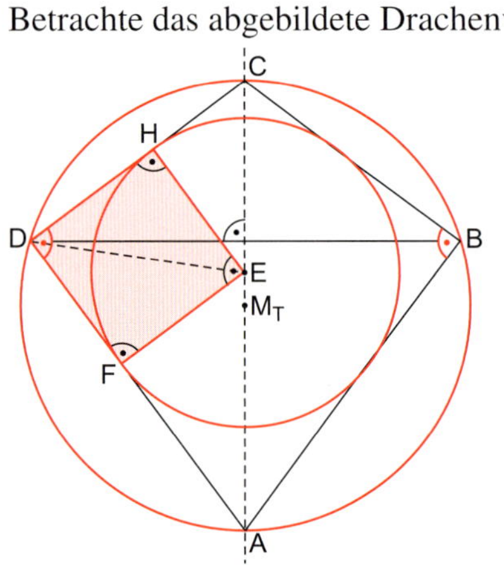

Dieses Drachenviereck besitzt einen Umkreis und einen Inkreis.

Der Umkreis mit Mittelpunkt M_T ist der Thaleskreis über $\overline{AC}$.

Der Inkreismittelpunkt E ist der Schnittpunkt der Winkelhalbierenden von $\sphericalangle ADC$ mit der Diagonalen $\overline{AC}$ (Winkelhalbierende von $\sphericalangle BAD$).

Für den Radius gilt: $r_{Inkreis} = |\overline{FE}| = |\overline{HE}|$

Aufgaben

29 Begründe, warum das Viereck DFEH im oben stehenden Beispiel 2 ein Quadrat ist.

30 Zeichne das rechtwinklige Drachenviereck ABCD mit Symmetrieachse AC und $\sphericalangle CBA = 90°$, wobei $|\overline{AC}| = 8$ cm und $|\overline{BD}| = 6$ cm. Die Strecke $\overline{MC}$ ist kürzer als die Strecke $\overline{AM}$.
Zeichne den Inkreis und den Umkreis des Drachenvierecks ein.

Merke

Raute

Eine Raute ist ein Viereck mit **4 gleich langen Seiten**.

- Die Raute ist ein Spezialfall des Drachenvierecks.
  Zusätzliche Eigenschaft:
  Die Diagonalen halbieren sich gegenseitig.
- Die Raute ist ein Spezialfall des Parallelogramms.
  Zusätzliche Eigenschaft:
  Die 4 Seiten sind gleich lang.
- Die Diagonalen sind **Symmetrieachsen**.
- Der Schnittpunkt M der Diagonalen ist der Mittelpunkt des Inkreises.
- Gegenüberliegende Winkel sind gleich groß.
- Hinweis: Ein Quadrat ist ein Spezialfall einer Raute, bei der die beiden Diagonalen gleich lang sind.

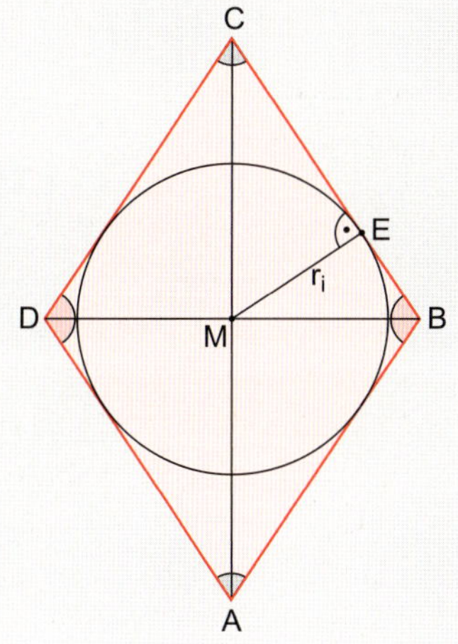

Merke

Trapez

Ein Trapez ist ein Viereck mit **2 parallelen Seiten**. Die nichtparallelen Seiten heißen **Schenkel**.

- Die an jedem Schenkel anliegenden Winkel ergänzen sich jeweils zu 180° ($\alpha+\delta=180°$; $\beta+\gamma=180°$).

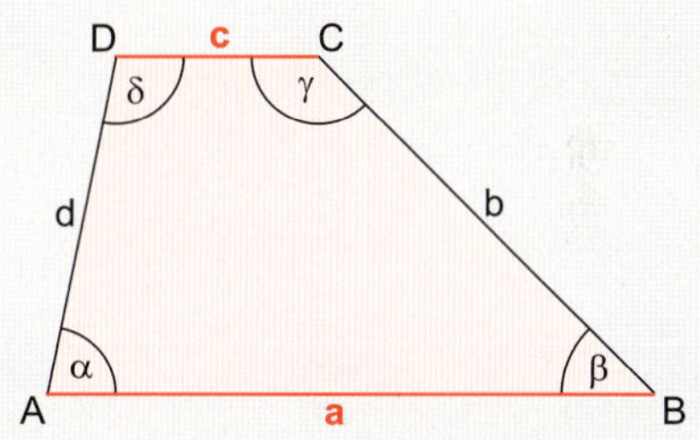

Merke

Gleichschenkliges Trapez

Ein gleichschenkliges Trapez ist ein Spezialfall eines Trapezes mit **2 gleich langen Schenkeln**.

- Ein gleichschenkliges Trapez ist achsensymmetrisch zur Mittelsenkrechten der beiden parallelen Seiten.
- Die an den parallelen Seiten anliegenden Winkel sind jeweils gleich groß ($\alpha=\beta$; $\gamma=\delta$).

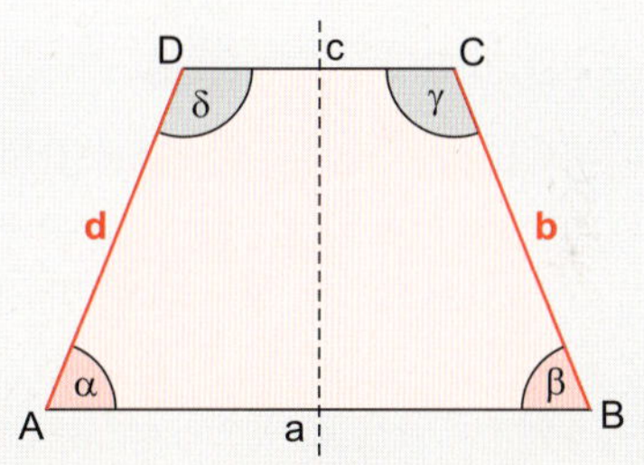

Aufgabe 31

Im gleichschenkligen Trapez ABCD mit dem 4,5 cm langen Schenkel $\overline{BC}$ beträgt das Maß des Winkels DBA 30°. Die Seite $\overline{AB}$ ist 8 cm lang.
Zeichne das Trapez. (Es existieren zwei Lösungen!)

Interaktive Aufgabe

1. Trapez

2 Grundwissen 9. Klasse

2.1 Lineare Funktionen

Direkte Proportionalität

Merke

Zwei Größen x und y heißen **direkt proportional** zueinander, wenn gilt:
Verdoppelt, verdreifacht … halbiert, drittelt … man den Wert der einen Größe x, so verdoppelt, verdreifacht … halbiert, drittelt … sich der Wert der anderen Größe y ebenfalls.
Die Wertepaare bei direkter Proportionalität sind **quotientengleich**. Dieser konstante Quotient $k = \frac{y}{x}$ heißt **Proportionalitätsfaktor k**. Die zugehörige Funktionsgleichung lautet entsprechend: $y = k \cdot x$. Alle Punkte des zugehörigen Graphen liegen auf einer Geraden durch den Ursprung des Koordinatensystems.

Beispiel

Ein Hubschrauber fliegt mit gleichbleibender Geschwindigkeit. Dabei legt er in einer Stunde Flugzeit einen Weg von 102 Kilometern zurück.
In der nachfolgenden Tabelle wird der Zusammenhang zwischen abgelaufener Zeit und zurückgelegtem Weg dargestellt und jeweils der Quotient $\frac{\text{Weg}}{\text{Zeit}}$ angegeben:

Zeit x in h	1	2	3	…	10	…
Weg y in km	102	204	306	***	1 020	***
$\frac{\text{Weg}}{\text{Zeit}}$ in $\frac{\text{km}}{\text{h}}$	$\frac{102}{1} = \mathbf{102}$	$\frac{204}{2} = \mathbf{102}$	$\frac{306}{3} = \mathbf{102}$	$\frac{***}{\dots} = \mathbf{102}$	$\frac{1\,020}{10} = \mathbf{102}$	$\frac{***}{\dots} = \mathbf{102}$

Da die Größenpaare (Zeit | Weg) quotientengleich sind, sind Zeit x und Weg y direkt proportional. Jedem x ist **genau ein** y zugeordnet. Die Zahlenpaare (x | y) bilden also eine Funktion f.

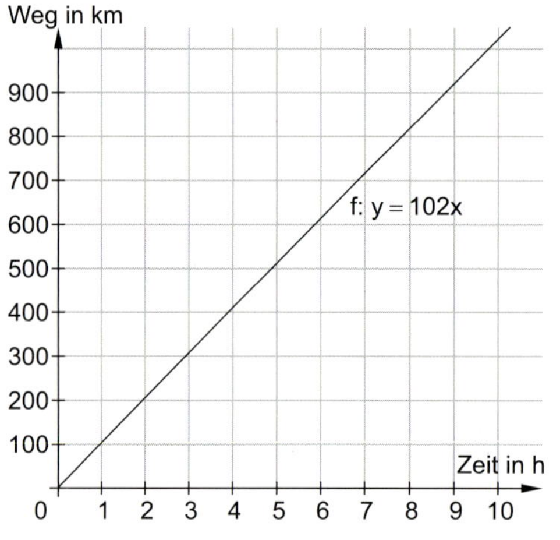

Für alle Zahlenpaare (x | y) mit $x \in \mathbb{R}^+$, $y \in \mathbb{R}^+$ gilt:

$\frac{y}{x} = 102$

Damit ergibt sich als Gleichung der Funktion f:

$\frac{y}{x} = 102 \iff y = 102x$

Der Graph der Funktion f: $y = 102x$ ist eine Gerade durch den Ursprung O(0 | 0).

Ursprungsgeraden: $y = m \cdot x$

Merke

Funktionen mit Gleichungen der Form $y = m \cdot x$ $(m \in \mathbb{R})$ sind ein Sonderfall linearer Funktionen. Ihre Graphen sind Geraden mit der **Steigung m**, die durch den **Ursprung O(0 | 0)** verlaufen, weshalb sie **Ursprungsgeraden** genannt werden.
Das Vorzeichen des Steigungsfaktors m bestimmt den Verlauf der Geraden:

- $m < 0$ fallende Gerade
- $m = 0$ x-Achse
- $m > 0$ steigende Gerade

Unabhängig vom Vorzeichen gilt:
Je kleiner der Betrag von m, **desto flacher** verläuft die Gerade,
je größer der Betrag von m, **desto steiler** verläuft sie.

Beispiele

1.

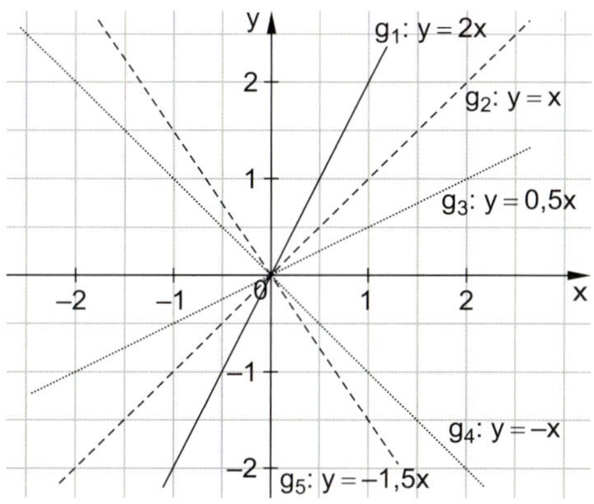

Funktionen mit der Funktionsgleichung $y = mx$:

g_1: $y = 2x$ → $m_1 = 2$ (steigende Gerade)
g_2: $y = x$ → $m_2 = 1$ (steigende Gerade)
g_3: $y = 0{,}5x$ → $m_3 = 0{,}5$ (steigende Gerade)

g_4: $y = -x$ → $m_4 = -1$ (fallende Gerade)
g_5: $y = -1{,}5x$ → $m_5 = -1{,}5$ (fallende Gerade)

2. Prüfe rechnerisch, ob die Punkte $A(-2\,|\,3)$ und $B(1{,}5\,|\,-3)$ auf der Geraden g_5: $y = -1{,}5x$ liegen.

Lösung:

$A(-2\,|\,3) \overset{?}{\in} g_5\text{: } y = -1{,}5x$ — Einsetzen der x- und y-Koordinaten des Punktes A in die Geradengleichung

$\Leftrightarrow\ 3 = -1{,}5 \cdot (-2)$

$\Leftrightarrow\ 3 = 3 \quad (w)$ — Wahr, also liegt A auf der Geraden g_5.

$\Rightarrow A \in g_5$

$B(1{,}5\,|\,-3) \overset{?}{\in} g_5\text{: } y = -1{,}5x$ — Einsetzen der x- und y-Koordinaten des Punktes B in die Geradengleichung

$\Leftrightarrow\ -3 = -1{,}5 \cdot 1{,}5$

$\Leftrightarrow\ -3 = -2{,}25 \quad (f)$ — Falsch, also liegt B nicht auf der Geraden g_5.

$\Rightarrow B \notin g_5$

Aufgabe 32

Prüfe rechnerisch, ob die Punkte $E(3{,}2\,|\,4{,}8)$ und $F(5\,|\,-7{,}5)$ auf der Geraden g: $y = \frac{3}{2}x$ liegen.

Interaktive Aufgaben

1. Gerade zuordnen
2. Gerade zeichnen
3. Funktion zuordnen

Zeichnen von Ursprungsgeraden

Merke

Alle Zahlenpaare $(x\,|\,y)$ mit Ausnahme von $O(0\,|\,0)$, die die Gleichung $y = m \cdot x$ erfüllen, sind quotientengleich, denn es gilt immer: $\frac{y}{x} = m$.

Zu jedem Steigungsfaktor $m = \frac{y}{x}$ $(m \in \mathbb{R})$ gibt es einen **Steigungspfeil** $\vec{m} = \begin{pmatrix} v_x \\ v_y \end{pmatrix}$:

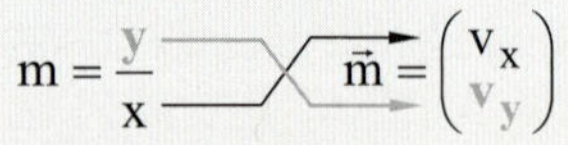

Die **x-Koordinate** des Steigungspfeils gibt an, wie viele Längeneinheiten man nach **rechts** $(v_x > 0)$ bzw. nach **links** $(v_x < 0)$ zeichnen muss.
Die **y-Koordinate** des Steigungspfeils gibt an, wie viele Längeneinheiten man nach **oben** $(v_y > 0)$ bzw. nach **unten** $(v_y < 0)$ zeichnen muss.

Beispiel

Zeichne die Gerade g mit $y = \frac{1}{2}x$ mithilfe des Steigungspfeils.

Lösung:

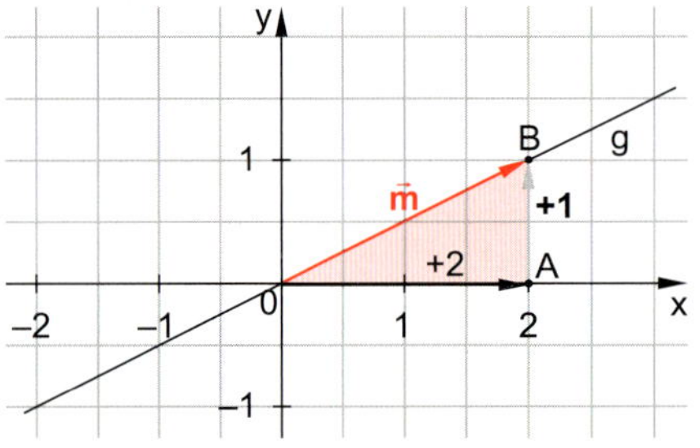

Aufstellen des Steigungspfeils:

Ausgehend vom Ursprung $O(0\,|\,0)$ trage $v_x = 2$ und daran anschließend $v_y = 1$ an.
Es entsteht das Steigungsdreieck OAB.

Aufgaben

33 Zeichne die durch folgende Gleichungen gegebenen Geraden in ein Koordinatensystem.

a) g: $y = 3x$ b) h: $y = \frac{2}{3}x$ c) i: $2x + 5y = 0$

34 Gib die Gleichung der Ursprungsgeraden g an.

a)

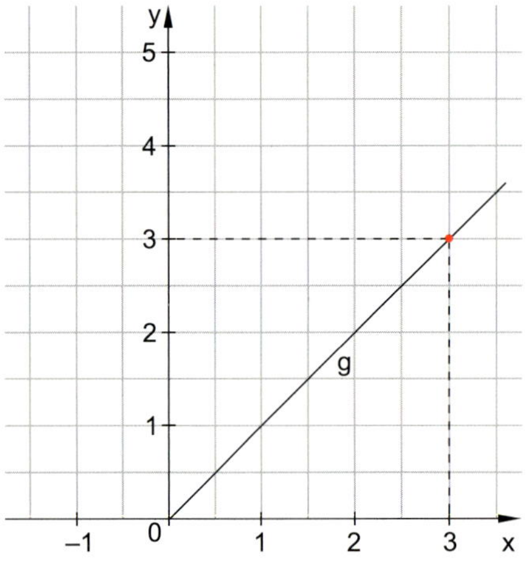

b)

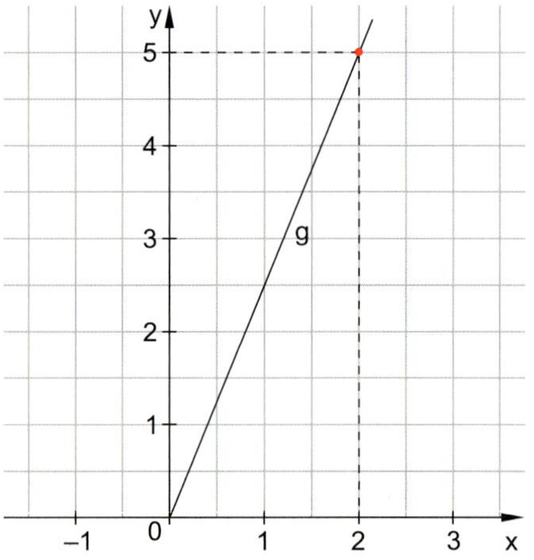

c)

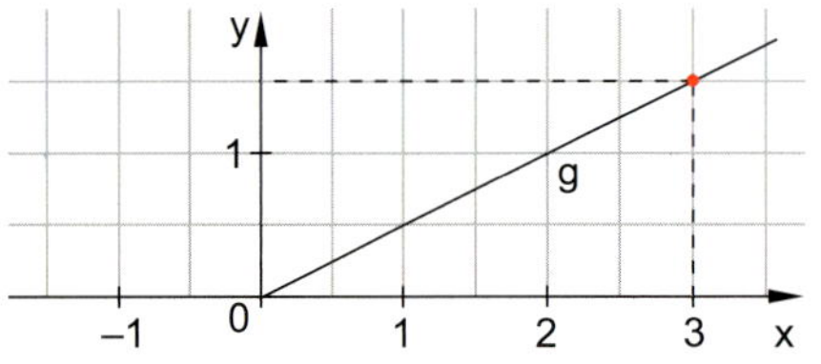

d)

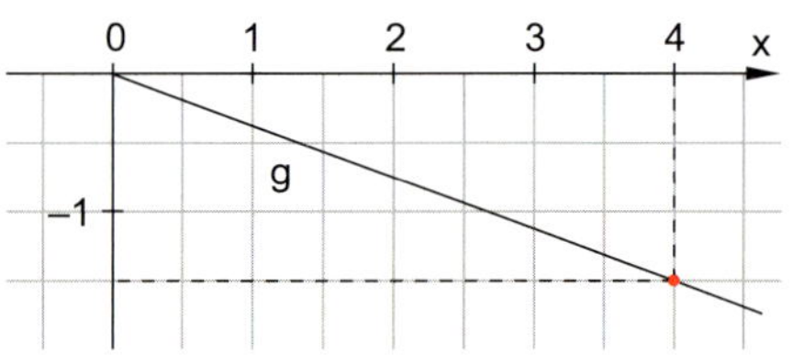

Geraden in beliebiger Lage – Die Normalform: $y = mx + t$

Merke

Funktionen mit Gleichungen der Form $y = mx + t$ ($m \in \mathbb{R}$) heißen **lineare Funktionen**.

- Ihre Graphen sind Geraden mit der **Steigung m** und dem **y-Achsenabschnitt t**.
- Die Gleichung $y = mx + t$ heißt **Normalform** der Geradengleichung.
- Durch Verschieben der Ursprungsgeraden g: $y = mx$ mit dem Vektor $\vec{v} = \begin{pmatrix} 0 \\ t \end{pmatrix}$ erhält man die Bildgerade g': $y = mx + t$, die die y-Achse im Punkt $T(0\,|\,t)$ schneidet.

Beispiel

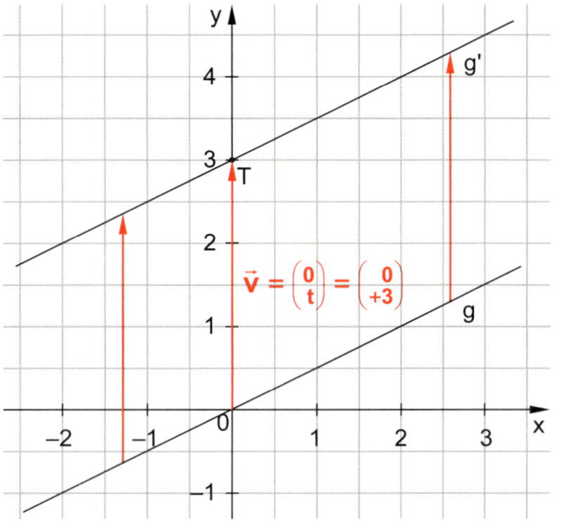

g: $y = \frac{1}{2}x \xrightarrow{\vec{v} = \binom{0}{+3}}$ g': $y = \frac{1}{2}x + 3$

$\Rightarrow$ $T(0\,|\,3)$

Aufgaben

35 Gib die Gleichung der Bildgeraden von g: $y = \frac{1}{2}x$ an, wenn g mit dem Vektor $\vec{v} = \begin{pmatrix} 0 \\ -2 \end{pmatrix}$ verschoben wird.

36 Überprüfe rechnerisch, ob die Punkte $A(-7\,|\,-8)$ bzw. $B\left(1\frac{5}{6}\,\middle|\,-2\frac{1}{4}\right)$ auf der Geraden g: $3x - 2y - 10 = 0$ liegen.

37 Gegeben ist die Gerade g: $y = -\frac{1}{2}x - 2$.
Bestimme rechnerisch die Nullstelle der Funktion und den Schnittpunkt N mit der x-Achse.

Tipp

Die Belegung x_0, für die eine Funktion f den Funktionswert 0 besitzt, heißt **Nullstelle** der Funktion: $f(x_0) = 0$. Im Koordinatensystem liegt der zugehörige Punkt $N(x_0\,|\,0)$ auf der x-Achse.

38 Bestimme rechnerisch die Gleichung der Geraden h mit Steigung $m = 2$ und $P(3\,|\,5) \in h$.

Interaktive Aufgaben

- 4. Gerade zuordnen
- 5. Funktion zuordnen
- 6. Steigung und Punkt gegeben

Berechnung der Geradengleichung mithilfe zweier Punkte

Merke

Eine Gerade lässt sich durch zwei Punkte eindeutig festlegen. Um die Gleichung einer durch zwei Punkte $A(x_a\,|\,y_a)$ und $B(x_b\,|\,y_b)$ verlaufenden Geraden zu bestimmen, berechnet man zunächst den Steigungspfeil $\overrightarrow{AB}$ und daraus die Steigung m.
Danach bestimmt man den Achsenabschnitt t durch Einsetzen von A oder B.

Beispiele

1. Berechne die Gleichung der Geraden g, die durch $A(5\,|\,3)$ und $B(9\,|\,6)$ verläuft.

Lösung:

Berechnung der Steigung m:

$$\overrightarrow{AB} = \begin{pmatrix} 9-5 \\ 6-3 \end{pmatrix} = \begin{pmatrix} 4 \\ 3 \end{pmatrix}$$

Berechne die Koordinaten des Steigungspfeils $\overrightarrow{AB}$: „Spitze minus Fuß“

$$m_{AB} = \frac{v_y}{v_x} = \frac{3}{4}$$

$$m_{AB} = \frac{3}{4}: \quad y = \frac{3}{4}x + t$$

Gib die Steigung an und setze den Wert $m_{AB} = \frac{3}{4}$ in die Gleichung $y = mx + t$ ein.

Berechnung des y-Achsenabschnitts t:

$$A(5\,|\,3) \in g: 3 = \frac{3}{4} \cdot 5 + t$$

Koordinaten von A oder B einsetzen, um t zu berechnen

$$\Leftrightarrow \quad \frac{12}{4} = \frac{15}{4} + t \quad \Big| -\frac{15}{4}$$

$3 = \frac{12}{4}$

$$\Leftrightarrow \quad t = \frac{12}{4} - \frac{15}{4}$$

$$\Leftrightarrow \quad t = -\frac{3}{4}$$

also: $g: y = \frac{3}{4}x - \frac{3}{4}$

Gleichung von g angeben

2. Berechne die Gleichung der Ursprungsgeraden g durch $Q(3\,|\,5)$:

Lösung:

Berechnung der Steigung m:

$$\overrightarrow{OB} = \begin{pmatrix} 3-0 \\ 5-0 \end{pmatrix} = \begin{pmatrix} 3 \\ 5 \end{pmatrix}$$

Bei Ursprungsgeraden ist mit dem Ursprung $O(0\,|\,0)$ bereits ein Punkt auf der Geraden gegeben. Der Steigungspfeil ist dann $\overrightarrow{OB}$.

$$m_{OB} = \frac{5}{3}$$

Gib die Steigung m_{OB} an.

also: $g: y = \frac{5}{3}x$

Geradengleichung angeben
Bei Ursprungsgeraden ist $t = 0$.

Aufgaben

39 (a – c)

Gib die Gleichung der Ursprungsgeraden g an, die durch den folgenden Punkt verläuft.

a) $A(5\,|\,8)$ b) $B(2\,|\,4{,}2)$ c) $C\left(-\frac{1}{3}\,\middle|\,-\frac{3}{4}\right)$ d) $D(-1{,}7\,|\,-2{,}89)$

40

Berechne die Gleichung der Geraden i durch die Punkte $S(-2\,|\,1)$ und $T(6\,|\,5)$.

41

Von der Geraden g ist der y-Achsenabschnitt $t = 1$ und der Punkt $P(4\,|\,-5)$ gegeben.
Bestimme die Gleichung von g.

Interaktive Aufgabe

7. Zwei Punkte gegeben

Zeichnen von Geraden

Merke

Zum Zeichnen von Geraden gibt es 3 Möglichkeiten:
- y-Achsenabschnitt und Steigungsdreieck
- Berechnung der Koordinaten zweier Punkte
- y-Achsenabschnitt und Nullstelle

Geraden mit Steigung $m = 0$ (Parallelen zur x-Achse) können auch einfacher, allein mithilfe des Achsenabschnitts t, gezeichnet werden.

Beispiele

1. Zeichne die Gerade g: $y = 1{,}5x - 3$.

Lösung:

y-Achsenabschnitt und Steigungsdreieck:

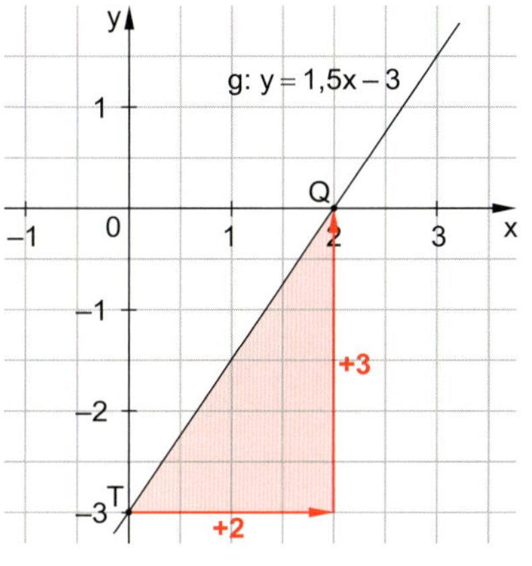

Der y-Achsenabschnitt t ist –3. Die Gerade verläuft also durch den Punkt T(0 | –3). Die Steigung m ist $1{,}5 = \frac{3}{2}$. Man erhält einen weiteren Punkt Q, wenn man von T(0 | –3) aus ein Steigungsdreieck zeichnet. Der Steigung $\frac{3}{2}$ entsprechend geht man zunächst 2 Längeneinheiten in Richtung der x-Achse und dann 3 Längeneinheiten in Richtung der y-Achse und erhält so den Punkt Q(2 | 0).

2. Zeichne die Gerade h: $y = \frac{1}{4}x + \frac{5}{2}$.

Lösung:

Berechnung der Koordinaten zweier Punkte:

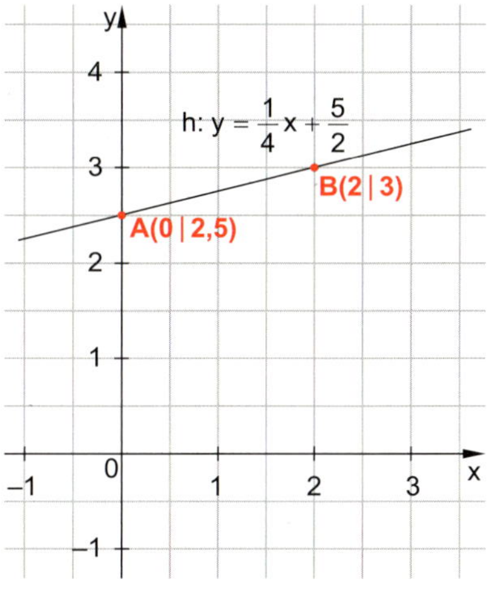

Man berechnet die Koordinaten zweier beliebiger Punkte A und B, die auf h liegen. Dazu wählt man eine beliebige x-Koordinate und berechnet die zugehörige y-Koordinate des Punktes:

$A(\mathbf{0} \mid y_A) \in h\colon y_A = \frac{1}{4} \cdot \mathbf{0} + \frac{5}{2}$

$\Leftrightarrow \quad y_A = 2{,}5$

also: $A(0 \mid 2{,}5) \in h$

$B(\mathbf{2} \mid y_B) \in h\colon y_B = \frac{1}{4} \cdot \mathbf{2} + \frac{5}{2}$

$\Leftrightarrow \quad y_B = 3$

also: $B(2 \mid 3) \in h$

3. Zeichne die Gerade i: $y = -2x + 4$.

Lösung:

y-Achsenabschnitt und Nullstelle:

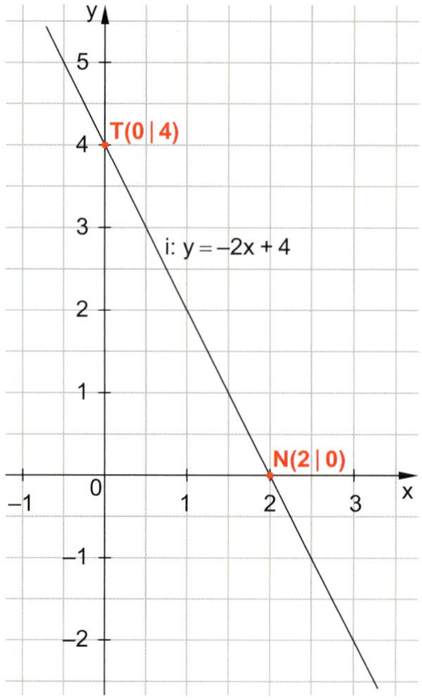

Der y-Achsenabschnitt t ist +4.

Die Gerade verläuft also durch den Punkt T(0 | 4).

Die Koordinaten des Schnittpunkts N mit der x-Achse erhält man für y = 0:

$N(x_0 | \mathbf{0}) \in i$: $\mathbf{0} = -2 \cdot x_0 + 4 \quad | +2x_0$

$\Leftrightarrow \quad 2x_0 = 4$

$\Leftrightarrow \quad x_0 = 2$

also: $N(2 | 0) \in i$

Die Gerade i verläuft damit durch die Punkte T(0 | 4) und N(2 | 0).

Tipp

Eine Gerade lässt sich durch zwei Punkte eindeutig festlegen. Zum Zeichnen einer **Ursprungsgeraden** benötigt man also außer dem Ursprung O(0 | 0) nur noch die Koordinaten eines weiteren Punktes P(x | y) auf der Ursprungsgeraden.

Beispiel

Zeichne den Graphen der Funktion mit g: $y = \frac{1}{2}x$.

Lösung:

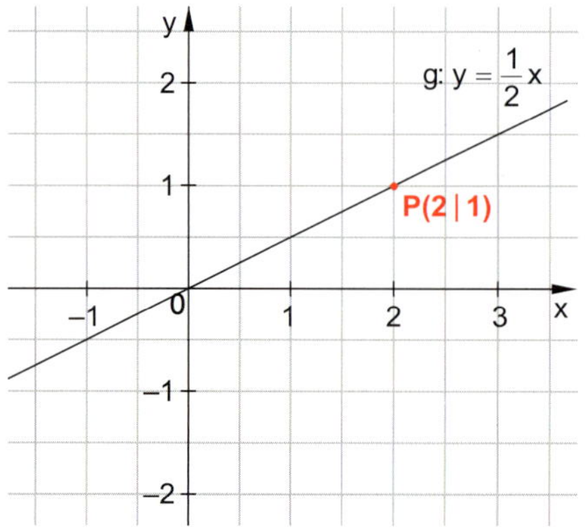

Berechnung der Koordinaten eines zweiten Punktes P der Ursprungsgeraden:
Setze einen beliebigen Wert für x in die Funktionsgleichung von g ein und berechne y:

$P(\mathbf{2} | y_P) \in g$: $y_P = \frac{1}{2} \cdot \mathbf{2}$

$\Leftrightarrow \quad y_P = 1$

also: $P(2 | 1) \in g$

Aufgaben

42 Zeichne die Graphen der Lösungsgeraden h, i und g aus den Aufgaben 38, 40 und 41 in ein Koordinatensystem.

43 Zeichne die Gerade g: $y = -\frac{4}{5}x - \frac{5}{4}$ mithilfe zweier Punkte.

Interaktive Aufgabe

8. Gerade zeichnen

Parallele und orthogonale Geraden

Merke

Zwei Geraden g: $y = m_g \cdot x + t_g$ und h: $y = m_h \cdot x + t_h$ sind genau dann **parallel**, wenn sie die gleiche Steigung haben.
In Zeichen: $g \parallel h \Leftrightarrow m_g = m_h$

Beispiele

1.

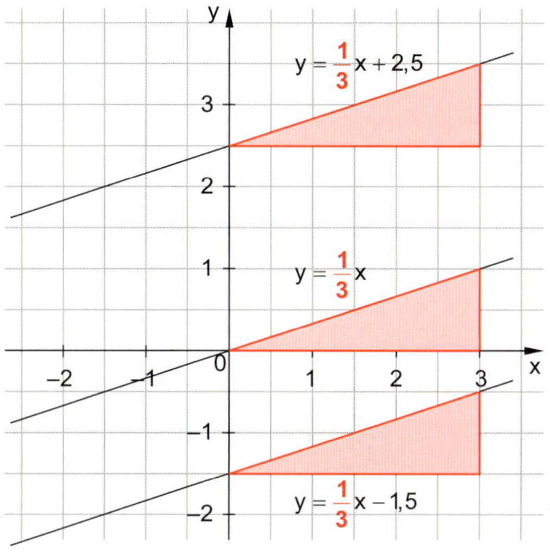

Alle drei Geraden besitzen die gleiche Steigung, sind also parallel.

2. Bestimme rechnerisch die Gleichung der Geraden h, die durch P(2 | 5) verläuft und zu i: $y = -\frac{1}{2}x - 2$ parallel ist.

Lösung:

$h \parallel i \Leftrightarrow m_h = m_i = -\frac{1}{2}$ — Parallelitätsbedingung

$m = -\frac{1}{2}$: $y = -\frac{1}{2}x + t$ — Steigung m in die Gleichung $y = mx + t$ einsetzen

$P(2 \mid 5) \in h$: $5 = -\frac{1}{2} \cdot 2 + t$ — Koordinaten von P einsetzen und t berechnen

$\Leftrightarrow t = 6$

also: h: $y = -\frac{1}{2}x + 6$ — Gleichung von h angeben

Aufgaben

44 Überprüfe rechnerisch, ob die Geraden AB und CD zueinander parallel sind, wobei A(3 | −4), B(7 | 3), C(2 | 9) und D(−2 | 1).

45 Bestimme durch Rechnung die Gleichung der zu e: $y = 2x + 2$ parallelen Geraden f durch den Punkt P(2 | 1).

46 Zeige, dass das Viereck PQRS mit P(−4 | −3), Q(2 | −1), R(5 | 4) und S(−1 | 2) ein Parallelogramm ist.

Merke

Zwei Geraden g: $y = m_g \cdot x + t_g$ und h: $y = m_h \cdot x + t_h$ stehen genau dann **senkrecht** aufeinander, wenn das Produkt ihrer beiden Steigungen −1 ergibt.
In Zeichen: $g \perp h \iff m_g \cdot m_h = -1$
Senkrechte Geraden nennt man auch **orthogonal**.

Beispiele

1.

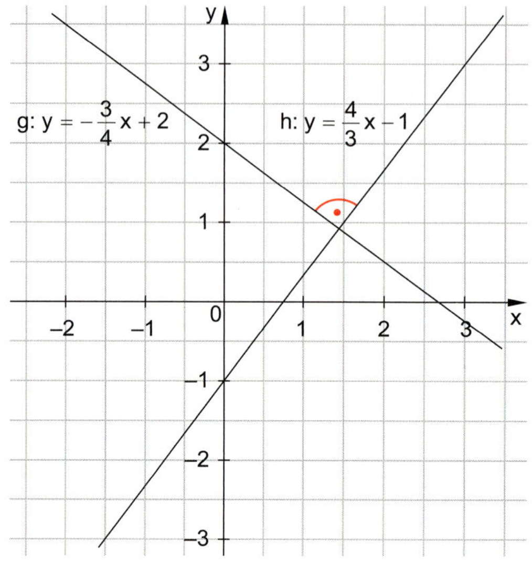

g: $y = -\frac{3}{4}x + 2$ und h: $y = \frac{4}{3}x - 1$

$m_g \cdot m_h = \left(-\frac{3}{4}\right) \cdot \frac{4}{3} = -1$ also: $g \perp h$

2. Bestimme die Gleichung der zu g: $y = 0{,}5x + 4$ orthogonalen Geraden h, die durch den Punkt P(3|−1) verläuft.

Lösung:

Wegen $m_g = 0{,}5$ gilt:	Berechne m_h mithilfe der Formel $m_g \cdot m_h = -1$.
$0{,}5 \cdot m_h = -1$	Löse nach m_h auf.
$\iff \quad m_h = -2$	
$m_h = -2$: $\quad y = -2x + t$	Steigung m in die Gleichung $y = mx + t$ einsetzen
$P(3 \mid -1) \in h$: $-1 = -2 \cdot 3 + t$	Koordinaten von P einsetzen und t berechnen
$\iff \quad t = 5$	
h: $y = -2x + 5$	Gleichung von h angeben

Aufgaben

47 Bestimme die Gleichung der zu g: $5x + 4y = 12$ orthogonalen Geraden h, die durch den Punkt P(2|3) verläuft.

48 Entscheide begründet, welche der folgenden Geraden aufeinander senkrecht stehen.

g_1: $y = \frac{3}{4}x + 3$

g_2: $-4x + 3y = 12$

g_3: $-2y - 11 = \frac{3}{2}x$

g_4: $4x - 3y = 5$

g_5: $\frac{2}{3}(9 + 4{,}5y) = -4x$

49 Kreuze an. Welche zwei Geraden aus den nachfolgend genannten sind zueinander …

a) parallel?

- ☐ g_1: $y = \frac{3}{2}x - 4$
- ☐ g_2: $y = 3x + 7$
- ☐ g_3: $y = 0{,}6x - 0{,}5$
- ☐ g_4: $y = -\frac{2}{3}x - 1$
- ☐ g_5: $y = 1{,}5x$
- ☐ g_6: $y = 0{,}66x + 0{,}125$

b) orthogonal?

- ☐ h_1: $y = \frac{1}{3}x - 4$
- ☐ h_2: $y = 3x + 7$
- ☐ h_3: $y = 0{,}3x - 0{,}5$
- ☐ h_4: $y = -\frac{2}{3}x$
- ☐ h_5: $y = -\frac{1}{3}x$
- ☐ h_6: $y = 1x + 0{,}1$

Interaktive Aufgabe

9. Parallele und orthogonale Geraden

2.2 Lineare Gleichungssysteme

Ein lineares Gleichungssystem erhält man durch Verknüpfung von zwei linearen Gleichungen mit den Unbekannten $x \in G_1$ (Grundmenge von x) und $y \in G_2$ (Grundmenge von y) durch **„und zugleich“**. Die Lösungsmenge L eines linearen Gleichungssystems beinhaltet alle Paare $(x \mid y)$ mit $x \in G_1$, $y \in G_2$, die **beide** Gleichungen **zugleich** erfüllen.

Grafisches Lösungsverfahren

Merke

- Zeichne die beiden Geraden, die den Gleichungen des linearen Gleichungssystems entsprechen.
- Bestimme aus dem Diagramm die Koordinaten des Schnittpunkts. Falls ein Schnittpunkt existiert, bilden dessen Koordinaten die Lösung.
- Mache die Probe durch Einsetzen.

Beispiel

Gesucht sind alle Paare $(x \mid y)$ mit $x, y \in \mathbb{R}$, die folgende beide Gleichungen erfüllen.

$$\begin{array}{|l} \ \ y = 2x - 1 \\ \wedge\ y = 0{,}5x + 2 \\ \hline \end{array}$$

Lösung:

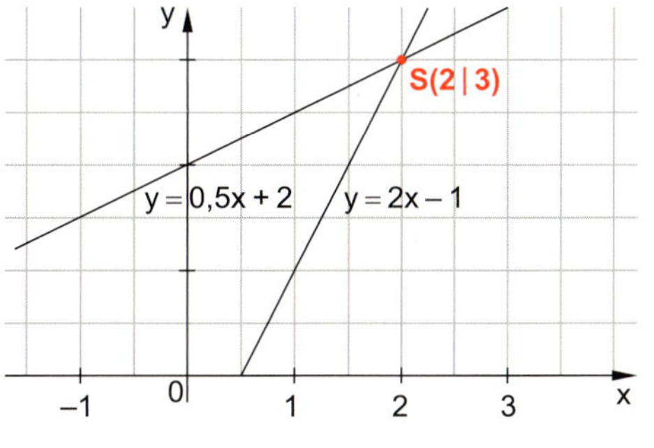

Die Lösungsmenge jeder linearen Gleichung lässt sich als Gerade veranschaulichen. Die beiden gegebenen Gleichungen sind bereits in der Normalform $y = mx + t$ gegeben. Die zugehörigen Geraden lassen sich leicht einzeichnen.
Der Punkt $S(2 \mid 3)$ ist der einzige Punkt, der auf beiden Geraden zugleich liegt. Somit ist das Paar $(2 \mid 3)$ auch das einzige Paar, das beide Gleichungen erfüllt.

Schnittpunkt S(2 | 3), also x = 2 und y = 3.

Probe:

$$\begin{array}{|l} \ 3 = 2 \cdot 2 - 1 \quad \text{(wahr)} \\ \wedge\ 3 = 0{,}5 \cdot 2 + 2 \quad \text{(wahr)} \end{array}$$

Einsetzen der x- und der y-Koordinate von S in beide Gleichungen

Grundmengenbetrachtung:
$2 \in \mathbb{R}, 3 \in \mathbb{R}$

Lösungsmenge: $L = \{(2 \mid 3)\}$

Obiges Gleichungssystem hat genau **eine** Lösung. Allgemein sind 3 Fälle möglich.

Merke

Ein lineares Gleichungssystem besitzt entweder **keine** Lösung, **eine** Lösung oder **unendlich viele** Lösungen.

Beispiele

1. Keine Lösung (parallele, aber nicht identische Geraden)

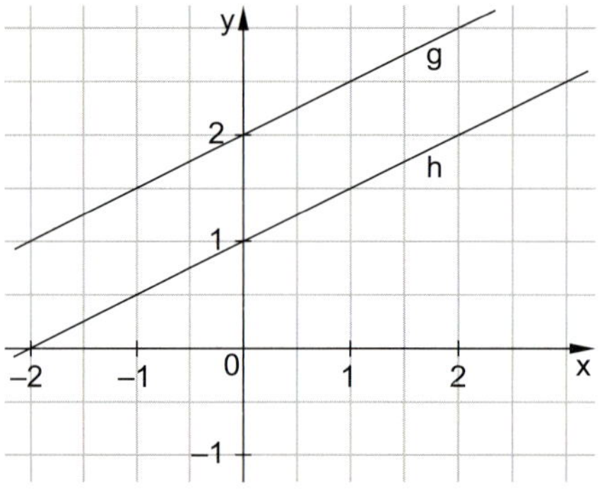

Nicht identische, parallele Geraden haben keine Punkte gemeinsam. Demnach gibt es auch kein Paar (x | y), das die beiden zugehörigen Gleichungen zugleich erfüllt.

$L = \varnothing$

$\mathbf{m_g = m_h \wedge t_g \neq t_h} \Rightarrow$ **parallele Geraden ohne Schnittpunkt**

2. Genau eine Lösung (sich schneidende Geraden)

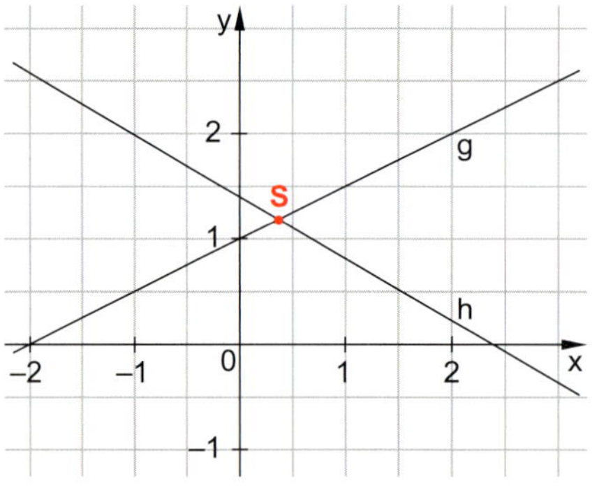

Geraden, die nicht parallel sind (unterschiedliche Steigung), schneiden sich in genau einem Punkt S. Es gibt deshalb genau eine Lösung.

$L = \{S\}$

$\mathbf{m_g \neq m_h} \Rightarrow$ **sich schneidende Geraden mit genau einem Schnittpunkt**

3. Unendlich viele Lösungen (identische Geraden)

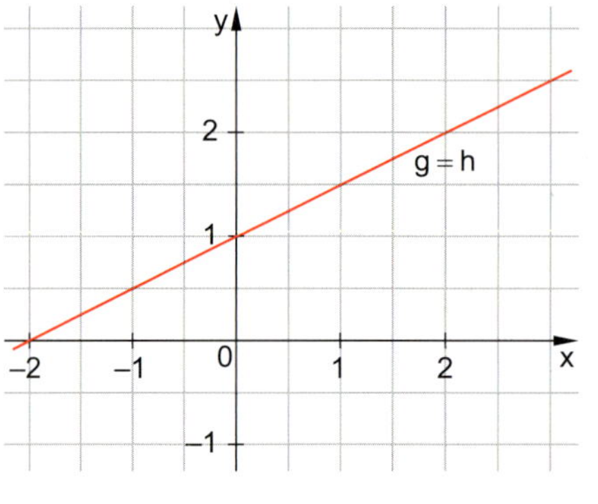

Identische Geraden schneiden sich in unendlich vielen Punkten. Es gibt deshalb unendlich viele Lösungen. Alle Paare, die zur Lösungsmenge gehören, werden durch die Geradengleichung beschrieben:

$L = \{(x \mid y) \mid y = mx + t\}$

$\mathbf{m_g = m_h \wedge t_g = t_h} \Rightarrow$ **identische Geraden mit unendlich vielen Schnittpunkten**

Aufgabe 50

Löse folgende Gleichungssysteme grafisch $(x, y \in \mathbb{R})$.

a) $\begin{array}{|l} y = x - 2 \\ \wedge\ y = -2x + 1 \end{array}$

b) $\begin{array}{|l} 2y + x = 4 \\ \wedge\ 2y = x \end{array}$

TIPP

Nach y auflösen! (Normalform)

Interaktive Aufgabe

1. Gleichungssystem grafisch lösen

Rechnerische Lösungsverfahren

Es gibt folgende Verfahren zur rechnerischen Lösung linearer Gleichungssysteme:

- Gleichsetzungsverfahren
- Einsetzungsverfahren
- Additionsverfahren

Ziel der Verfahren ist es, durch Umformung eine Gleichung zu erhalten, die nur noch eine Unbekannte enthält.

Merke

Gleichsetzungsverfahren

- Löse beide Gleichungen nach der Variablen y auf.
- Setze die beiden Rechtsterme gleich.
- Löse nach x auf.
- Setze x in eine der beiden Gleichungen ein und bestimme y.

(Das Verfahren funktioniert analog, wenn man die Rollen von x und y vertauscht.)

Tipp: Günstiges Verfahren, wenn beide Gleichungen bereits nach der gleichen Variablen aufgelöst sind.

Beispiel

Bestimme die Lösungsmenge des Gleichungssystems $(x, y \in \mathbb{R})$.

$\begin{array}{|l} y + 1 = 2x \\ \wedge\ y = 0{,}5x + 2 \end{array}$

Lösung:

$\begin{array}{|l} y + 1 = 2x \quad |-1 \\ \wedge\ y = 0{,}5x + 2 \end{array}$ — Löse Gleichung I nach y auf.

$\Leftrightarrow \begin{array}{|l} y = \mathbf{2x - 1} \\ \wedge\ y = \mathbf{0{,}5x + 2} \end{array}$ — Setze die beiden Rechtsterme gleich.

$\Leftrightarrow \begin{array}{|l} \mathbf{2x - 1} = \mathbf{0{,}5x + 2} \quad (\mathrm{I} = \mathrm{II}) \quad |-0{,}5x + 1 \\ \wedge\ y = 0{,}5x + 2 \end{array}$ — Gleichung I enthält jetzt nur noch die Unbekannte x, nach der nun aufgelöst wird.

$\Leftrightarrow \begin{array}{|l} 1{,}5x = 3 \quad |:1{,}5 \\ \wedge\ y = 0{,}5x + 2 \end{array}$

$\Leftrightarrow \begin{array}{|l} x = 2 \\ \wedge\ y = 0{,}5\mathbf{x} + 2 \end{array}$ — Berechne y durch Einsetzen von $x = 2$ in Gleichung II.

$$\Leftrightarrow \left|\begin{array}{rl} & x = 2 \\ \wedge & y = 0{,}5 \cdot 2 + 2 \end{array}\right.$$

$$\Leftrightarrow \left|\begin{array}{rl} & x = 2 \\ \wedge & y = 3 \end{array}\right.$$

$L = \{(2|3)\}$

Aufgabe 51
a – c

Löse folgende Gleichungssysteme mit dem Gleichsetzungsverfahren $(x, y \in \mathbb{R})$.

a) $\left|\begin{array}{rl} & y = x - 2 \\ \wedge & y = -2x + 1 \end{array}\right.$

b) $\left|\begin{array}{rl} & x = 3 - y \\ \wedge & x = 4 + 2y \end{array}\right.$

c) $\left|\begin{array}{rl} & 4x = 3y - 7 \\ \wedge & 4x = 3y - 2 \end{array}\right.$

d) $\left|\begin{array}{rr} & 0{,}4x - 5{,}2y = 1{,}4 \\ \wedge & 2{,}1x = 2{,}52 + 3{,}15y \end{array}\right.$

Interaktive Aufgabe

2. Gleichsetzungsverfahren

Merke

Einsetzungsverfahren

- Löse eine der beiden Gleichungen nach der Variablen y auf.
- Setze den Rechtsterm der aufgelösten Gleichung anstelle der Variablen y in die andere Gleichung ein.
- Löse diese Gleichung nach der verbliebenen Variablen x auf.
- Setze x in eine der beiden Gleichungen ein und bestimme y.

(Das Verfahren funktioniert analog, wenn man die Rollen von x und y vertauscht.)
Tipp: Günstiges Verfahren, wenn eine der beiden Gleichungen bereits nach einer Variablen aufgelöst ist.

Beispiel

Bestimme die Lösungsmenge des Gleichungssystems $(x, y \in \mathbb{R})$.

$$\left|\begin{array}{rl} & y - 7 = 3x \\ \wedge & 2x + 2y = 4 \end{array}\right.$$

Lösung:

$$\left|\begin{array}{rl} & y - 7 = 3x \quad |+7 \\ \wedge & 2x + 2y = 4 \end{array}\right.$$

Löse Gleichung I nach y auf.

$$\Leftrightarrow \left|\begin{array}{rl} & y = 3x + 7 \\ \wedge & 2x + 2y = 4 \end{array}\right.$$

Setze den Rechtsterm von Gleichung I in Gleichung II ein.

$$\Leftrightarrow \left|\begin{array}{rl} & y = 3x + 7 \\ \wedge & 2x + 2(3x + 7) = 4 \end{array}\right. \quad \text{(I in II)}$$

Gleichung II enthält jetzt nur noch die Unbekannte x, nach der nun aufgelöst wird.

$$\Leftrightarrow \left|\begin{array}{rl} & y = 3x + 7 \\ \wedge & 2x + 6x + 14 = 4 \end{array}\right.$$

$$\Leftrightarrow \left|\begin{array}{rl} & y = 3x + 7 \\ \wedge & 8x + 14 = 4 \end{array}\right. \quad |-14$$

$$\Leftrightarrow \left|\begin{array}{rl} & y = 3x + 7 \\ \wedge & 8x = -10 \end{array}\right. \quad |:8$$

$$\Leftrightarrow \left| \begin{array}{l} y = 3x + 7 \\ \wedge\ x = -1{,}25 \end{array} \right.$$

Berechne y durch Einsetzen von $x = -1{,}25$ in Gleichung I.

$$\Leftrightarrow \left| \begin{array}{l} y = 3(-1{,}25) + 7 \\ \wedge\ x = -1{,}25 \end{array} \right.$$

$$\Leftrightarrow \left| \begin{array}{l} y = 3{,}25 \\ \wedge\ x = -1{,}25 \end{array} \right.$$

$L = \{(-1{,}25 \mid 3{,}25)\}$

Aufgabe 52

a – b

Löse folgende Gleichungssysteme mit dem Einsetzungsverfahren $(x, y \in \mathbb{R})$.

a) $\left| \begin{array}{l} 6x + 4y = 3 \\ \wedge\ y = 4x - 2 \end{array} \right.$

b) $\left| \begin{array}{l} 4x - 4y = 2 \\ \wedge\ x = 3 - y \end{array} \right.$

c) $\left| \begin{array}{l} 0{,}5y = 0{,}6x + 0{,}3 \\ \wedge\ 0{,}4x - 2{,}2 - y = 0 \end{array} \right.$

d) $\left| \begin{array}{l} 0{,}6y + 2{,}58 = 2{,}7x \\ \wedge\ 3y - 1{,}5x = 3{,}9 \end{array} \right.$

Interaktive Aufgabe

3. Einsetzungsverfahren

Merke

Additionsverfahren

- Multipliziere, falls nötig, beide Gleichungen mit geeigneten Zahlen so, dass vor **einer** Variablen betragsgleiche Koeffizienten (Faktoren) mit **unterschiedlichen Vorzeichen** entstehen.
- Addiere die beiden Gleichungen.
- Löse nach der verbliebenen Variablen auf.
- Bestimme die fehlende Variable durch Einsetzen der zuvor berechneten.

Tipp: Günstiges Verfahren, wenn keine der beiden Gleichungen nach einer Variablen aufgelöst ist.

Beispiel

Bestimme die Lösungsmenge des Gleichungssystems $(x, y \in \mathbb{R})$.

$$\left| \begin{array}{l} 3x - 2y = 4 \\ \wedge\ 2x - 5y = 10 \end{array} \right.$$

Lösung:

$$\left| \begin{array}{l} 3x - 2y = 4 \\ \wedge\ 2x - 5y = 10 \end{array} \right. \quad \begin{array}{l} |\cdot 2 \\ |\cdot(-3) \end{array}$$

Hier lassen sich vor der Variablen x betragsgleiche Koeffizienten mit unterschiedlichen Vorzeichen erzeugen.

$$\Leftrightarrow \left| \begin{array}{l} 6x - 4y = 8 \\ \wedge\ -6x + 15y = -30 \end{array} \right.$$

6 und –6 sind betragsgleich.

Addition der beiden Gleichungen:

$$+ \left| \begin{array}{l} 6x - 4y = 8 \\ \wedge\ -6x + 15y = -30 \end{array} \right.$$

$6x + (-6x) = 0$

$-4y + 15y = 11y$

$8 + (-30) = -22$

$$\Leftrightarrow \left| \begin{array}{l} 0 + 11y = -22 \quad (I + II) \\ \wedge\ -6x + 15y = -30 \end{array} \right. \quad |:11$$

Das Ergebnis der Addition bildet zusammen mit Gleichung II (oder auch Gleichung I) ein äquivalentes Gleichungssystem.
Die neue Gleichung I enthält nur noch die Unbekannte y, nach der nun aufgelöst wird.

$$\Leftrightarrow \left|\begin{aligned} y &= -2 \\ \wedge\ -6x + 15\mathbf{y} &= -30 \end{aligned}\right.$$

Berechne x durch Einsetzen von $y = -2$ in Gleichung II.

$$\Leftrightarrow \left|\begin{aligned} y &= -2 \\ \wedge\ -6x + 15(\mathbf{-2}) &= -30 \end{aligned}\right.$$

$$\Leftrightarrow \left|\begin{aligned} y &= -2 \\ \wedge\ -6x - 30 &= -30 \end{aligned}\right. \quad |+30$$

$$\Leftrightarrow \left|\begin{aligned} y &= -2 \\ \wedge\ -6x &= 0 \end{aligned}\right. \quad |:(-6)$$

$$\Leftrightarrow \left|\begin{aligned} y &= -2 \\ \wedge\ x &= 0 \end{aligned}\right.$$

$L = \{(0|-2)\}$

Aufgabe 53

a – b

Löse folgende Gleichungssysteme mit dem Additionsverfahren ($x, y \in \mathbb{R}$).

a) $\left|\begin{aligned} 4x + 6y &= -3 \\ \wedge\ 5x - 3y &= -2 \end{aligned}\right.$

b) $\left|\begin{aligned} 3x - 0{,}5y + 2 &= 4 \\ \wedge\ 4x + 2y + 4 &= 0 \end{aligned}\right.$

c) $\left|\begin{aligned} -1{,}3x + 4y &= 2 \\ \wedge\ 4{,}8x - 16y &= 5 \end{aligned}\right.$

d) $\left|\begin{aligned} -0{,}4x - 0{,}5y &= 3 \\ \wedge\ -0{,}1y + 1{,}2x &= 9 \end{aligned}\right.$

Interaktive Aufgabe

4. Additionsverfahren

2.3 Reelle Zahlen

Die Quadratwurzel

Merke

Die **Quadratwurzel** $\sqrt{a}$ **einer positiven Zahl** a ist die **positive Zahl**, die mit sich selbst multipliziert wieder a ergibt.
Es gilt also: $\sqrt{a} \cdot \sqrt{a} = a$ bzw. $\sqrt{a}^2 = a$
Die Zahl unter der Wurzel nennt man **Radikand**.

Beispiele

1. $\sqrt{625} = 25$ — 25 ist die positive Zahl, die mit sich selbst multipliziert 625 ergibt: $25 \cdot 25 = 625$

2.

$\sqrt{1} = 1$	$\sqrt{4} = 2$	$\sqrt{9} = 3$	$\sqrt{16} = 4$	$\sqrt{25} = 5$
$\sqrt{36} = 6$	$\sqrt{49} = 7$	$\sqrt{64} = 8$	$\sqrt{81} = 9$	$\sqrt{100} = 10$
$\sqrt{121} = 11$	$\sqrt{144} = 12$	$\sqrt{169} = 13$	$\sqrt{196} = 14$	$\sqrt{225} = 15$
$\sqrt{256} = 16$	$\sqrt{289} = 17$	$\sqrt{324} = 18$	$\sqrt{361} = 19$	$\sqrt{400} = 20$

Irrationale Zahlen

Merke

> Es existieren Zahlen, die sich nicht als Bruch darstellen lassen, also keine rationalen Zahlen aus der Zahlenmenge $\mathbb{Q}$ sind. Diese Zahlen lassen sich trotzdem eindeutig auf der Zahlengeraden festlegen. Man nennt diese Zahlen **irrationale Zahlen**.

Beispiel

$\sqrt{2}$ ist die positive Zahl, die mit sich selbst multipliziert 2 ergibt. Als Näherungswert erhält man 1,41421356237... Diese Zahl ist ein unendlicher, nichtperiodischer Dezimalbruch und lässt sich nicht vollständig als Dezimalbruch oder Bruch darstellen. Damit liegt $\sqrt{2}$ nicht in $\mathbb{Q}$. Weitere irrationale Zahlen sind z. B.:

- $\sqrt{5}, \sqrt{6}$
- $1{,}\underbrace{01}_{1}\underbrace{001}_{2}\underbrace{0001}_{3}\underbrace{00001}_{4}\underbrace{000001}_{5}\ldots$
- Kreiszahl $\pi = 3{,}141592653589793238\ldots$

Die Menge der reellen Zahlen $\mathbb{R}$

Merke

> Die Menge der **reellen Zahlen $\mathbb{R}$** erhält man, wenn man die Menge der rationalen Zahlen $\mathbb{Q}$ um die irrationalen Zahlen erweitert. Die Menge der reellen Zahlen ist die Menge aller Zahlen auf der Zahlengeraden.

Übersicht über die einzelnen Zahlbereiche:

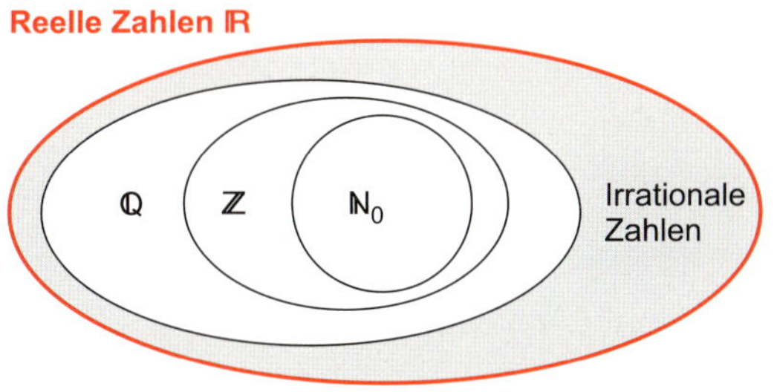

$\mathbb{N}_0$: Natürliche Zahlen einschließlich 0: 0; 1; 2; 3 ...

$\mathbb{Z}$: Ganze Zahlen
Erweitert $\mathbb{N}_0$ um negative ganze Zahlen: –1; –2 ...

$\mathbb{Q}$: Rationale Zahlen
Erweitert $\mathbb{Z}$ um Brüche: $\frac{2}{3}; -\frac{1}{5}; 1{,}5; -1{,}6\ldots$

$\mathbb{R}$: Reelle Zahlen
Erweitert $\mathbb{Q}$ um irrationale Zahlen: $\sqrt{2}; -\sqrt{3}; \pi\ldots$

Rechnen mit Wurzeltermen

Lösen von Gleichungen der Form $x^2 = a$

Merke

> Die Gleichung $x^2 = a$ hat für $a \in \mathbb{R}^+$ zwei Lösungen $x_1 = -\sqrt{a}$ und $x_2 = \sqrt{a}$.

Beispiel

$$x^2 = 4 \quad |\sqrt{}$$
$$\Leftrightarrow \quad |x| = \sqrt{4}$$
$$\Leftrightarrow \quad x_1 = -\sqrt{4} = -2 \quad \vee \quad x_2 = \sqrt{4} = 2$$

Es gibt zwei Lösungen, denn $(-2)\cdot(-2) = 4$ und $2 \cdot 2 = 4$.

Aufgabe 54

Löse folgende Gleichungen über der Grundmenge $\mathbb{R}$.

a) $x^2=8$

b) $2x^2=32$

c) $-8x^2+4=-6$

d) $12x^2=-24$

e) $-\frac{1}{2}x^2+15=2{,}5$

f) $\frac{3}{4}x^2-\frac{1}{8}=1\frac{5}{24}$

Interaktive Aufgaben

1. Gleichung lösen

2. Gleichung lösen

Addition und Subtraktion von Wurzeltermen

Merke

Wurzeln mit gleichen Radikanden werden addiert bzw. subtrahiert, indem man die Koeffizienten addiert bzw. subtrahiert.

$b\sqrt{a}+c\sqrt{a}=(b+c)\sqrt{a}$

$b\sqrt{a}-c\sqrt{a}=(b-c)\sqrt{a}$

Beispiele

1. $\mathbf{3}\sqrt{5}+\mathbf{4}\sqrt{5}=(\mathbf{3}+\mathbf{4})\cdot\sqrt{5}=\mathbf{7}\sqrt{5}$

   Anstelle von $7\cdot\sqrt{5}$ schreibt man auch nur $7\sqrt{5}$.

2. $\mathbf{6}\sqrt{7}+\mathbf{3}\sqrt{7}=\mathbf{9}\sqrt{7}$

3. $\mathbf{11}\sqrt{8}-\mathbf{5}\sqrt{8}=\mathbf{6}\sqrt{8}$

Aufgabe 55

Löse folgende Aufgaben wie in den obigen Beispielen.

a) $5\sqrt{x}-3\sqrt{x}$

b) $6\sqrt{x}+9\sqrt{x}-4\sqrt{y}-2\sqrt{y}$

c) $\sqrt{3}-2\sqrt{6}+4\sqrt{3}+3\sqrt{6}$

d) $-9\sqrt{x}+4\sqrt{3}-8\sqrt{x}-10\sqrt{3}$

Interaktive Aufgabe

3. Wurzelterme zusammenfassen

Multiplikation und Division von Wurzeltermen

Merke

Rechengesetze

Für positive reelle Zahlen $a, b\in\mathbb{R}_0^+$ gilt:

$\sqrt{a}\cdot\sqrt{b}=\sqrt{a\cdot b}$ $\quad\sqrt{a}:\sqrt{b}=\sqrt{a:b}$ $\quad\frac{\sqrt{a}}{\sqrt{b}}=\sqrt{\frac{a}{b}}$ $\quad\sqrt{a^2}=a$ $\quad\sqrt{a}^2=a$

Beispiele

1. $3\sqrt{2}\cdot4\sqrt{2}=3\cdot4\cdot\sqrt{\mathbf{2}}\cdot\sqrt{\mathbf{2}}$ — Ordnen der Faktoren

   $=12\cdot\sqrt{\mathbf{2\cdot2}}$

   $=12\cdot\sqrt{2^2}$ — Beachte: $\sqrt{2^2}=2$

   $=12\cdot2$

   $=24$

2. $2\sqrt{18x}\cdot 5\sqrt{2x} = 2\cdot 5\cdot \sqrt{18x}\cdot\sqrt{2x}$
$= 10\cdot\sqrt{18x\cdot 2x}$
$= 10\cdot\sqrt{36x^2}$ — $\sqrt{36x^2} = \sqrt{6^2\cdot x^2} = \sqrt{6^2}\cdot\sqrt{x^2} = 6x$
$= 10\cdot 6x$
$= 60x$

3. $(3\sqrt{x})^2 = 3^2\cdot\sqrt{x}^2 = 9\cdot x$ — Ein Produkt wird quadriert, indem man die Faktoren quadriert. Es gilt: $\sqrt{x}^2 = x$

4. $\sqrt{49:4} = \sqrt{49}:\sqrt{4} = 7:2 = 3{,}5$

5. $\frac{5\sqrt{45}}{\sqrt{5}} = 5\cdot\sqrt{\frac{45}{5}} = 5\cdot\sqrt{9} = 5\cdot 3 = 15$ — Kürzen

6. $\frac{4y\sqrt{xy^3}}{\sqrt{16xy}} = 4y\cdot\sqrt{\frac{xy^3}{16xy}}$ — Schreibe zuerst unter ein Wurzelzeichen und kürze.
$= 4y\cdot\sqrt{\frac{y^2}{16}}$ — Die Wurzel eines Bruches ist die Wurzel aus dem Zähler durch die Wurzel des Nenners.
$= 4y\cdot\frac{\sqrt{y^2}}{\sqrt{16}}$
$= 4y\cdot\frac{y}{4}$
$= \frac{4y^2}{4}$
$= y^2$

Aufgabe 56

Vereinfache wie in den obigen Beispielen (über der Grundmenge $\mathbb{R}_0^+$).

a) $5\sqrt{27}\cdot 3\sqrt{3}$

b) $\sqrt{xy^2}\cdot\sqrt{25x}$

c) $\sqrt{49t^2s^2}\cdot\sqrt{2t^2}$

d) $\frac{\sqrt{5y^3}\cdot\sqrt{6xy}}{\sqrt{30xy^2}}$

e) $\frac{5x\cdot\sqrt{3x}}{4\sqrt{xy}} : \frac{\sqrt{yx}}{\sqrt{xy^2}}$

f) $\frac{24\sqrt{27g}}{6\sqrt{3k^2g^3}}\cdot\left(\frac{\sqrt{5k}}{\sqrt{4g^4}}\right)^2$

Interaktive Aufgabe

4. Wurzelterme berechnen

Teilweises Radizieren

Merke

> **Teilweises Radizieren** nennt man die Zerlegung des Radikanden in Faktoren, deren Quadratwurzel man angeben kann.

Beispiele

1. $\sqrt{54} = \sqrt{9\cdot 6} = \sqrt{9}\cdot\sqrt{6} = 3\sqrt{6}$ — Aus 9 lässt sich die Wurzel ziehen.

2. $\sqrt{12x^3y^5} = \sqrt{3 \cdot 4 \cdot x^2 \cdot x \cdot y^4 \cdot y}$
$= \sqrt{4x^2y^4} \cdot \sqrt{3xy}$
$= 2xy^2 \cdot \sqrt{3xy}$

Anwenden der Potenzgesetze: $x^3 = x^2 \cdot x$ und $y^5 = y^4 \cdot y$

Ziel: Gerade Exponenten! Etwa: $\sqrt{y^4} = y^2$

3. Durch teilweises Radizieren lassen sich manchmal auch gleiche Radikanden herstellen, sodass sich dadurch Wurzelterme weiter vereinfachen:
$\sqrt{45} - \sqrt{5} + \sqrt{80} = \sqrt{9 \cdot 5} - \sqrt{5} + \sqrt{16 \cdot 5}$
$= 3\sqrt{5} - \sqrt{5} + 4\sqrt{5}$
$= 6\sqrt{5}$

Die Radikanden enthalten alle den Faktor 5.

Aufgabe 57

Vereinfache wie in den obigen Beispielen (über der Grundmenge $\mathbb{R}_0^+$).

a) $\sqrt{18}$

b) $\sqrt{45x^3}$

c) $\sqrt{90x^5y^3}$

d) $7\sqrt{18} - 6\sqrt{32} + 5\sqrt{50}$

e) $x\sqrt{6x^3} - \sqrt{24x^5} - 4x^2\sqrt{54x}$

f) $2xy\sqrt{7y} - \sqrt{63x^2y^3} - \sqrt{175x^2y}$

Interaktive Aufgabe

5. Teilweises Radizieren

Rationalmachen des Nenners

Merke

Unter dem **Rationalmachen des Nenners** versteht man die Umformung eines Bruchterms mit dem Ziel, dass im Nenner keine Wurzelterme mehr auftreten.

Beispiele

1. $\frac{21}{\sqrt{7}} = \frac{21 \cdot \sqrt{7}}{\sqrt{7} \cdot \sqrt{7}} = \frac{21\sqrt{7}}{7} = 3\sqrt{7}$

Erweitern mit dem Nenner
$\sqrt{7} \cdot \sqrt{7} = 7$ rationale Zahl im Nenner

2. Ist der Nenner eine Summe oder Differenz, hilft die 3. binomische Formel.
$\frac{4}{\sqrt{3} - \sqrt{2}} = \frac{4 \cdot (\sqrt{3} + \sqrt{2})}{(\sqrt{3} - \sqrt{2}) \cdot (\sqrt{3} + \sqrt{2})}$
$= \frac{4\sqrt{3} + 4\sqrt{2}}{3 - 2}$
$= 4\sqrt{3} + 4\sqrt{2}$

Anwendung der 3. binomischen Formel:
$(a - b) \cdot (a + b) = a^2 - b^2$
$(\sqrt{3} - \sqrt{2}) \cdot (\sqrt{3} + \sqrt{2}) = \sqrt{3}^2 - \sqrt{2}^2$
$= 3 - 2$
$= 1$

Aufgabe 58

Forme so um, dass der Nenner eine rationale Zahl ist.

a) $\frac{5}{\sqrt{8}}$

b) $\frac{6}{\sqrt{5} - \sqrt{3}}$

c) $\frac{\sqrt{7}}{\sqrt{x} + \sqrt{y}}$

d) $\frac{\sqrt{3}}{4 + \sqrt{3}}$

Interaktive Aufgabe

6. Nenner rational machen

2.4 Flächeninhalt ebener Figuren

Dreiecke

Merke

- Als **Höhe h** eines Dreiecks bezeichnet man das **Lot von einem Eckpunkt auf die gegenüberliegende Grundlinie g**.
- Jedes Dreieck hat drei Höhen, wobei die Höhen auch außerhalb des Dreiecks liegen können.
- Die Länge der Höhe h_a entspricht dem **Abstand** des Eckpunktes A von der gegenüberliegenden Grundlinie.

Beispiele

1.

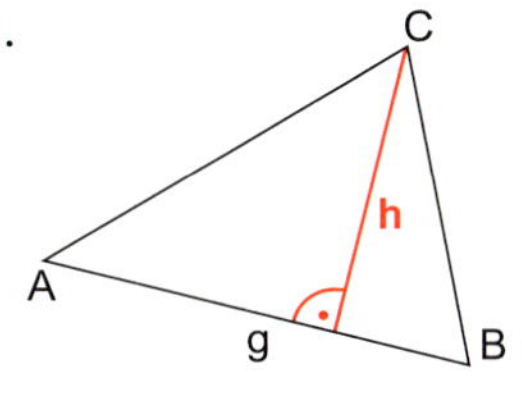

2.

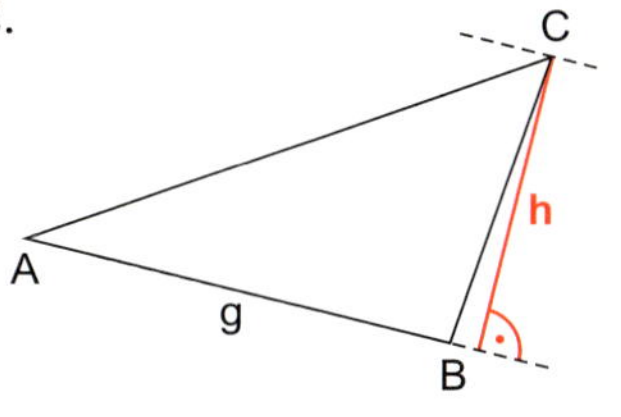

3.

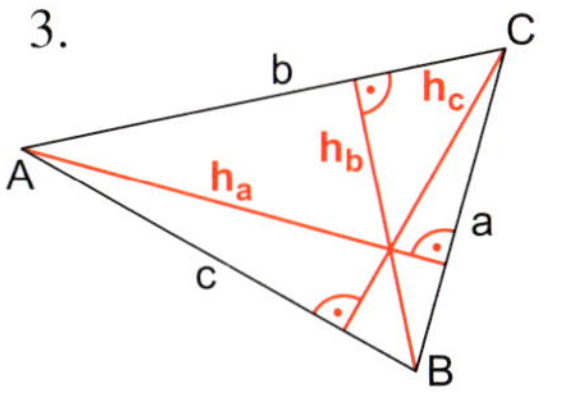

Merke

Für alle Dreiecke ABC mit Grundlinie g und zugehöriger Höhe h gilt die Flächenformel:

$A_{\Delta ABC} = \frac{1}{2} \cdot g \cdot h$ bzw. $A_{\Delta ABC} = \frac{1}{2} \cdot a \cdot h_a$ oder $A_{\Delta ABC} = \frac{1}{2} \cdot b \cdot h_b$ oder $A_{\Delta ABC} = \frac{1}{2} \cdot c \cdot h_c$

Alle Dreiecke ABC_n, bei denen die Punkte C_n auf einer Parallelen zur Seite $\overline{AB}$ liegen, besitzen den gleichen Flächeninhalt.

Beispiele

1. Berechne die Flächeninhalte der nebenstehenden Dreiecke ABC_n, wenn $|\overline{AB}| = 5$ cm und $h_c = 4$ cm.

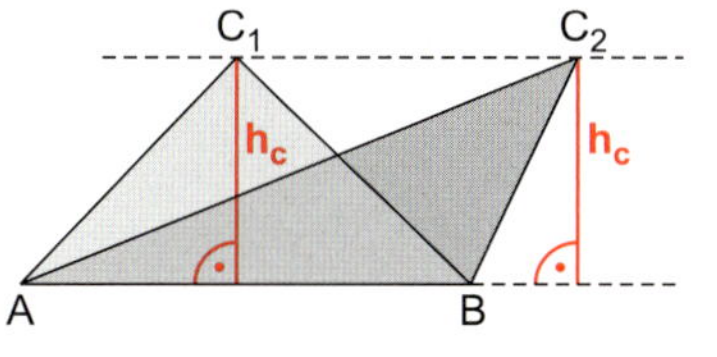

Lösung:

Zu Beispiel 1:

$$A_{\Delta ABC_1} = \frac{1}{2} \cdot g \cdot h = \frac{1}{2} \cdot |\overline{AB}| \cdot h_c = \frac{1}{2} \cdot 5\text{ cm} \cdot 4\text{ cm} = 10\text{ cm}^2$$

Zu Beispiel 2:

$$A_{\Delta ABC_2} = \frac{1}{2} \cdot g \cdot h = \frac{1}{2} \cdot |\overline{AB}| \cdot h_c = \frac{1}{2} \cdot 5\text{ cm} \cdot 4\text{ cm} = 10\text{ cm}^2$$

Die Höhe liegt außerhalb des Dreiecks. Trotzdem gilt $g = |\overline{AB}| = 5$ cm!

Dreiecke mit gleicher Höhe und gleicher Grundlinie besitzen unabhängig von ihrer Form den gleichen Flächeninhalt!

2. Im Dreieck ABC sind folgende Längen bekannt: $a = 4$ cm, $h_a = 5$ cm, $b = 6$ cm. Berechne die Höhe h_b auf die Seite b.

Lösung:

Es gilt:

$$A_{\Delta ABC} = \frac{1}{2} \cdot a \cdot h_a = \frac{1}{2} \cdot 4\text{ cm} \cdot 5\text{ cm} = 10\text{ cm}^2$$

Außerdem gilt auch:

$$A_{\Delta ABC} = \frac{1}{2} \cdot b \cdot h_b$$

Einsetzen des berechneten Flächeninhalts und der Streckenlänge b liefert:

$$10\,\text{cm}^2 = \frac{1}{2} \cdot 6\,\text{cm} \cdot h_b \quad |:3\,\text{cm}$$

$$h_b = 3\frac{1}{3}\,\text{cm}$$

Merke

Im **rechtwinkligen** Dreieck fallen zwei Höhen mit den Katheten zusammen.

Beispiele

1.

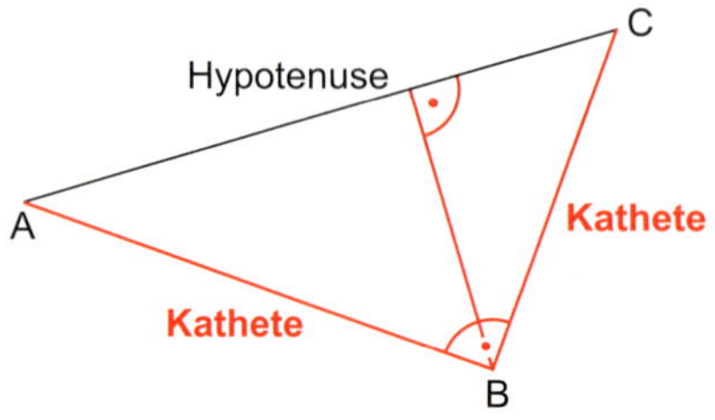

$h_a = |\overline{AB}|$
$h_c = |\overline{BC}|$

2. Berechne den Flächeninhalt des rechtwinkligen Dreiecks ABC mit den Seitenlängen $|\overline{AB}| = 4\,\text{cm}$, $|\overline{BC}| = 3\,\text{cm}$ und $|\overline{CA}| = 5\,\text{cm}$.

   Lösung:
   Im rechtwinkligen Dreieck ist die Hypotenuse die längste Seite. Demnach sind $\overline{AB}$ und $\overline{BC}$ die Katheten und stehen aufeinander senkrecht.

   $$A_{\Delta ABC} = \frac{1}{2} \cdot g \cdot h = \frac{1}{2} \cdot |\overline{AB}| \cdot |\overline{BC}| = \frac{1}{2} \cdot 4\,\text{cm} \cdot 3\,\text{cm} = 6\,\text{cm}^2$$

Aufgaben

59 Im Dreieck ABC gilt: $a = 5$ cm, $h_c = 4$ cm und $b < 9$ cm. Das Dreieck hat einen Flächeninhalt von 20 cm². Berechne c, konstruiere das Dreieck ABC und berechne dann den Abstand des Punktes A von der Geraden BC.

60 Die Hypotenuse c eines rechtwinkligen Dreiecks ABC ist 5 cm lang. Die beiden Katheten a und b sind 3 cm und 4 cm lang. Gib die Längen der drei Höhen an.

61 Zeichne ein Dreieck ABC mit $c = 8$ cm und einem Flächeninhalt von 12 cm². Zeichne anschließend die Gerade g ein, auf der alle Punkte C_n liegen, die zusammen mit den Punkten A und B gleichfalls Dreiecke mit 12 cm² Flächeninhalt bilden.

Interaktive Aufgabe

1. Dreieck

Vierecke

Merke

Parallelogramm

$A = g \cdot h$ bzw. $A = |\overline{AB}| \cdot h_1$ oder $A = |\overline{BC}| \cdot h_2$

Die Höhe h ist jeweils der Abstand der zur Grundlinie g parallelen Seite.

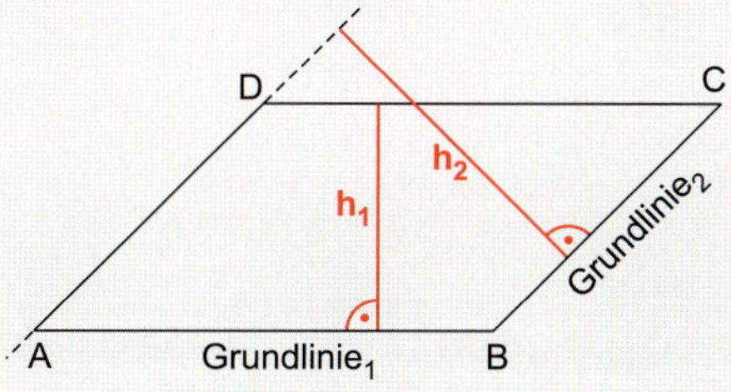

Drachenviereck

$A = \frac{1}{2} \cdot e \cdot f$ bzw. $A = \frac{1}{2} \cdot |\overline{AC}| \cdot |\overline{BD}|$

e und f sind die Längen der beiden Diagonalen.

Ein Drachenviereck, bei dem alle 4 Seiten gleich lang sind, nennt man **Raute**. Die Diagonalen halbieren sich dann gegenseitig, gegenüberliegende Seiten sind dann parallel.

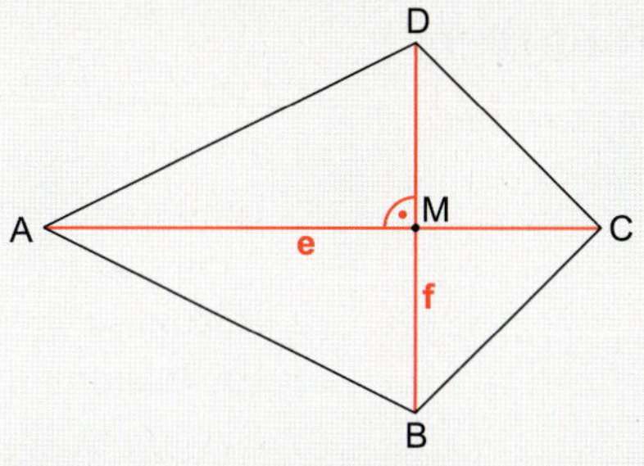

Trapez

$A = \frac{1}{2} \cdot (a + c) \cdot h$ bzw. $A = \frac{1}{2} \cdot (|\overline{AB}| + |\overline{CD}|) \cdot h$

a und c sind die beiden parallelen Seiten, h ist ihr Abstand.

oder:

$A = m \cdot h$

wobei für die Mittellinie m gilt:

$m = \frac{1}{2} \cdot (a + c)$ bzw. $m = \frac{1}{2} \cdot (|\overline{AB}| + |\overline{CD}|)$

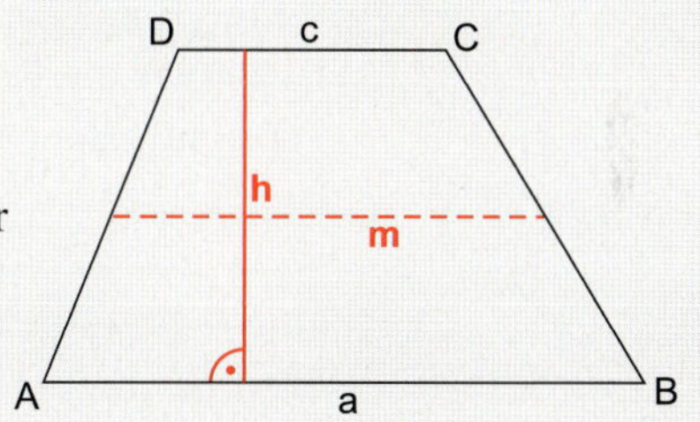

Beispiele

1. Berechne den Flächeninhalt des Parallelogramms ABCD mit $|\overline{AB}| = 4$ cm und $h = 2$ cm, wobei h der Abstand von $\overline{AB}$ zu $\overline{CD}$ ist.

   Lösung:

   $A = g \cdot h$

   $A = |\overline{AB}| \cdot h$

   $A = 4\text{ cm} \cdot 2\text{ cm}$

   $A = 8\text{ cm}^2$

2. Berechne den Flächeninhalt des Drachenvierecks ABCD mit den Diagonalenlängen $|\overline{AC}| = e = 5$ cm und $|\overline{BD}| = f = 3$ cm.

   Lösung:

   $A = \frac{1}{2} \cdot e \cdot f$

   $A = \frac{1}{2} \cdot |\overline{AC}| \cdot |\overline{BD}|$

   $A = \frac{1}{2} \cdot 5\text{ cm} \cdot 3\text{ cm}$

   $A = 7{,}5\text{ cm}^2$

3. Berechne den Flächeninhalt des Trapezes ABCD mit $|\overline{AB}| = a = 5\text{ cm}$, $|\overline{CD}| = c = 2\text{ cm}$ und $h = 3\text{ cm}$.

Lösung:

$$A = \frac{1}{2} \cdot (a + c) \cdot h$$

$$A = \frac{1}{2} \cdot (5\text{ cm} + 2\text{ cm}) \cdot 3\text{ cm}$$

$$A = 10{,}5\text{ cm}^2$$

Mittellinie m:

$$m = \frac{1}{2} \cdot (5\text{ cm} + 2\text{ cm}) = 3{,}5\text{ cm}$$

Aufgaben

62 Die Diagonalen eines Drachenvierecks sind 9 cm und 4 cm lang.

a) Berechne den Flächeninhalt des Drachenvierecks.

b) Ein zweites Drachenviereck hat den gleichen Flächeninhalt und eine Diagonale von 5 cm Länge.
Bestimme die Länge der zweiten Diagonale.

c) Ein Quadrat hat den gleichen Flächeninhalt wie das Drachenviereck.
Bestimme die Länge der Diagonalen des Quadrats.

d) Eine Raute ist ein spezielles Drachenviereck, bei dem alle vier Seiten gleich lang sind. Zeichne die Raute, die den gleichen Flächeninhalt besitzt wie das Drachenviereck aus Teilaufgabe a und eine Diagonale von 5 cm Länge hat.

63 Berechne die Fläche des nebenstehenden Parallelogramms und den Abstand der Seiten $\overline{BC}$ und $\overline{DA}$.

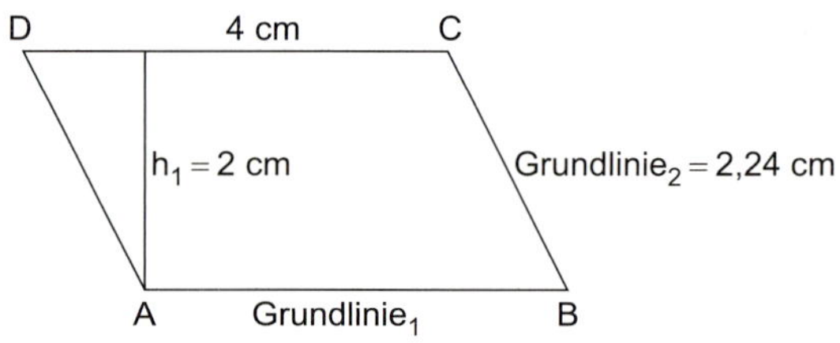

64 Ein Schwimmbecken hat die Form eines Trapezes. Die Mittellinie m trennt den Schwimmer- vom Nichtschwimmerbereich und verläuft parallel zu $\overline{AB}$ und $\overline{CD}$.

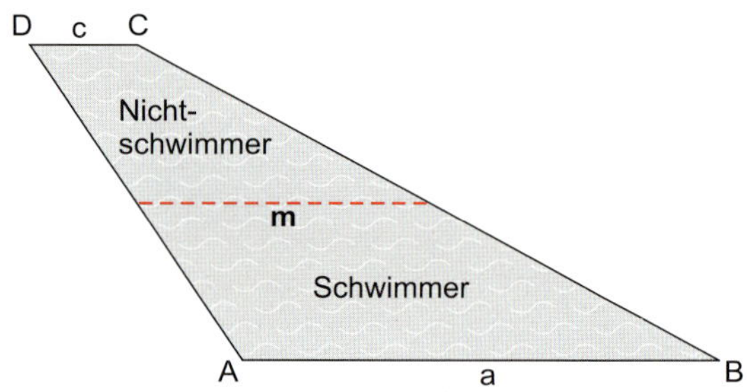

a) Berechne die Flächeninhalte der beiden Bereiche.
Der Abstand der beiden Seiten a und c beträgt 50 m.
Es gilt: $a = 40\text{ m}$, $c = 10\text{ m}$

b) Die Strecke $\overline{BC}$ ist 70 m lang. Der Flächeninhalt des Dreiecks ABC beträgt 70 % des gesamten Beckens.
Bestimme, wie lang die kürzeste Schwimmstrecke vom Punkt A zum Beckenrand $\overline{BC}$ ist.

65 In der Raute ABCD ist die Diagonale $\overline{AC}$ 6 cm lang. Der Flächeninhalt beträgt 24 cm^2. Die Länge der Seiten beträgt 5 cm.
Berechne, wie lang die zweite Diagonale ist und welchen Abstand die jeweils gegenüberliegenden Seiten der Raute haben. Zeichne eine Planfigur.

Interaktive Aufgaben

- 2. Parallelogramm
- 3. Raute
- 4. Trapez

Flächenberechnung mithilfe von Vektoren im Koordinatensystem

Flächenberechnung im Dreieck

Merke

Sind $\vec{v} = \begin{pmatrix} v_x \\ v_y \end{pmatrix}$ und $\vec{w} = \begin{pmatrix} w_x \\ w_y \end{pmatrix}$ zwei Vektorpfeile, die ein Dreieck aufspannen, so erhält man den Flächeninhalt A_Δ des Dreiecks mithilfe einer **Determinante**:

$$A_\Delta = \frac{1}{2} \cdot |\vec{v} \;\; \vec{w}|\,\text{FE} = \frac{1}{2} \cdot \begin{vmatrix} v_x & w_x \\ v_y & w_y \end{vmatrix} \text{FE} = \frac{1}{2} \cdot (v_x \cdot w_y - v_y \cdot w_x)\,\text{FE}$$

Dabei ist die **Reihenfolge** der Vektoren in der Determinante zu beachten:
Betrachte die aufspannenden Vektoren wie die Zeiger einer Uhr. Zuerst kommt der Vektor, den man auf dem kürzeren Weg gegen den Uhrzeigersinn zum anderen Vektor um den gemeinsamen Fußpunkt drehen kann.

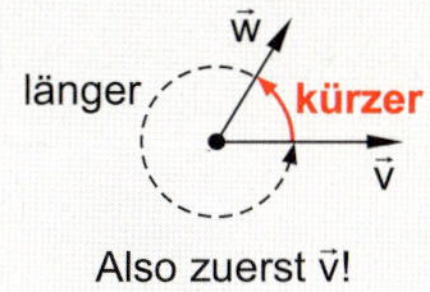

Beispiel

Das Dreieck ABC ist durch die zwei Vektorpfeile $\overrightarrow{AB} = \binom{6}{3}$ und $\overrightarrow{AC} = \binom{1}{4}$, die den gemeinsamen Fußpunkt A(1 | 1) besitzen, eindeutig festgelegt („aufgespannt").
Den Flächeninhalt des Dreiecks ABC berechnet man mithilfe der aus diesen Vektorpfeilen gebildeten Determinante:

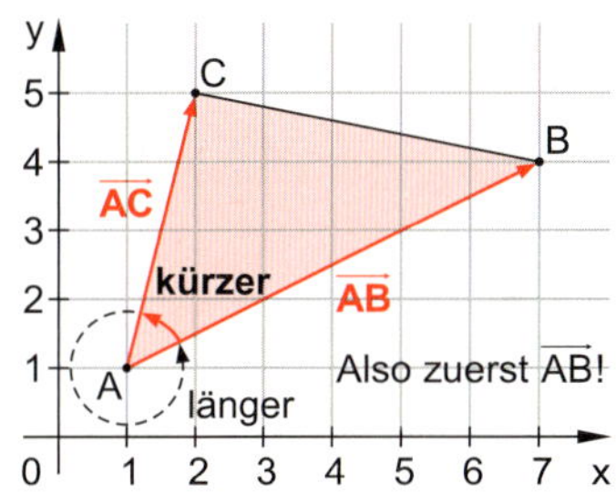

$$A_{\Delta ABC} = \frac{1}{2} \cdot |\overrightarrow{AB} \;\; \overrightarrow{AC}|\,\text{FE} = \frac{1}{2} \cdot \begin{vmatrix} 6 & 1 \\ 3 & 4 \end{vmatrix} \text{FE}$$

Die beiden aufspannenden Vektoren werden in der richtigen Reihenfolge nebeneinander geschrieben. Kontrolle: Bei der falschen Reihenfolge würde sich ein negativer Wert für den Flächeninhalt ergeben.

$$\begin{vmatrix} 6 & 1 \\ 3 & 4 \end{vmatrix} = 6 \cdot 4 - 3 \cdot 1 = 21$$

Merkregel für das Ausmultiplizieren der Determinante: Über-Kreuz-Multiplikation

Berechnung der Dreiecksfläche:

$$A_{\Delta ABC} = \frac{1}{2} \cdot \begin{vmatrix} 6 & 1 \\ 3 & 4 \end{vmatrix} \text{FE}$$

Die Fläche des aufgespannten Dreiecks entspricht dem halben Wert der Determinante.

$$A_{\Delta ABC} = \frac{1}{2} \cdot 21\,\text{FE}$$

$$A_{\Delta ABC} = 10{,}5\,\text{FE}$$

Aufgabe 66

Die Punkte A(1 | 2), B(5 | –1), C(4 | 3) und D(0 | 3,5) legen ein Viereck fest. Berechne den Flächeninhalt des Vierecks ABCD.

Interaktive Aufgabe

5. Drachenviereck

Flächenberechnung im Parallelogramm

Merke

Sind $\vec{v} = \begin{pmatrix} v_x \\ v_y \end{pmatrix}$ und $\vec{w} = \begin{pmatrix} w_x \\ w_y \end{pmatrix}$ zwei Vektorpfeile, die ein Parallelogramm aufspannen, so entspricht der Flächeninhalt des Parallelogramms der **Determinante**:

$$A = |\vec{v}\ \vec{w}|\,\text{FE} = \begin{vmatrix} v_x & w_x \\ v_y & w_y \end{vmatrix}\text{FE} = (v_x \cdot w_y - v_y \cdot w_x)\ \text{FE}$$

Dabei ist die **Reihenfolge** der Vektoren in der Determinante zu beachten:
Betrachte die aufspannenden Vektoren wie die Zeiger einer Uhr. Zuerst kommt der Vektor, den man auf dem kürzeren Weg gegen den Uhrzeigersinn zum anderen Vektor um den gemeinsamen Fußpunkt drehen kann.

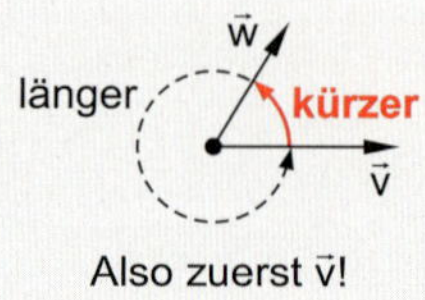

Beispiel

Das Parallelogramm ABCD ist durch die zwei Vektorpfeile $\overrightarrow{AB} = \begin{pmatrix} 6 \\ 3 \end{pmatrix}$ und $\overrightarrow{AD} = \begin{pmatrix} 1 \\ 4 \end{pmatrix}$, die den gemeinsamen Fußpunkt A(1 | 1) besitzen, eindeutig festgelegt („aufgespannt").

Das Parallelogramm ist punktsymmetrisch zum Diagonalenschnittpunkt M. Der Flächeninhalt des Parallelogramms ABCD ist damit doppelt so groß wie der des Dreiecks ABD.

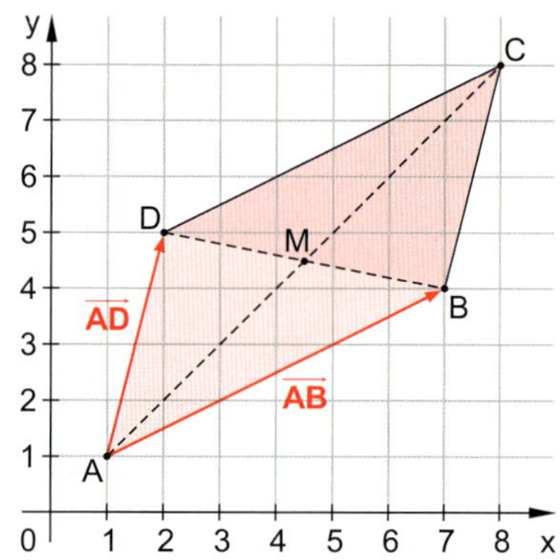

Berechnung der Parallelogrammfläche:

$A_{ABCD} = 2 \cdot A_{\Delta ABD}$

$A_{ABCD} = 2 \cdot \frac{1}{2} \cdot |\overrightarrow{AB}\ \overrightarrow{AD}|\,\text{FE}$

Die ersten beiden Schritte dienen nur der anschaulichen Herleitung der Formel. In der Praxis ist es sinnvoll, den Flächeninhalt sofort mit der Determinante gleichzusetzen.

$A_{ABCD} = |\overrightarrow{AB}\ \overrightarrow{AD}|\,\text{FE}$

$A_{ABCD} = \begin{vmatrix} 6 & 1 \\ 3 & 4 \end{vmatrix}\text{FE}$

$A_{ABCD} = (6 \cdot 4 - 3 \cdot 1)\ \text{FE}$

$A_{ABCD} = 21\ \text{FE}$

Aufgabe 67

Betrachte das Parallelogramm aus oben stehendem Beispiel. Aufspannende Vektoren wären in der Abbildung ebenso

a) $\overrightarrow{BD}$ und $\overrightarrow{BA}$,

b) $\overrightarrow{BA}$ und $\overrightarrow{BC}$,

c) $\overrightarrow{AC}$ und $\overrightarrow{AB}$.

Berechne den Flächeninhalt des Parallelogramms mithilfe der angegebenen Pfeilpaare. Lies die benötigten Koordinaten der Punkte aus der Zeichnung ab.

Interaktive Aufgabe

6. Parallelogramm

Funktionale Abhängigkeiten – Veränderung von ebenen Figuren

Merke

Befindet sich ein Punkt auf einer Ortslinie (z. B. einer Geraden), so sind seine Koordinaten **durch die Funktionsgleichung** der Ortslinie **festgelegt**.

Beispiel

Die Punkte $\mathbf{C_n}$ liegen auf der Geraden g: $\mathbf{y = 2x + 1}$.
Die Koordinaten aller Punkte C_n auf der Geraden g lassen sich angeben: $\mathbf{C_n(x \mid 2x+1)}$
Der Index n besagt, dass es unendlich viele solcher Punkte gibt.
Mithilfe dieser allgemeinen Koordinaten der Punkte C_n lassen sich Veränderungen von Flächeninhalten, Streckenlängen usw. in Abhängigkeit von der Lage der Punkte C_n berechnen.

Flächenberechnung im Koordinatensystem mit Determinante

Beispiel

Gegeben sind die Punkte $A(2 \mid 1)$ und $B(5 \mid -1)$ sowie die Gerade g: $y = 0{,}5x + 2$.
A und B sind Eckpunkte von Dreiecken ABC_n, wobei die Punkte C_n auf der Geraden g liegen.

a) Zeichne die Gerade g und das Dreieck ABC_1 mit $C_1(3 \mid ?)$ sowie das Dreieck ABC_2 für $C_2(6 \mid ?)$.
b) Berechne den Flächeninhalt des Dreiecks ABC_1.
c) Stelle den Flächeninhalt der Dreiecke ABC_n in Abhängigkeit der x-Koordinate (Abszisse) des Punktes C_n dar.
d) Berechne die Koordinaten des Eckpunktes C_3 des Dreiecks ABC_3 mit Flächeninhalt 8,25 FE.
e) Bestimme, für welche x-Koordinaten Dreiecke ABC_n entstehen.

Lösung:

a)
- Zeichnen der Geraden g
- Einzeichnen des Punktes C_1 mit x-Koordinate 3 auf der Geraden g
- Zeichnen des Dreiecks ABC_1
- Gleiches Verfahren für das Dreieck ABC_2

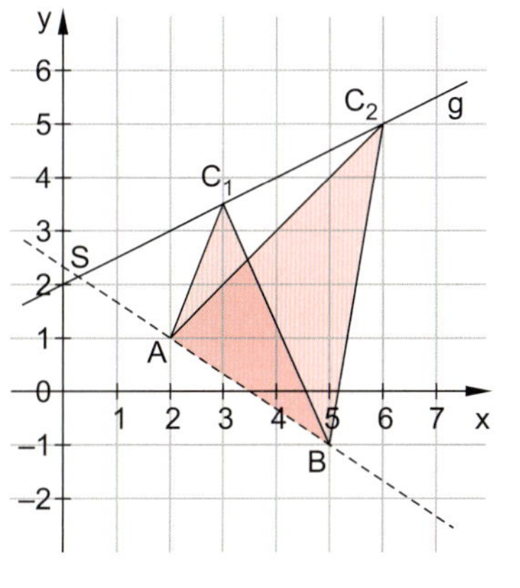

b) Koordinaten von C_1:

$C_1(\mathbf{3} \mid ?) \in$ g: $y = 0{,}5 \cdot \mathbf{3} + 2$
$\Leftrightarrow \quad y = 3{,}5$

$C_1(3 \mid 3{,}5)$

Aufspannende Vektoren:

$$\overrightarrow{AB} = \begin{pmatrix} 5-2 \\ -1-1 \end{pmatrix} = \begin{pmatrix} 3 \\ -2 \end{pmatrix}$$

$$\overrightarrow{AC_1} = \begin{pmatrix} 3-2 \\ 3{,}5-1 \end{pmatrix} = \begin{pmatrix} 1 \\ 2{,}5 \end{pmatrix}$$

Flächeninhalt mit Determinante:

$$A_{\Delta ABC_1} = \frac{1}{2} \cdot \begin{vmatrix} 3 & 1 \\ -2 & 2{,}5 \end{vmatrix} \text{ FE} = \frac{1}{2} \cdot [3 \cdot 2{,}5 - (-2) \cdot 1] \text{ FE} = 4{,}75 \text{ FE}$$

c) Die Punkte C_n auf der Geraden g besitzen folgende Koordinaten in Abhängigkeit von x:

g: $y = \mathbf{0{,}5x + 2} \Rightarrow C_n(x \mid \mathbf{0{,}5x + 2})$

Die y-Koordinate der Punkte C_n ist festgelegt durch die Geradengleichung g: $y = 0{,}5x + 2$.

Aufspannende Vektoren:

Man rechnet wie in Teilaufgabe b.

$$\overrightarrow{AB} = \begin{pmatrix} 3 \\ -2 \end{pmatrix}$$

$$\overrightarrow{AC_n} = \begin{pmatrix} x-2 \\ 0{,}5x+2-1 \end{pmatrix} = \begin{pmatrix} x-2 \\ 0{,}5x+1 \end{pmatrix}$$

„Spitze minus Fuß“ mit $C_n(x \mid 0{,}5x + 2)$
Anstelle der speziellen Koordinaten eines Punktes C verwendet man die allgemeinen Koordinaten der Punkte C_n.

Flächeninhalt in Abhängigkeit von x mit Determinante:

$$A_{\Delta ABC_n}(x) = \frac{1}{2} \cdot \begin{vmatrix} 3 & x-2 \\ -2 & 0{,}5x+1 \end{vmatrix} \text{ FE}$$

$$A_{\Delta ABC_n}(x) = \frac{1}{2} \cdot [3 \cdot (0{,}5x+1) - (-2) \cdot (x-2)] \text{ FE}$$

Vorzeichen beim Ausmultiplizieren beachten

$$A_{\Delta ABC_n}(x) = \frac{1}{2} \cdot [1{,}5x + 3 + 2x - 4] \text{ FE}$$

Umkehrung der Vorzeichen

$$A_{\Delta ABC_n}(x) = \frac{1}{2} \cdot (3{,}5x - 1) \text{ FE}$$

d)
$$\begin{array}{|l} \quad A(x) = \frac{1}{2} \cdot (3{,}5x - 1) \text{ FE} \\ \wedge \ A(x) = 8{,}25 \text{ FE} \end{array}$$

$$\begin{aligned} &\Rightarrow & \frac{1}{2} \cdot (3{,}5x - 1) &= 8{,}25 \quad (\text{I} = \text{II}) & &| \cdot 2 \\ &\Leftrightarrow & 3{,}5x - 1 &= 16{,}5 & &| +1 \\ &\Leftrightarrow & 3{,}5x &= 17{,}5 & &| : 3{,}5 \\ &\Leftrightarrow & x &= 5 \end{aligned}$$

Auflösen nach x

Die x-Koordinate des Punktes C_3 ist 5.

$L = \{5\}$

$C_n(x \mid 0{,}5x + 2)$

$C_3(5 \mid 0{,}5 \cdot 5 + 2)$

$C_3(5 \mid 4{,}5)$

x = 5 einsetzen

e) Der Punkt C_n darf nur bis zum Schnittpunkt S wandern, denn links von S ändert sich der Umlaufsinn der Dreiecke in AC_nB. Fällt der Punkt C_n auf den Punkt S, so entsteht kein Dreieck, sondern eine Strecke.

Die x-Koordinate des Punktes S lässt sich aus dem Term für den Flächeninhalt $A_{\Delta ABC_n}(x) = \frac{1}{2} \cdot (3{,}5x - 1)$ FE berechnen:

$$A_{\Delta ABC_n}(x) = \frac{1}{2} \cdot (3{,}5x - 1) \text{ FE}$$
$$\downarrow$$

Setze: $0 = \frac{1}{2} \cdot (3{,}5x - 1)$

Wandert der Punkt C_n in Richtung S, wird der Flächeninhalt der Dreiecke immer kleiner. Für $C_n = S$ ist der Flächeninhalt schließlich gleich 0.

$$\Leftrightarrow \quad x = \frac{2}{7}$$

Die x-Koordinate des Punktes S ist $\frac{2}{7}$.

$$L = \left\{\frac{2}{7}\right\}$$

Zulässige x-Werte für Dreiecke ABC_n: $x > \frac{2}{7}$

Für x-Werte rechts von S entstehen Dreiecke ABC_n.

Aufgaben

68

Die Eckpunkte D_n von Parallelogrammen ABC_nD_n mit $A(1|1)$ und $B(4|0)$ liegen auf der Geraden g: $y = x + 3$.

a) Zeichne das Parallelogramm ABC_1D_1 für $D_1(2|?)$ und das Parallelogramm ABC_2D_2 für $D_2(3|?)$ und berechne den Flächeninhalt des Parallelogramms ABC_1D_1.
b) Berechne den Flächeninhalt der Parallelogramme in Abhängigkeit von der x-Koordinate der Punkte D_n.
c) Berechne die Koordinaten des Punktes D_3, sodass ein Parallelogramm mit einem Flächeninhalt von 10 FE entsteht.
d) Bestimme, für welche x-Werte Parallelogramme ABC_nD_n existieren.

69

Die Punkte $A(1|1)$ und $B_n(x|x+2)$ sind Eckpunkte von Dreiecken AB_nC_n, wobei $\overrightarrow{B_nC_n} = \begin{pmatrix}-2\\-1\end{pmatrix}$.

a) Zeichne die Dreiecke AB_1C_1 für $x = 3$ und AB_2C_2 für $x = 5$ ein.
b) Berechne den Flächeninhalt der Dreiecke AB_nC_n in Abhängigkeit von der Abszisse x der Punkte B_n.
c) Bestimme, für welchen x-Wert man ein Dreieck mit 4 FE Flächeninhalt erhält.
d) **Schwer:** Bestimme, für welche x-Werte Dreiecke AB_nC_n existieren. Löse zeichnerisch und rechnerisch.

70

Die Punkte $A(3|4)$, $C(1|0)$ und $B_n(x|-x+1)$ legen Drachenvierecke AB_nCD_n mit Symmetrieachse AC fest.

a) Zeichne das Drachenviereck AB_1CD_1 für $x = -1$ und das Drachenviereck AB_2CD_2 für $x = -2$ ein.
b) Berechne den Flächeninhalt des Drachenvierecks AB_1CD_1.
c) Berechne den Flächeninhalt in Abhängigkeit von x.
d) Berechne die Koordinaten von B_3 für das Drachenviereck AB_3CD_3 mit einem Flächeninhalt von 10 FE.

Interaktive Aufgabe

7. Variable Dreiecke

Flächenberechnung im Koordinatensystem ohne Determinante

Merke

Besitzen zwei Punkte A und B **dieselbe Abszisse x**, so lässt sich die Länge der Strecke $\overline{AB}$ als Differenz der y-Koordinaten der beiden Punkte berechnen:
$|\overline{AB}| = (y_A - y_B)$ LE
(wobei $y_A > y_B$ gelten muss, also A über B liegen muss, da man sonst eine negative Streckenlänge erhalten würde)

Beispiel

Die Dreiecke $A_nB_nC_n$ sind folgendermaßen festgelegt:
Die Punkte A_n liegen auf der Geraden g: $y = 0{,}25x + 4$, die Punkte B_n auf der Geraden k: $y = -0{,}5x + 1$.
Die Punkte A_n und B_n besitzen die gleiche Abszisse x (wobei $x > -4$) und $\overrightarrow{B_nC_n} = \begin{pmatrix}3\\1\end{pmatrix}$.

a) Zeichne die Geraden g und k und die Dreiecke $A_1B_1C_1$ für $x = 0$ und $A_2B_2C_2$ für $x = 3{,}5$.
b) Berechne den Flächeninhalt der Dreiecke $A_nB_nC_n$ in Abhängigkeit von der Abszisse x der Punkte A_n mithilfe der Formel $A = \frac{1}{2} \cdot g \cdot h$.

Lösung:

a) Zeichnung:
- Zeichnen von g und k.
- Einzeichnen von A_1 und B_1 für die x-Koordinate 0 (Abszisse) auf die jeweilige Gerade.
- Zeichnen von C_1 wie durch den Vektor vorgegeben: „von B_1 aus 3 nach rechts, 1 nach oben“.
- Gleiches Verfahren für $A_2B_2C_2$.

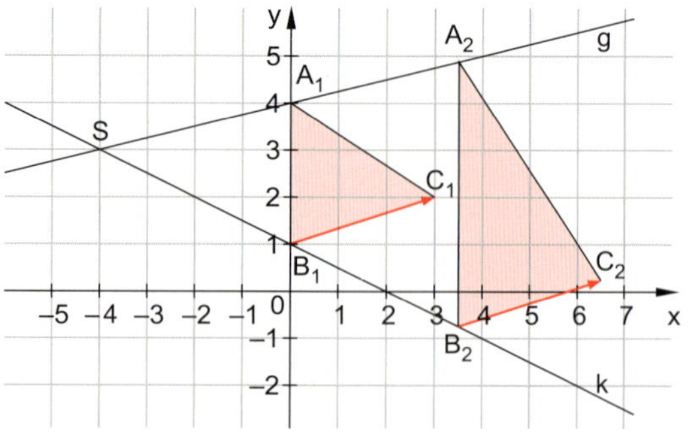

Besitzen 2 Punkte die gleiche Abszisse, dann liegen sie im Koordinatensystem auf der gleichen Parallelen zur y-Achse („senkrecht übereinander“).

b) Berechnung der Länge der Grundlinie $\overline{B_nA_n}$:

$|\overline{A_nB_n}| = (y_{A_n} - y_{B_n})$ LE

$y_{A_n} = 0{,}25x + 4$ $\quad$ $y_{B_n} = -0{,}5x + 1$

A_n und B_n liegen auf den Geraden mit diesen Gleichungen.

$|\overline{A_nB_n}| = [0{,}25x + 4 - (-0{,}5x + 1)]$ LE

$|\overline{A_nB_n}| = [0{,}75x + 3]$ LE

Bestimmung der Länge der Höhe h_c zur Grundlinie $\overline{A_nB_n}$:

h_c lässt sich aus dem Vektor $\overrightarrow{B_nC_n} = \begin{pmatrix}3\\1\end{pmatrix}$ entnehmen:

$h_c = 3$ LE

Von B_n immer 3 LE in x-Richtung, senkrecht zu $\overline{A_nB_n}$

Der Abstand des Punktes C_n von der Strecke $\overline{A_nB_n}$ beträgt immer 3 LE, da $\overline{A_nB_n}$ parallel zur y-Achse ist. Es gilt:

$$A_{\Delta A_nB_nC_n}(x) = \frac{1}{2}\cdot g\cdot h = \frac{1}{2}\cdot|\overline{A_nB_n}|\cdot h_c = \left[\frac{1}{2}\cdot(0{,}75x+3)\cdot 3\right] \text{FE} = [1{,}125x + 4{,}5] \text{ FE}$$

Aufgaben

71 Zusatzaufgaben zum vorhergehenden Beispiel:

a) Berechne den Flächeninhalt der Dreiecke $A_nB_nC_n$ mithilfe einer Determinante.

b) Berechne die Koordinaten der Eckpunkte des Dreiecks $A_3B_3C_3$ mit einem Flächeninhalt von 9 FE.

c) **Schwer:** Berechne den Flächeninhalt des Dreiecks $A_0B_0C_0$, das rechtwinklig in A_0 ist.

72 Die Punkte $D_n(x\,|\,0{,}75x+2)$ auf der Geraden g: $y = 0{,}75x + 2$ legen Quadrate $A_nB_nC_nD_n$ fest. Die Punkte A_n besitzen dieselbe Abszisse x wie die Punkte D_n und liegen auf der x-Achse.

a) Zeichne die Gerade g und die Quadrate $A_1B_1C_1D_1$ bzw. $A_2B_2C_2D_2$ für $x_1 = 0$ bzw. $x_2 = 4$ in ein Koordinatensystem. Platzbedarf: $-3 \le x \le 10$; $0 \le y \le 6$

b) Berechne den Umfang und den Flächeninhalt der Quadrate $A_nB_nC_nD_n$ in Abhängigkeit von der Abszisse x der Punkte D_n.

c) Berechne die Koordinaten von D_3, sodass das zugehörige Quadrat $A_3B_3C_3D_3$ eine Seitenlänge von 6,5 LE besitzt.

d) Der Schnittpunkt D_4 der Geraden h: $y = -0{,}5x + 6{,}5$ mit der Geraden g legt ein Quadrat $A_4B_4C_4D_4$ fest.
Berechne die x-Koordinate von D_4 und gib den Umfang dieses Quadrates an.

73 Die Punkte $A_n(x\,|\,x+2)$ liegen auf der Geraden g: $y=x+2$ und besitzen die gleiche Abszisse x wie die Punkte C_n auf der Geraden k: $y=0{,}5x$. Die Punkte A_n und C_n gehören zu Rauten $A_nB_nC_nD_n$, wobei stets gilt: $|\overline{B_nD_n}|=3$ LE

a) Zeichne die beiden Geraden und die beiden Rauten $A_1B_1C_1D_1$ für $x=0$ und $A_2B_2C_2D_2$ für $x=4$ ein.

b) Berechne den Flächeninhalt der Rauten in Abhängigkeit von der Abszisse x der Punkte A_n.

c) Bestimme, für welchen x-Wert eine Raute mit 6 FE Flächeninhalt entsteht.

d) Bestimme, für welchen x-Wert ein Quadrat entsteht.

Tipp

Welche Eigenschaft hat ein Quadrat zusätzlich im Vergleich zu einer Raute?

Wie kannst du das rechnerisch nutzen?

Interaktive Aufgabe

8. Variable Parallelogramme

Extremwertaufgaben – Verlängern und Verkürzen

Bei der Untersuchung von funktionalen Abhängigkeiten spielen Extremwertbetrachtungen eine wichtige Rolle. Die in Abhängigkeit von x berechnete Größe wird auf einen größten Termwert T_{max} oder auf einen kleinsten Termwert T_{min} untersucht. Meist geht es um Extremwerte quadratischer Terme, die man mithilfe der quadratischen Ergänzung bestimmt.

Beispiel

Im gleichschenkligen Dreieck ABC ist die Basis $\overline{AB}$ 5 cm lang, die Höhe h_c 2 cm. Es entstehen neue gleichschenklige Dreiecke $A_nB_nC_n$, wenn man die Basis auf beiden Seiten um je 0,5x cm verkürzt und gleichzeitig die Höhe von C aus um x cm verlängert.

a) Zeichne das Dreieck ABC und das veränderte Dreieck $A_1B_1C_1$, das für den x-Wert 2 entsteht (in eine Zeichnung!).

b) Berechne den Flächeninhalt in Abhängigkeit von x.

c) Berechne den x-Wert, für den das Dreieck mit der größten Fläche entsteht.

Lösung:

a)

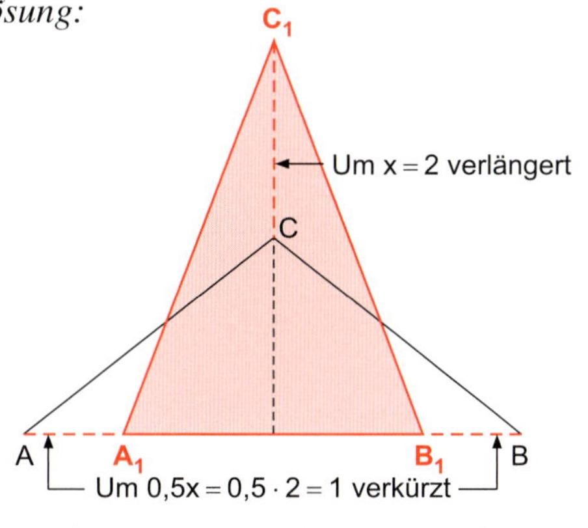

b) Verlängerte Höhe: $h(x)=(2+x)$ cm

Verkürzte Basis: $|\overline{A_nB_n}|(x)=(5-2\cdot 0{,}5x)\text{ cm}=(5-x)\text{ cm}$

$$A_{\Delta A_nB_nC_n}(x)=\frac{1}{2}\cdot|\overline{A_nB_n}|(x)\cdot h(x)$$

$$A_{\Delta A_nB_nC_n}(x)=\frac{1}{2}\cdot(5-x)\cdot(2+x)\text{ cm}^2$$

Es empfiehlt sich immer, die Maßeinheiten am Ende der Zeile zusammenzufassen, um nur noch die Maßzahlen im Blick behalten zu müssen.

$$A_{\Delta A_nB_nC_n}(x)=\frac{1}{2}\cdot(10+3x-x^2)\text{ cm}^2$$

$$A_{\Delta A_nB_nC_n}(x)=(-0{,}5x^2+1{,}5x+5)\text{ cm}^2$$

c) Extremwertbestimmung durch „quadratisches Ergänzen“:

$A_{\Delta A_nB_nC_n}(x) = (-0{,}5x^2 + 1{,}5x + 5)\ cm^2$	Klammere den Faktor vor x^2 aus.
$A_{\Delta A_nB_nC_n}(x) = -0{,}5[x^2 - 3x - 10]\ cm^2$	Ergänze quadratisch.
$A_{\Delta A_nB_nC_n}(x) = -0{,}5[x^2 - 3x \mathbf{+ 1{,}5^2 - 1{,}5^2} - 10]\ cm^2$	2. binomische Formel anwenden
$A_{\Delta A_nB_nC_n}(x) = -0{,}5[(x - 1{,}5)^2 - 2{,}25 - 10]\ cm^2$	Fehlerquelle $-1{,}5^2 = -2{,}25$ beachten
$A_{\Delta A_nB_nC_n}(x) = -0{,}5[(x - 1{,}5)^2 - 12{,}25]\ cm^2$	Eckige Klammer auflösen
$A_{\Delta A_nB_nC_n}(x) = [-0{,}5(x - 1{,}5)^2 + 6{,}125]\ cm^2$	Extremwert ablesen

$A_{max} = 6{,}125\ cm^2$ für $x = 1{,}5$

Das Dreieck mit dem größten Flächeninhalt entsteht für $x = 1{,}5$. Die Basis ist dann $(5 - 1{,}5)\ cm = 3{,}5\ cm$ lang. Die Höhe h_c hat eine Länge von $(2 + 1{,}5)\ cm = 3{,}5\ cm$.

Probe: $A = \frac{1}{2} \cdot 3{,}5\ cm \cdot 3{,}5\ cm = 6{,}125\ cm^2$

Aufgaben

74 a – d

Die Diagonalen $\overline{AC}$ und $\overline{BD}$ des Quadrats ABCD sind jeweils 5 cm lang. Es entstehen Drachenvierecke $A_nBC_nD_n$, indem man die Diagonale $\overline{AC}$ von A und C aus jeweils um 0,25x cm verkürzt. Die Punkte D_n erhält man, wenn man die Diagonale $\overline{BD}$ über D hinaus um 2x cm verlängert.

a) Zeichne das Quadrat ABCD und das Viereck $A_1BC_1D_1$ für $x = 2$ ein.
b) Gib an, welche x-Werte sinnvoll sind.
c) Berechne den Flächeninhalt des Vierecks $A_1BC_1D_1$.
d) Stelle den Flächeninhalt der Drachenvierecke in Abhängigkeit von x dar.
   Ergebnis: $A(x) = (-0{,}5x^2 + 3{,}75x + 12{,}5)\ cm^2$
e) Ermittle die Belegung von x für das Drachenviereck mit dem größten Flächeninhalt.

75

Die Kathete $\overline{AB}$ des rechtwinkligen Dreiecks ABC ist 5 cm lang. Die Kathete $\overline{AC}$ hat eine Länge von 8 cm. Es entstehen Dreiecke AB_nC_n, indem die Kathete $\overline{AB}$ über B hinaus um x cm verlängert wird. Gleichzeitig wird die Kathete $\overline{AC}$ von C aus um 0,5x cm verkürzt.

a) Zeichne das Dreieck ABC und das veränderte Dreieck AB_1C_1 für $x = 3$.
b) Berechne den Flächeninhalt der Dreiecke AB_nC_n in Abhängigkeit von x.
c) Berechne den x-Wert, für den das Dreieck mit dem größten Flächeninhalt entsteht.
d) Berechne den Flächeninhalt des gleichschenklig-rechtwinkligen Dreiecks AB_2C_2.

Extremwertprobleme ergeben sich auch dann, wenn in eine gegebene Figur andere Figuren **einbeschrieben** werden. Einbeschrieben bedeutet dabei: Die Eckpunkte der einbeschriebenen Figur liegen alle auf den Seiten der umgebenden Figur.

76

Das Rechteck ABCD mit $|\overline{AB}| = 8\ cm$ und $|\overline{BC}| = 6\ cm$ ist gegeben. Es werden Parallelogramme $E_nF_nG_nH_n$ einbeschrieben. Die Punkte E_n liegen dabei auf $\overline{AB}$ in x cm Entfernung von A. F_n liegt auf $\overline{BC}$ in x cm Entfernung von B, G_n auf $\overline{CD}$ in x cm Entfernung von C, und schließlich H_n auf $\overline{DA}$ in x cm Entfernung von D.

a) Zeichne das Rechteck und das einbeschriebene Parallelogramm für $x = 2$.
b) Berechne den Flächeninhalt der Parallelogramme in Abhängigkeit von x.

Tipp Verwende die umschriebene Figur und die Restflächen!

c) Berechne den x-Wert für das Parallelogramm mit dem kleinsten Flächeninhalt.

Interaktive Aufgabe 9. Variable Trapeze

2.5 Strahlensätze

Merke

Bei einer **zentrischen Streckung** mit **Zentrum Z** und **Streckungsfaktor k** $\in \mathbb{R}\setminus\{0\}$ wird jeder Urpunkt P so auf einen Bildpunkt P' auf der Geraden ZP abgebildet, dass gilt:

$|\overline{ZP'}| = k \cdot |\overline{ZP}|$

Für $k > 0$ liegen Bild- und Urpunkt auf derselben Seite von Z.
Für $k < 0$ liegen Bild- und Urpunkt auf verschiedenen Seiten von Z.
Strecken werden durch zentrische Streckung auf **parallele** Strecken abgebildet.

Beispiele

$k = 1{,}5$

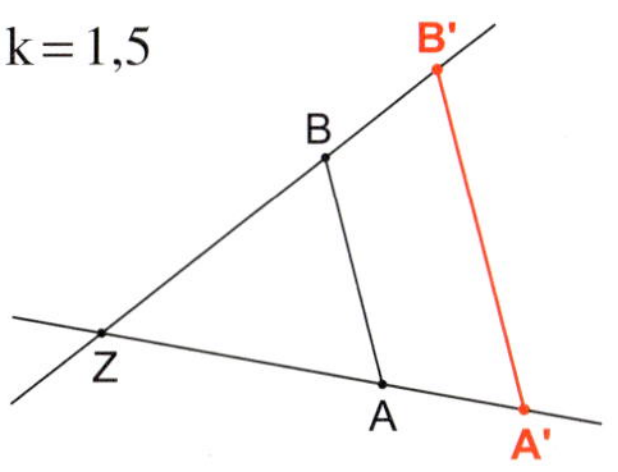

$k = -0{,}5$

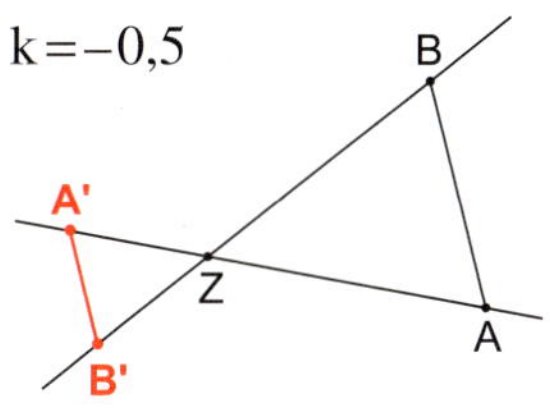

Die **Strahlensätze** stellen auf der Grundlage der zentrischen Streckung Zusammenhänge zwischen den **Streckenlängen** von Ur- und Bildstrecken her.

Merke

Strahlensätze

Werden zwei sich schneidende Geraden von 2 Parallelen in 4 Punkten geschnitten, gilt:

1. Die Längen zweier Strecken auf der einen Geraden verhalten sich wie die Längen der entsprechenden Strecken auf der anderen Geraden.

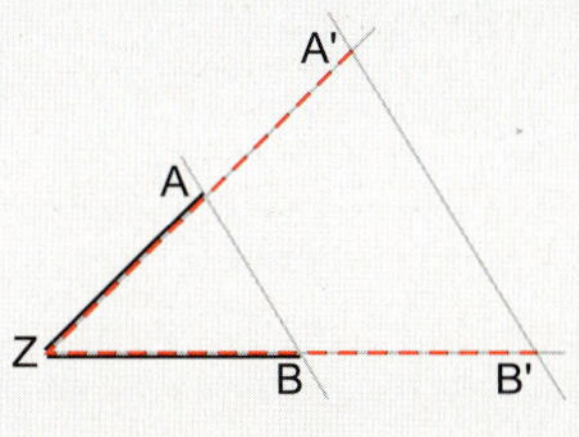

$$\frac{|\overline{ZA'}|}{|\overline{ZA}|} = \frac{|\overline{ZB'}|}{|\overline{ZB}|}$$

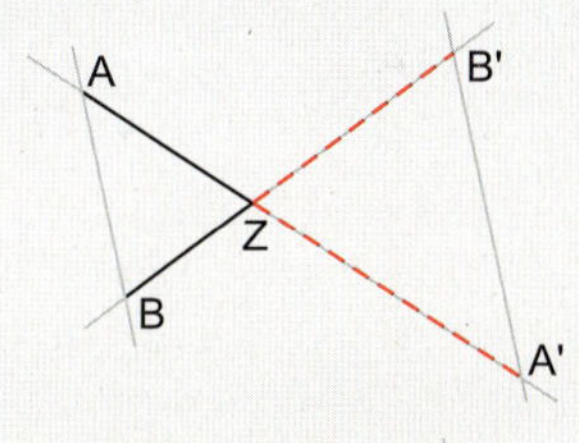

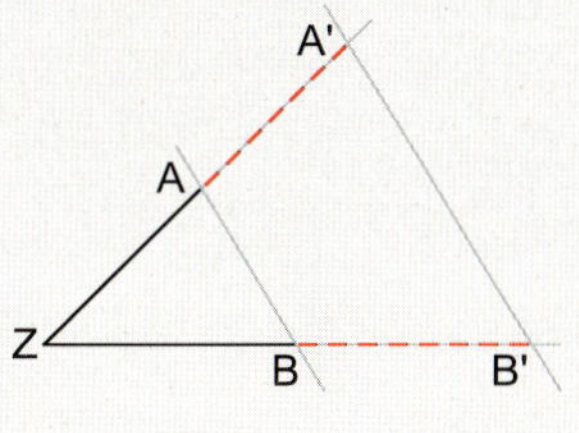

$$\frac{|\overline{AA'}|}{|\overline{ZA}|} = \frac{|\overline{BB'}|}{|\overline{ZB}|}$$

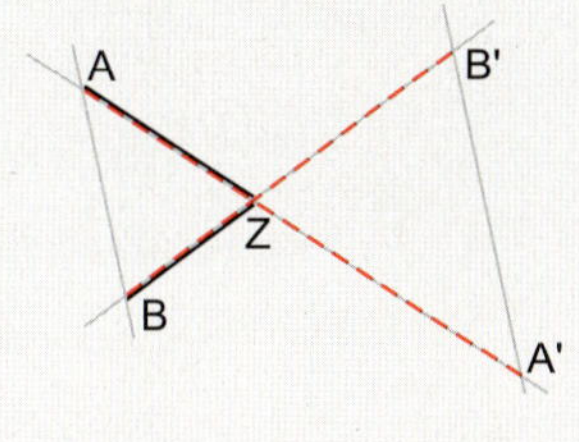

2. Die Längen der Strecken auf den Parallelen verhalten sich wie die Längen der entsprechenden Strecken auf den sich schneidenden Geraden.

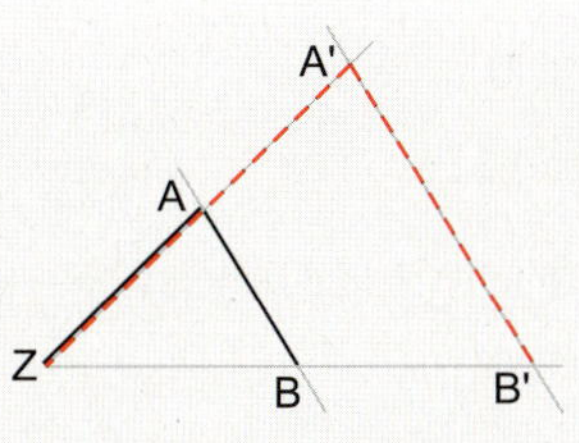

$$\frac{|\overline{A'B'}|}{|\overline{AB}|} = \frac{|\overline{ZA'}|}{|\overline{ZA}|}$$

bzw.

$$\frac{|\overline{A'B'}|}{|\overline{AB}|} = \frac{|\overline{ZB'}|}{|\overline{ZB}|}$$

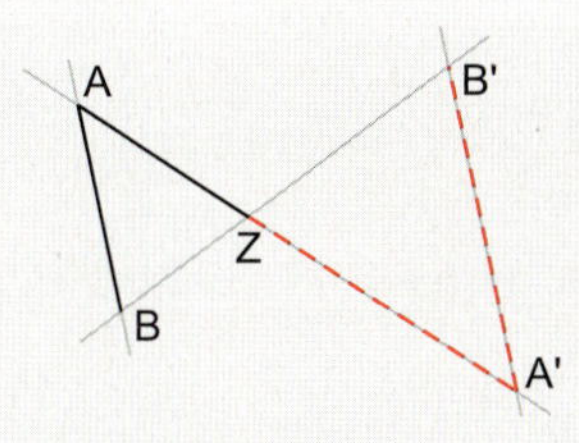

Beispiele

1. Berechne die fehlenden Streckenlängen in der Skizze.
Es gilt: $\overline{AB} \parallel \overline{A'B'}$

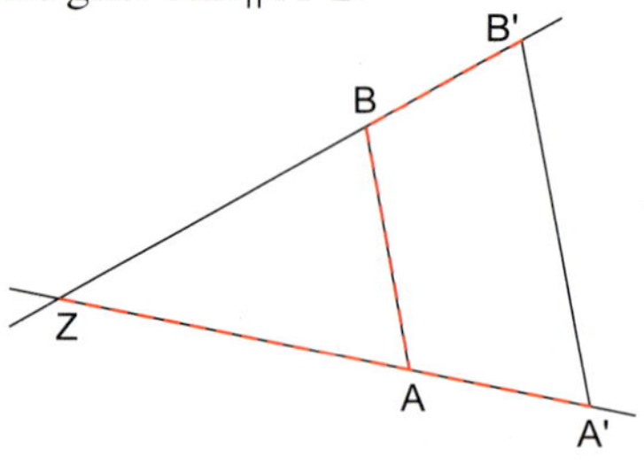

$|\overline{AB}| = 4\text{ cm}$

$|\overline{ZA'}| = 9\text{ cm}$

$|\overline{ZA}| = 6\text{ cm}$

$|\overline{BB'}| = 2{,}5\text{ cm}$

Tipp

Generell gilt: Je mehr Größen bekannt sind, desto mehr Berechnungsmöglichkeiten stehen zur Verfügung.

Lösung:

Berechne zunächst $|\overline{AA'}|$:

$|\overline{AA'}| = |\overline{ZA'}| - |\overline{ZA}| = 9\text{ cm} - 6\text{ cm} = 3\text{ cm}$

Berechnung von $|\overline{A'B'}|$:

$$\frac{|\overline{A'B'}|}{|\overline{AB}|} = \frac{|\overline{ZA'}|}{|\overline{ZA}|}$$

Ansatz mit dem 2. Strahlensatz (Zentrum = Z)
Löse die Verhältnisgleichung nach der gesuchten Größe auf.

$$\Leftrightarrow \quad |\overline{A'B'}| = \frac{|\overline{ZA'}| \cdot |\overline{AB}|}{|\overline{ZA}|}$$

Setze die bekannten Streckenlängen ein.

$$\Leftrightarrow \quad |\overline{A'B'}| = \frac{9\text{ cm} \cdot 4\text{ cm}}{6\text{ cm}}$$

$$\Leftrightarrow \quad |\overline{A'B'}| = 6\text{ cm}$$

Berechnung von $|\overline{ZB}|$:

$$\frac{|\overline{AA'}|}{|\overline{ZA}|} = \frac{|\overline{BB'}|}{|\overline{ZB}|}$$

Ansatz mit dem 1. Strahlensatz (Zentrum = Z)
Löse die Verhältnisgleichung nach der gesuchten Größe auf.
Hier empfiehlt sich die „Über-Kreuz-Multiplikation".

$$\Leftrightarrow \quad |\overline{AA'}| \cdot |\overline{ZB}| = |\overline{BB'}| \cdot |\overline{ZA}|$$

$$\Leftrightarrow \quad |\overline{ZB}| = \frac{|\overline{BB'}| \cdot |\overline{ZA}|}{|\overline{AA'}|}$$

Setze die bekannten Streckenlängen ein.

$$\Leftrightarrow \quad |\overline{ZB}| = \frac{2{,}5\text{ cm} \cdot 6\text{ cm}}{3\text{ cm}}$$

$$\Leftrightarrow \quad |\overline{ZB}| = 5\text{ cm}$$

Berechne schließlich $|\overline{ZB'}|$:

$|\overline{ZB'}| = |\overline{ZB}| + |\overline{BB'}| = 5\text{ cm} + 2{,}5\text{ cm} = 7{,}5\text{ cm}$

2. Überprüfe rechnerisch, ob für die Strecken in der Skizze gilt: $\overline{AB} \parallel \overline{A'B'}$

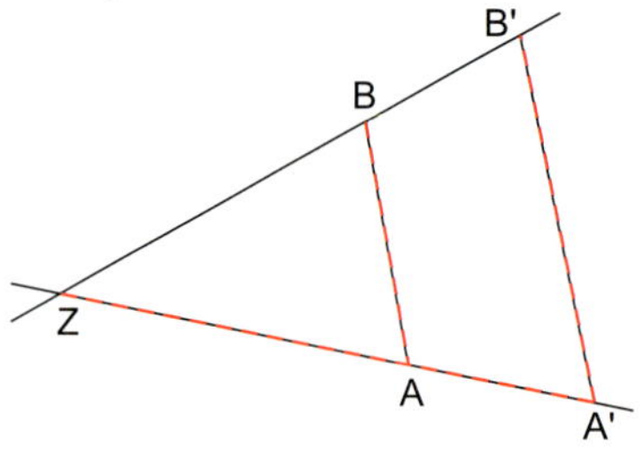

$|\overline{AB}| = 5\text{ cm}$

$|\overline{A'B'}| = 8\text{ cm}$

$|\overline{ZA}| = 4\text{ cm}$

$|\overline{ZA'}| = 7\text{ cm}$

Lösung:

$\frac{|\overline{A'B'}|}{|\overline{AB}|} = \frac{8}{5}$

$\frac{|\overline{ZA'}|}{|\overline{ZA}|} = \frac{7}{4}$

Überprüfe, ob der 2. Strahlensatz (Zentrum = Z) erfüllt ist, indem du die Verhältnisse auf der linken und der rechten Seite der Verhältnisgleichung berechnest.

Wegen $\frac{8}{5} \neq \frac{7}{4}$ ist der 2. Strahlensatz nicht erfüllt.

Die Verhältnisgleichung ist nicht erfüllt.

Somit sind $\overline{AB}$ und $\overline{A'B'}$ nicht parallel.

Aufgaben

77 Kreuze richtige Aussagen an. Es gilt: $\overline{FE} \parallel \overline{AD} \parallel \overline{BC}$

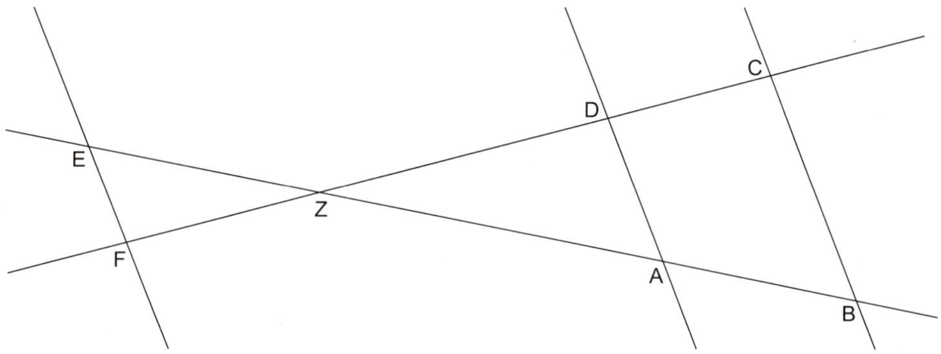

☐ $\frac{\lvert\overline{ZC}\rvert}{\lvert\overline{ZD}\rvert} = \frac{\lvert\overline{ZA}\rvert}{\lvert\overline{ZB}\rvert}$	☐ $\frac{\lvert\overline{EF}\rvert}{\lvert\overline{BC}\rvert} = \frac{\lvert\overline{ZF}\rvert}{\lvert\overline{ZC}\rvert}$	☐ $\frac{\lvert\overline{ZD}\rvert}{\lvert\overline{ZE}\rvert} = \frac{\lvert\overline{ZA}\rvert}{\lvert\overline{ZF}\rvert}$	☐ $\frac{\lvert\overline{AD}\rvert}{\lvert\overline{EF}\rvert} = \frac{\lvert\overline{ZA}\rvert}{\lvert\overline{ZE}\rvert}$
☐ $\frac{\lvert\overline{DC}\rvert}{\lvert\overline{ZD}\rvert} = \frac{\lvert\overline{AB}\rvert}{\lvert\overline{ZB}\rvert}$	☐ $\frac{\lvert\overline{EF}\rvert}{\lvert\overline{BC}\rvert} = \frac{\lvert\overline{ZE}\rvert}{\lvert\overline{ZA}\rvert}$	☐ $\frac{\lvert\overline{AB}\rvert}{\lvert\overline{ZA}\rvert} = \frac{\lvert\overline{BC}\rvert}{\lvert\overline{AD}\rvert}$	☐ $\frac{\lvert\overline{ZE}\rvert}{\lvert\overline{ZB}\rvert} = \frac{\lvert\overline{ZF}\rvert}{\lvert\overline{ZC}\rvert}$
☐ $\frac{\lvert\overline{AB}\rvert}{\lvert\overline{ZE}\rvert} = \frac{\lvert\overline{CD}\rvert}{\lvert\overline{ZF}\rvert}$	☐ $\frac{\lvert\overline{AD}\rvert}{\lvert\overline{BC}\rvert} = \frac{\lvert\overline{ZA}\rvert}{\lvert\overline{ZB}\rvert}$	☐ $\frac{\lvert\overline{ZA}\rvert}{\lvert\overline{AE}\rvert} = \frac{\lvert\overline{ZD}\rvert}{\lvert\overline{DF}\rvert}$	☐ $\frac{\lvert\overline{ZC}\rvert}{\lvert\overline{ZD}\rvert} = \frac{\lvert\overline{ZA}\rvert}{\lvert\overline{ZB}\rvert}$

78 Die Breite $|\overline{E'F'}|$ eines Flusses soll bestimmt werden.
Es gilt:
$|\overline{EF}| = 4{,}5$ m; $|\overline{GE'}| = 7$ m;
$|\overline{GE}| = 2$ m; $\overline{E'F'} \parallel \overline{EF}$

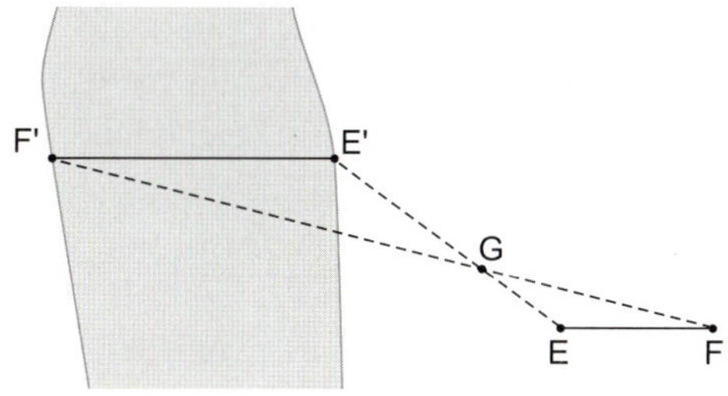

79 Ein Tourist peilt den Olympiaturm in München (Höhe 291,28 m) über seinen 8 cm langen Daumen, der dabei 40 cm von seinen Augen entfernt ist, an.
Bestimme, wie weit der Tourist vom Turm entfernt ist.

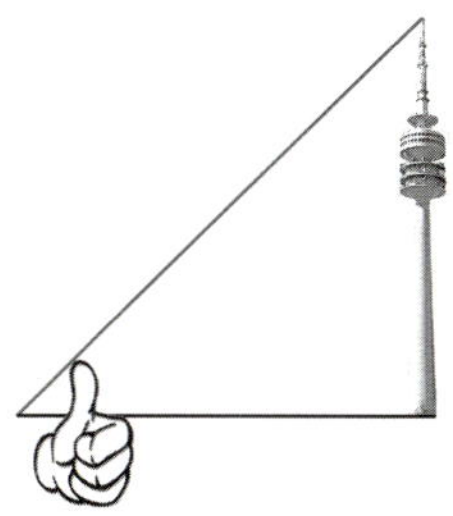

80 Ein Fußballtor ist 7,32 m breit. Der Tormann hat eine Spannweite von 2,05 m. Bestimme, wie weit er aus dem Tor laufen muss, wenn er das Tor komplett abdecken will und der Schütze an der Strafraumgrenze 16 m vor dem Tor schießt.

81 Überprüfe rechnerisch, ob für die Strecken in der Skizze gilt: $\overline{EF} \parallel \overline{AD}$

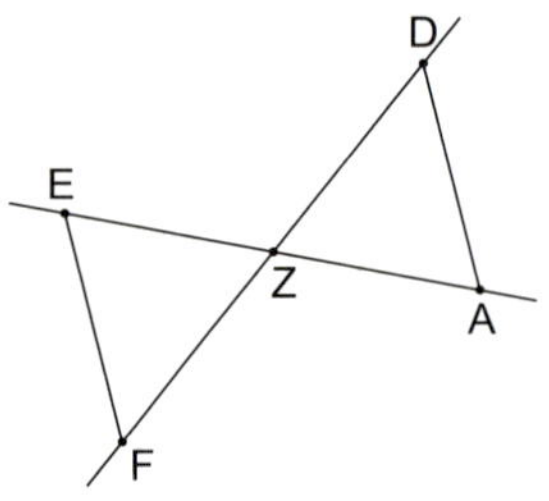

$|\overline{ZE}| = 4\text{ cm}$

$|\overline{ZF}| = 3\text{ cm}$

$|\overline{EA}| = 8\text{ cm}$

$|\overline{FD}| = 6\text{ cm}$

Extremwertaufgaben

82 Dem gleichschenkligen Dreieck ABC mit der Basislänge $|\overline{AB}| = 4\text{ cm}$ und der zur Basis $\overline{AB}$ gehörigen Höhe $|\overline{CM}| = 8\text{ cm}$ werden gleichschenklige Dreiecke E_nF_nM mit der Basis $\overline{E_nF_n}$ so einbeschrieben, dass die Spitze M aller Dreiecke E_nF_nM der Mittelpunkt von $\overline{AB}$ ist. Für die zur Basis $\overline{E_nF_n}$ zugehörigen Höhe $|\overline{MD_n}|$ gilt: $|\overline{MD_n}| = x\text{ cm}$

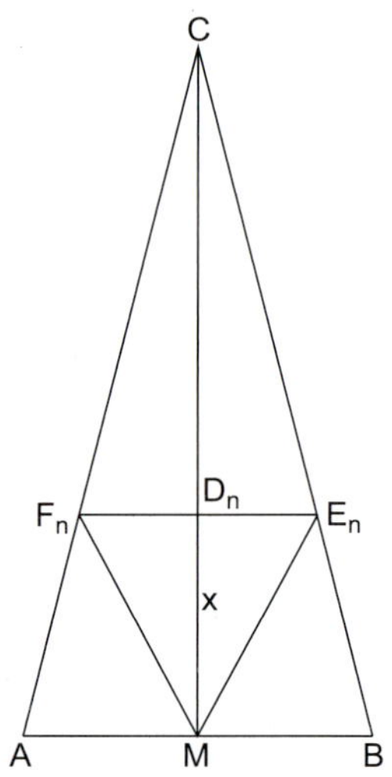

a) Gib das Intervall zulässiger Werte für x an.
b) Berechne den Flächeninhalt der einbeschriebenen Dreiecke E_nF_nM in Abhängigkeit von x.
c) Berechne den Wert für x, für den das Dreieck E_1F_1M mit maximalem Flächeninhalt entsteht.

83 Dem gleichschenkligen Dreieck ABC mit Basis $\overline{AB}$ werden Trapeze $D_nE_nF_nG_n$ einbeschrieben. Es gilt: $|\overline{AB}| = 8\text{ cm}$; $h_c = 6\text{ cm}$
$\overline{D_nE_n}$ liegt auf $\overline{AB}$, wobei D_n 0,5x cm von A entfernt ist und E_n 0,5x cm von B entfernt ist. F_n liegt auf $\overline{BC}$, G_n liegt auf $\overline{CA}$. Die Strecke $\overline{F_nG_n}$ ist parallel zu $\overline{AB}$ und hat einen Abstand von 1,5x cm von der Basis $\overline{AB}$.
a) Zeichne das Dreieck und das einbeschriebene Trapez für $x = 3$.
b) Berechne den Flächeninhalt der einbeschriebenen Trapeze in Abhängigkeit von x.
c) Bestimme, für welchen x-Wert das Trapez mit dem größten Flächeninhalt entsteht.

Interaktive Aufgaben

1. Strecke bestimmen
2. Strecke bestimmen
3. Strecke bestimmen
4. Strecke bestimmen
5. Maximum bestimmen

2.6 Rechtwinklige Dreiecke

Der Satz des Pythagoras

Merke

Satz des Pythagoras

Im rechtwinkligen Dreieck ist die Summe der Quadrate der Längen der Katheten gleich dem Quadrat der Länge der Hypotenuse.

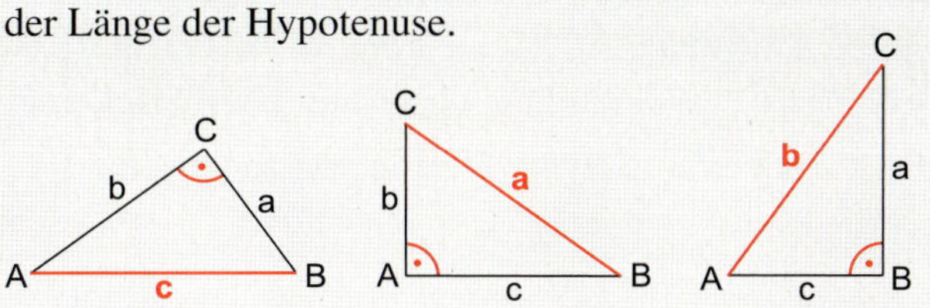

$a^2+b^2=c^2$ $\qquad b^2+c^2=a^2$ $\qquad a^2+c^2=b^2$

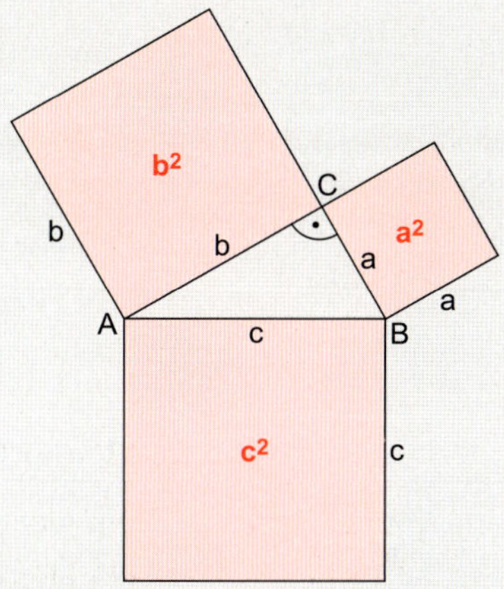

Es gilt auch umgekehrt: Gilt der Satz des Pythagoras in einem Dreieck, ist das ein Beweis für die Rechtwinkligkeit dieses Dreiecks.

Beispiele

1. Im rechtwinkligen Dreieck ABC mit $|\overline{AB}|=8$ cm und $|\overline{BC}|=5$ cm hat der Winkel CBA das Maß $\beta=90°$.
   Berechne $|\overline{CA}|$.

   Lösung:
   $\overline{CA}$ ist die Hypotenuse.

   Planfigur:

   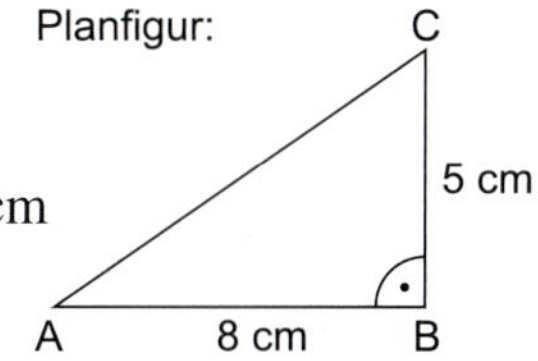

   $|\overline{CA}|^2=|\overline{AB}|^2+|\overline{BC}|^2 \qquad |\sqrt{}$

   $\Rightarrow |\overline{CA}|=\sqrt{(8\text{ cm})^2+(5\text{ cm})^2}$ oder: $|\overline{CA}|=\sqrt{8^2+5^2}$ cm

   $\Leftrightarrow |\overline{CA}|=\sqrt{89\text{ cm}^2}$ $\qquad |\overline{CA}|=\sqrt{89}$ cm

   $\Leftrightarrow |\overline{CA}|=9{,}43$ cm

2. Eine Leiter ist 6 m lang. Sie ist 1,2 m entfernt von der Wand angelehnt.
   Wie hoch reicht die Leiter?

   Lösung:
   Gesucht ist h (Kathete!). Es gilt:

   Planfigur:

   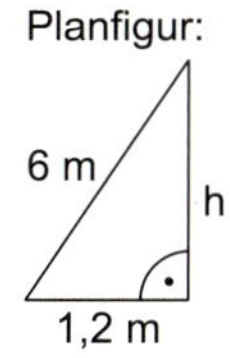

   $(6\text{ m})^2=(1{,}2\text{ m})^2+h^2 \qquad |-(1{,}2\text{ m})^2$

   $\Leftrightarrow h^2=(6\text{ m})^2-(1{,}2\text{ m})^2 \qquad |\sqrt{}$

   $\Rightarrow h=\sqrt{6^2-1{,}2^2}$ m

   $\Leftrightarrow h=5{,}88$ m

Aufgaben

84 Überprüfe rechnerisch, ob das Dreieck EFG mit $|\overline{EF}|=13$ cm, $|\overline{FG}|=12$ cm und $|\overline{GE}|=5$ cm rechtwinklig ist.

85 Berechne die Länge der fehlenden Dreiecksseite der rechtwinkligen Dreiecke ABC. Zeichne eine Planfigur.

a) $a=12$ cm; $b=5$ cm; $\gamma=90°$ $\qquad$ b) $b=3$ dm; $c=12$ cm; $\beta=90°$

a

86 Berechne den Umfang eines gleichschenkligen Trapezes mit den Grundseitenlängen 14 cm und 9 cm und einer Höhe von 8 cm. Zeichne zunächst eine Planfigur.

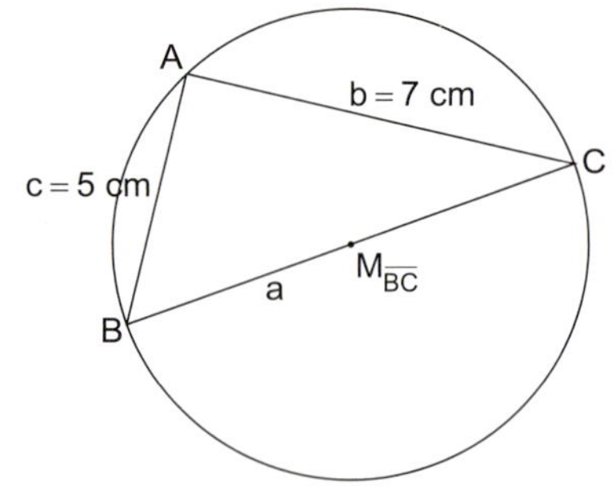

87 Begründe, dass das abgebildete Dreieck ABC rechtwinklig ist, und berechne die fehlende Seitenlänge.

88 In einer Raute ABCD beträgt die Seitenlänge $a = 5$ cm und die Länge der Diagonale $\overline{AC}$ ist $e = 3$ cm.
Berechne die Länge der anderen Diagonale f und den Flächeninhalt.

Tipp In einer Raute halbieren sich die Diagonalen gegenseitig und stehen senkrecht aufeinander.

89 Ein Tunnel mit halbkreisförmigem Querschnitt hat einen Radius von 5 m. Er besitzt nur eine Fahrspur.

a) Ermittle, wie hoch ein Lkw, der den Tunnel passieren soll, maximal sein kann, wenn er 2,50 m breit ist.
b) Löse die Aufgabe auch für den Fall, dass ein Sicherheitsabstand von 50 cm zur Tunneldecke eingehalten werden soll.

Interaktive Aufgaben

1. Hypotenuse bestimmen
2. Kathete bestimmen
3. Zweimal Pythagoras
4. Rechtwinkliges Dreieck?
5. Seite gesucht
6. Spielplatz
7. Fernseher
8. Eisenbahn

Folgerungen aus dem Satz des Pythagoras

Merke

Länge der Diagonale im Quadrat

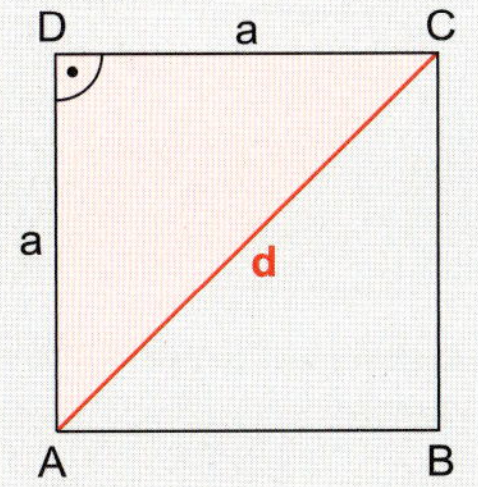

$$d = a\sqrt{2}$$

Höhe im gleichseitigen Dreieck

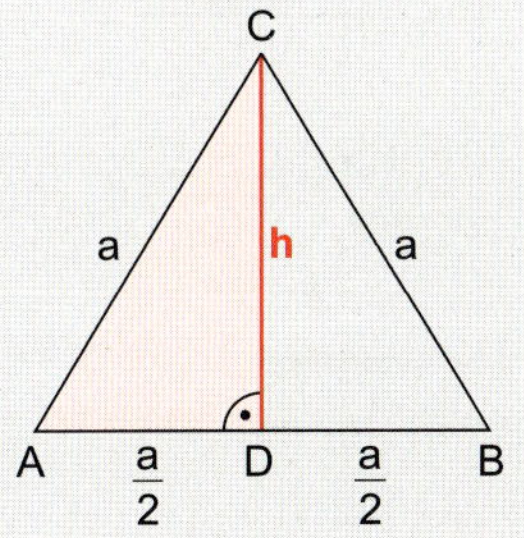

$$h = \frac{a}{2}\sqrt{3}$$

Länge der Diagonale im Rechteck

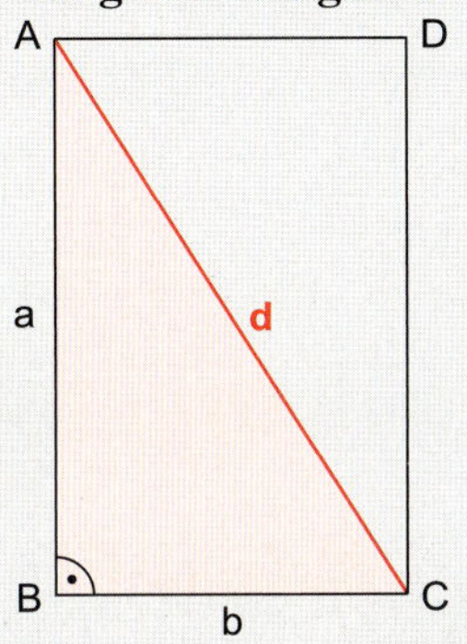

$$d = \sqrt{a^2 + b^2}$$

Länge der Raumdiagonale im Würfel

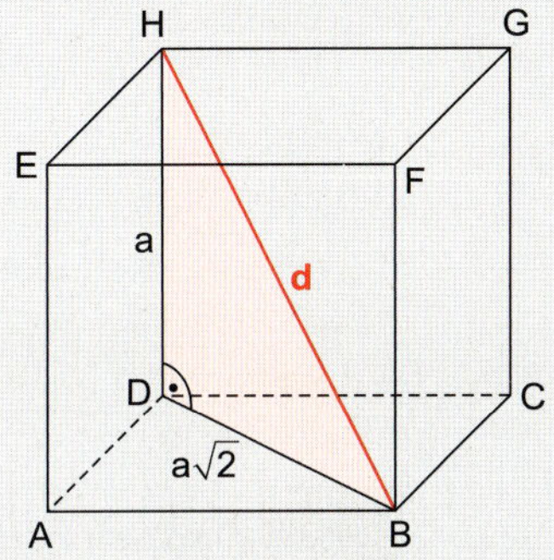

$$d = a\sqrt{3}$$

Länge der Raumdiagonale im Quader

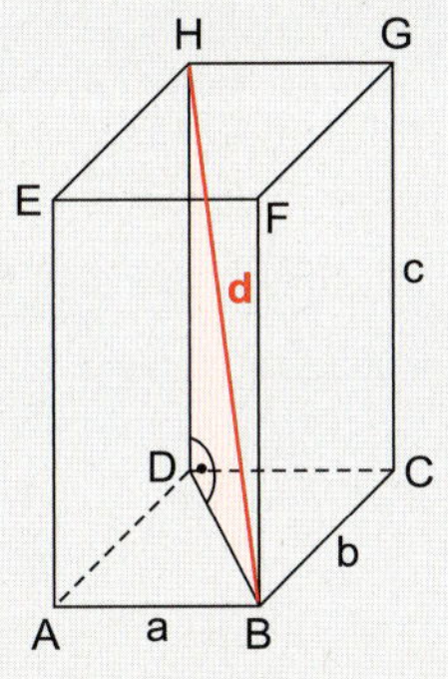

$$d = \sqrt{a^2 + b^2 + c^2}$$

Länge der Mantellinie beim Kegel

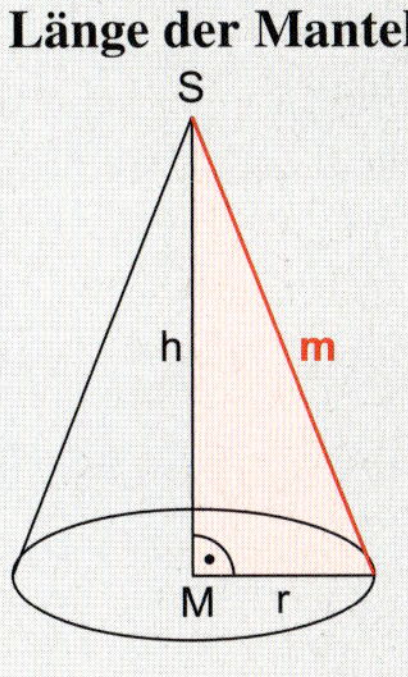

$$m = \sqrt{r^2 + h^2}$$

Aufgaben

90 Ein gleichseitiges Dreieck hat die Seitenlänge $a = 6$ cm. Berechne die Höhe und den Flächeninhalt.

91 Das nebenstehende Schrägbild zeigt eine Pyramide mit quadratischer Grundfläche. Die Spitze S liegt senkrecht über dem Diagonalenschnittpunkt E. Der Punkt M ist der Mittelpunkt der Strecke $\overline{BC}$. Es gilt: $|\overline{AB}| = 6$ cm; $|\overline{ES}| = 10$ cm
Berechne die Längen folgender Strecken.

a) $\overline{AC}$; $\overline{AE}$; $\overline{SA}$; $\overline{MS}$

b) $\overline{GH}$ und $\overline{GS}$, wenn $|\overline{FS}| = 4$ cm

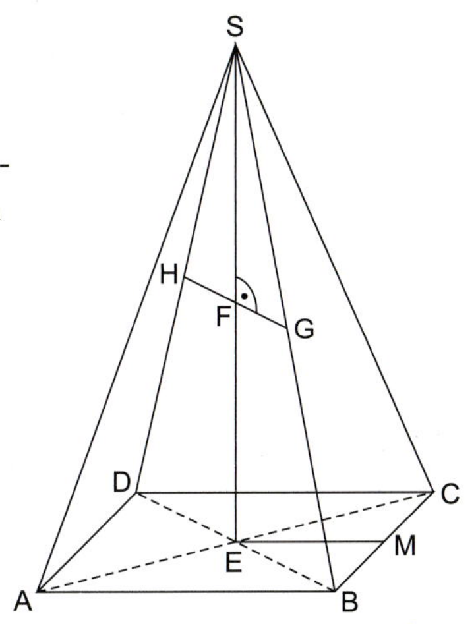

Merke

Länge einer Strecke im Koordinatensystem (Betrag eines Vektors)

$A(x_A \mid y_A)$; $B(x_B \mid y_B)$

$\overrightarrow{AB} = \begin{pmatrix} x_B - x_A \\ y_B - y_A \end{pmatrix}$

$|\overrightarrow{AB}| = \sqrt{(x_B - x_A)^2 + (y_B - y_A)^2}$ **LE**

$\overrightarrow{AB} = \begin{pmatrix} v_x \\ v_y \end{pmatrix}$

$|\overrightarrow{AB}| = \sqrt{v_x^2 + v_y^2}$

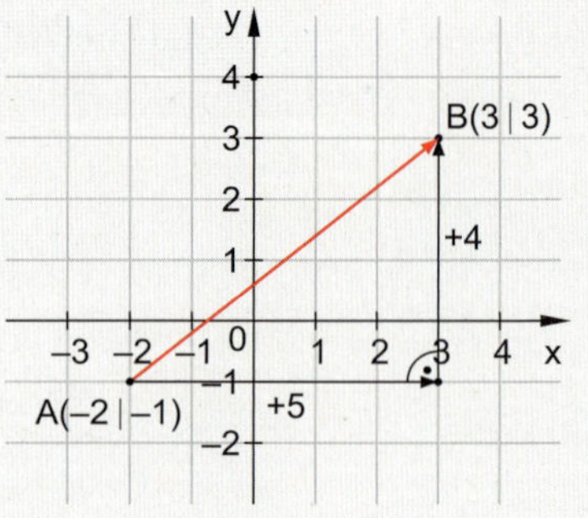

Beispiel

Berechne die Länge der Strecke $\overline{AB}$ mit $A(-6 \mid 2)$ und $B(2 \mid 8)$.

Lösung:

Man wendet den Satz des Pythagoras auf das rechtwinklige Koordinatendreieck an.

Berechne die Koordinaten von $\overrightarrow{AB}$:

$\overrightarrow{AB} = \begin{pmatrix} 2-(-6) \\ 8-2 \end{pmatrix} = \begin{pmatrix} 8 \\ 6 \end{pmatrix}$

Berechne den Betrag des Vektors $\overrightarrow{AB}$:

$|\overrightarrow{AB}| = \sqrt{8^2 + 6^2} = \sqrt{100} = 10$

oder:

Berechne die Länge der Strecke $\overline{AB}$:

$|\overline{AB}| = \sqrt{(x_B - x_A)^2 + (y_B - y_A)^2}$ LE

$|\overline{AB}| = \sqrt{(2-(-6))^2 + (8-2)^2}$ LE

$|\overline{AB}| = \sqrt{8^2 + 6^2}$ LE

$|\overline{AB}| = \sqrt{64 + 36}$ LE

$|\overline{AB}| = \sqrt{100}$ LE

$|\overline{AB}| = 10$ LE

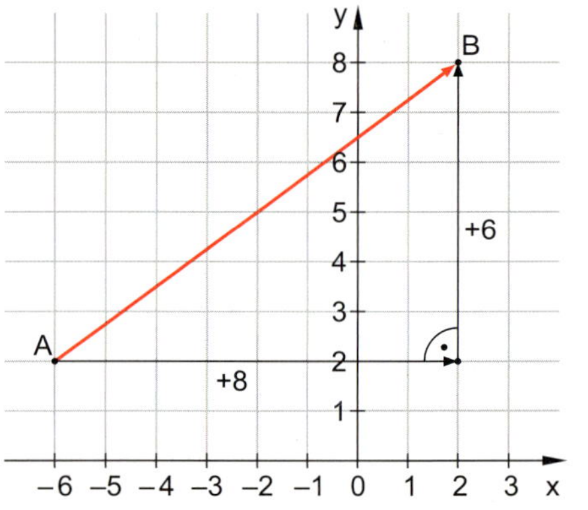

Aufgaben

92 Bestimme den Betrag des Vektors.

a) $\vec{a} = \begin{pmatrix} -2 \\ 3 \end{pmatrix}$ b) $\vec{b} = \begin{pmatrix} 12 \\ -5 \end{pmatrix}$

93 Bestimme die Länge der Strecke $\overline{EF}$.

a) $E(-4 \mid 3)$; $F(10 \mid 5)$ b) $E\left(1\frac{1}{2} \,\middle|\, -6\frac{3}{4}\right)$; $F\left(-9\frac{1}{4} \,\middle|\, 2\frac{1}{8}\right)$

94 Der Kreis k mit Mittelpunkt $M(1 \mid 2)$ verläuft durch den Punkt $P(5 \mid 5)$. Berechne den Radius von k. Überprüfe, ob der Punkt $Q(-4 \mid 2)$ auf, innerhalb oder außerhalb des Kreises liegt.

95 Bestimme den Umfang des Dreiecks ABC mit $A(-3 \mid -2)$, $B(5 \mid 0)$ und $C(4 \mid 6)$.

Interaktive Aufgaben

9. Abstand von zwei Punkten bestimmen 10. Gleichschenkliges Dreieck?

Sinus, Kosinus und Tangens im rechtwinkligen Dreieck

Merke

In allen rechtwinkligen Dreiecken gelten folgende Beziehungen:

$$\sin\alpha = \frac{\text{Länge der \textbf{Gegenkathete} von } \alpha}{\text{Länge der Hypotenuse}} \quad \textbf{(Sinus)}$$

$$\cos\alpha = \frac{\text{Länge der \textbf{Ankathete} von } \alpha}{\text{Länge der Hypotenuse}} \quad \textbf{(Kosinus)}$$

$$\tan\alpha = \frac{\text{Länge der \textbf{Gegenkathete} von } \alpha}{\text{Länge der \textbf{Ankathete} von } \alpha} \quad \textbf{(Tangens)}$$

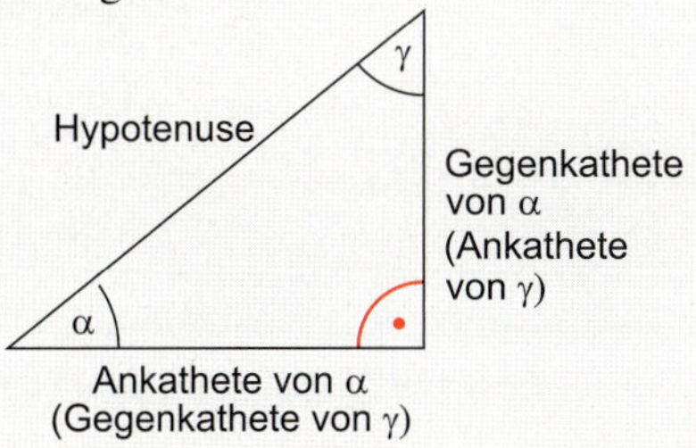

Berechnung von Seitenlängen

Mithilfe der Seitenverhältnisse sin α, cos α und tan α kann man die Seitenlängen in rechtwinkligen Dreiecken berechnen.

Beispiel

Gegeben ist ein in B rechtwinkliges Dreieck ABC mit $\alpha = 30°$ und Hypotenusenlänge $|\overline{CA}| = 8$ cm. Bestimme die fehlenden Seitenlängen dieses rechtwinkligen Dreiecks.

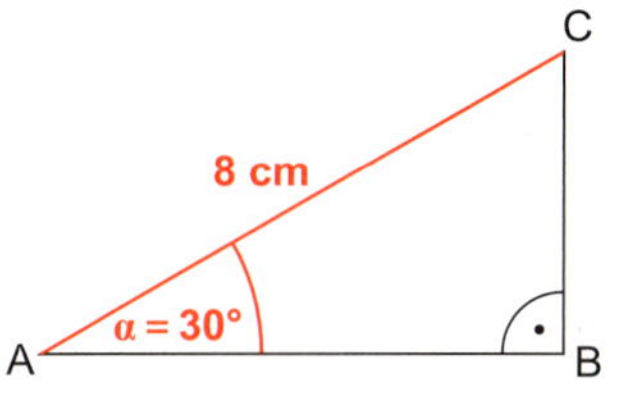

Lösung:

Systematisches Vorgehen zur Berechnung von $|\overline{BC}|$:
Gegeben: Winkelmaß α und die Länge der Hypotenuse
Gesucht: Länge der Gegenkathete $\overline{BC}$

Da die Länge der Hypotenuse bekannt ist und die Länge der Gegenkathete gesucht, bietet sich nur die Sinus-Beziehung an.

In tan α kommt die Hypotenuse nicht vor, in cos α kommt die Gegenkathete nicht vor.

Rechnung:

$$\sin\alpha = \frac{\text{Länge der Gegenkathete von } \alpha}{\text{Länge der Hypotenuse}}$$

Die Gegenkathete von α ist $\overline{BC}$.

$$\sin 30° = \frac{|\overline{BC}|}{8\text{ cm}}$$

Nach $\overline{BC}$ auflösen

$$|\overline{BC}| = 8\text{ cm} \cdot \sin 30°$$

$$|\overline{BC}| = 8\text{ cm} \cdot 0{,}5$$

Der Taschenrechner liefert $\sin 30° = 0{,}5$.

$$|\overline{BC}| = 4\text{ cm}$$

Jetzt kann man die Länge der Seite $\overline{AB}$ auf drei verschiedene Arten berechnen:

1. Satz des Pythagoras

$$|\overline{AB}| = \sqrt{8^2 - 4^2}\text{ cm} = \sqrt{48}\text{ cm} = 6{,}93\text{ cm}$$

2. Kosinusbeziehung

$$\cos\alpha = \frac{\text{Länge der Ankathete von } \alpha}{\text{Länge der Hypotenuse}}$$

Die Ankathete von α ist $\overline{AB}$.

$$\cos 30° = \frac{|\overline{AB}|}{8\text{ cm}}$$

Auflösen nach $|\overline{AB}|$

$$|\overline{AB}| = 8\text{ cm} \cdot \cos 30°$$

Der Taschenrechner liefert $\cos 30° \approx 0{,}8660\ldots$ Rechne mit diesem Wert weiter und runde erst im Ergebnis.

$|\overline{AB}| = 8\text{ cm} \cdot 0{,}8660\ldots$

$|\overline{AB}| = 6{,}93\text{ cm}$

3. Tangensbeziehung

$$\tan\alpha = \frac{\text{Länge der Gegenkathete von }\alpha}{\text{Länge der Ankathete von }\alpha}$$

$$\tan 30° = \frac{4\text{ cm}}{|\overline{AB}|}$$

Auflösen nach $|\overline{AB}|$

$$|\overline{AB}| = \frac{4\text{ cm}}{\tan 30°}$$

$$|\overline{AB}| = \frac{4\text{ cm}}{0{,}5773\ldots}$$

$$|\overline{AB}| = 6{,}93\text{ cm}$$

Berechnung von Winkelmaßen

Mithilfe der Seitenverhältnisse sin α, cos α und tan α kann man die Winkelmaße in rechtwinkligen Dreiecken berechnen.

Merke

Sind in einem Dreieck zwei Winkelmaße bekannt, so kennt man auch das dritte Winkelmaß, denn die **Summe der Innenwinkel** beträgt stets **180°**.

Beispiel

Gegeben ist ein rechtwinkliges Dreieck ABC mit $\alpha = 30°$, $|\overline{AB}| = 6{,}93\text{ cm}$, $|\overline{BC}| = 4\text{ cm}$ und Hypotenusenlänge $|\overline{CA}| = 8\text{ cm}$. Bestimme den fehlenden Innenwinkel γ.

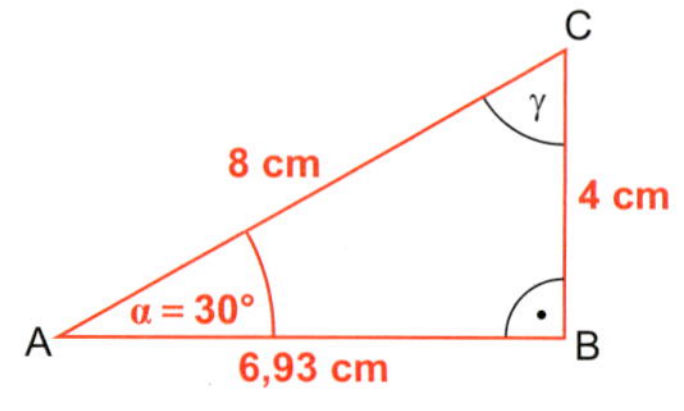

Lösung:

Der fehlende Innenwinkel γ lässt sich auf vier verschiedene Arten berechnen:

1. Winkelsumme im Dreieck

$\gamma = 180° - 90° - 30° = 60°$

2. Sinusbeziehung

$$\sin\gamma = \frac{\text{Länge der Gegenkathete von }\gamma}{\text{Länge der Hypotenuse}}$$

$$\sin\gamma = \frac{|\overline{AB}|}{|\overline{CA}|}$$

$$\sin\gamma = \frac{6{,}93\text{ cm}}{8\text{ cm}}$$

Verwende den Taschenrechnerwert des Bruchs.

$$\sin\gamma = 0{,}8662\ldots$$

$$\gamma = 60°$$

Der Taschenrechner liefert das Winkelmaß γ zum Sinuswert 0,8662… mit der Taste [SIN⁻¹]:
$\gamma =$ [SIN⁻¹] 0,8662… ≈ 60°

3. Kosinusbeziehung

$$\cos\gamma = \frac{\text{Länge der Ankathete von }\gamma}{\text{Länge der Hypotenuse}}$$

$$\cos\gamma = \frac{|\overline{BC}|}{|\overline{CA}|}$$

$\cos\gamma = \frac{4\text{ cm}}{8\text{ cm}}$

$\cos\gamma = 0{,}5$

$\gamma = 60°$

Der Taschenrechner liefert: $\gamma =$ [COS⁻¹] $0{,}5 = 60°$

4. Tangensbeziehung

$\tan\gamma = \frac{\text{Länge der Gegenkathete von } \gamma}{\text{Länge der Ankathete von } \gamma}$

$\tan\gamma = \frac{|\overline{AB}|}{|\overline{BC}|}$

$\tan\gamma = \frac{6{,}93\text{ cm}}{4\text{ cm}}$

$\tan\gamma = 1{,}7325$

$\gamma = 60°$

Der Taschenrechner liefert: $\gamma =$ [TAN⁻¹] $1{,}7325 \approx 60°$

Merke

Sind von einem Dreieck **eine Seitenlänge** und **zwei weitere Bestimmungsstücke** bekannt (Winkelmaße oder Seitenlängen), so ist das Dreieck vollständig berechenbar.

Beispiel

Im rechtwinkligen Dreieck ABC ist $\overline{BC}$ die Hypotenuse. Es gilt: $|\overline{BC}| = 5$ cm, $|\overline{AB}| = 3$ cm. Berechne alle Winkelmaße und die fehlende Seitenlänge.

Lösung:

Planfigur:

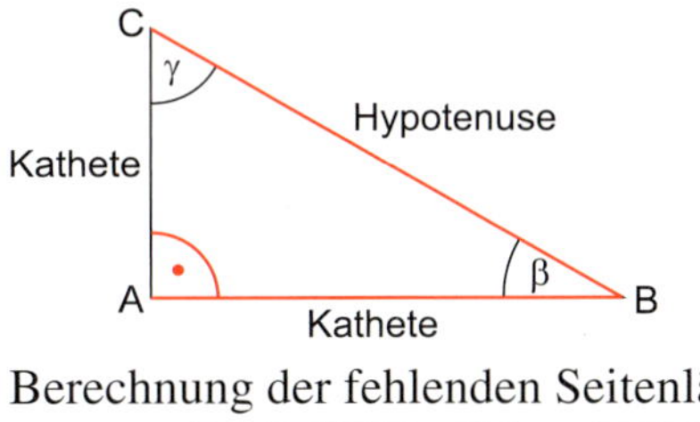

Es sind eine Seite und zwei weitere Bestimmungsstücke bekannt (zwei Seiten und ein 90°-Winkel). Das Dreieck ist also vollständig berechenbar.

Berechnung der fehlenden Seitenlänge mit dem Satz des Pythagoras:

$|\overline{CA}| = \sqrt{|\overline{BC}|^2 - |\overline{AB}|^2} = \sqrt{5^2 - 3^2}\text{ cm} = 4\text{ cm}$

Berechnung des fehlenden Winkelmaßes γ über die Tangensfunktion:

Alle drei Beziehungen (sin, cos, tan) sind möglich, da alle drei Seiten bekannt sind!

$\tan\gamma = \frac{|\overline{AB}|}{|\overline{CA}|}$

$\tan\gamma = \frac{3\text{ cm}}{4\text{ cm}}$

$\tan\gamma = 0{,}75$

$\gamma = 36{,}87°$

Der Taschenrechner liefert: $\gamma =$ [TAN⁻¹] $0{,}75 \approx 36{,}87°$

β berechnet man am schnellsten mit der Winkelsumme:

$\beta = 180° - 90° - 36{,}87° = 53{,}13°$

Übung: Berechne die Winkelmaße im Dreieck mit den Beziehungen sin φ und cos φ.

Aufgaben

Tipp

Suche bei der Lösung der folgenden Aufgaben rechtwinklige Dreiecke, von denen man zusätzlich zum rechten Winkel noch zwei weitere Bestimmungsstücke kennt (davon mindestens eine Seitenlänge!).

96 Im nebenstehenden Rechteck ABCD mit $|\overline{AB}| = 6$ cm und $|\overline{BC}| = 4$ cm sind folgende Streckenlängen und Winkelmaße gesucht: $|\overline{BD}|$, $|\overline{ED}|$, $|\overline{AE}|$, α, β, φ

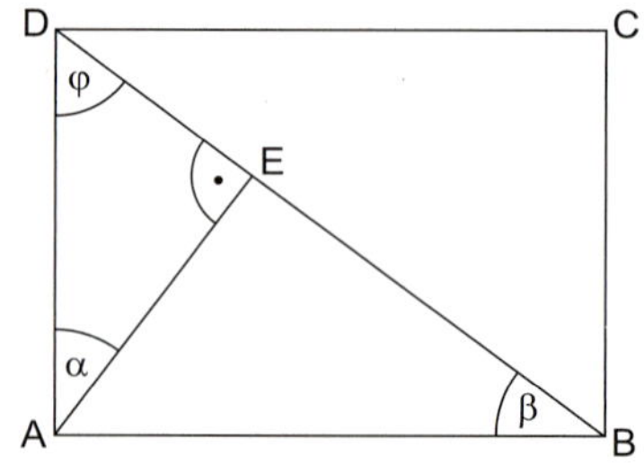

97 Im rechtwinkligen Dreieck ABC ist $|\overline{AB}| = 6$ cm, $\sphericalangle BAC = 42°$ und $\overline{CA}$ die Hypotenuse. Berechne die Länge der beiden anderen Dreiecksseiten, die Höhe h_b und die Winkelmaße β_1 und β_2, in die die Höhe h_b den 90°-Winkel bei B teilt. Erstelle eine Planfigur.

98 Das nebenstehende Dreieck ABC ist gleichschenklig.

a) Berechne die Maße der Basiswinkel und die Länge der Höhe h.

b) Berechne den Radius r des Inkreises.

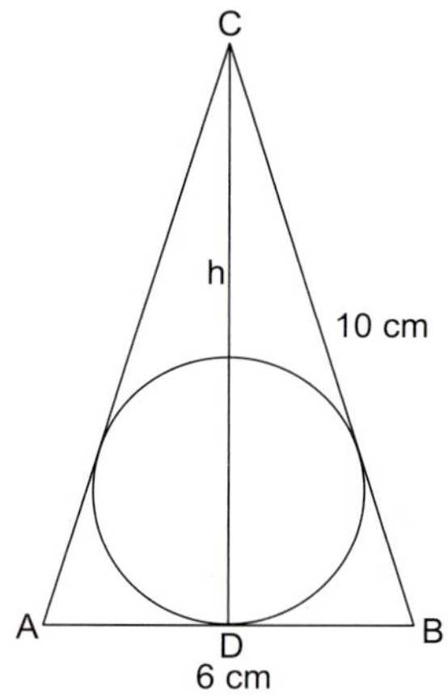

99 Die nebenstehende Raute ABCD hat eine Seitenlänge von 6 cm. Das Maß δ des Winkels ADC beträgt 75°. Berechne die Länge der Diagonalen, die Maße der Innenwinkel, das Maß des Winkels ε und den Inkreisradius.

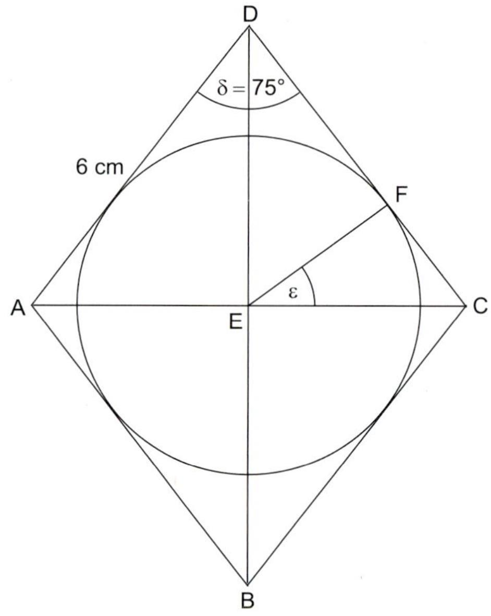

Interaktive Aufgaben

- 11. Seite bestimmen
- 12. Seite und Winkel bestimmen
- 13. Gebäudehöhe bestimmen
- 14. Hängebrücke
- 15. Umfang bestimmen
- 16. Seite bestimmen
- 17. Winkel bestimmen

2.7 Berechnungen am Kreis

Flächeninhalt und Umfang eines Kreises

Merke

- Für jeden Kreis hat das Verhältnis aus Umfang u und Durchmesser d den gleichen Wert. Dieser wird mit der **Kreiszahl π** bezeichnet.
  $\frac{u}{d} = \pi$
- Die Kreiszahl π ist eine **irrationale Zahl** (lässt sich nicht als Bruch darstellen) und besitzt unendlich viele Nachkommastellen, weshalb sie oft gerundet angegeben wird: $\pi = 3{,}141592653\ldots \approx 3{,}14$
- Mithilfe der Kreiszahl π berechnet man den Umfang u (= Länge der Kreislinie) und den Flächeninhalt A:
  Kreisumfang: $u = d \cdot \pi = 2 \cdot r \cdot \pi$
  Kreisfläche: $A = r^2 \cdot \pi$
  Bei Berechnungen wird in der Regel gerundet.

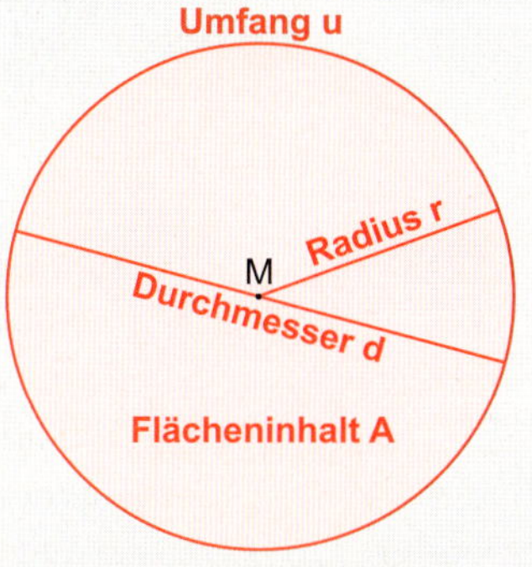

Beispiel

Ein Kreis hat einen Durchmesser von 5 cm. Berechne Umfang und Flächeninhalt.

Lösung:

Berechnung des Umfangs:
$u = d \cdot \pi = 5\text{ cm} \cdot \pi = 15{,}71\text{ cm}$ gerundet

Berechnung des Flächeninhalts:
$A = r^2 \cdot \pi = (2{,}5\text{ cm})^2 \cdot \pi = 19{,}63\text{ cm}^2$ gerundet

Aufgaben

100 Ein Kreis hat den Flächeninhalt 20 cm². Berechne den Durchmesser und den Umfang des Kreises.

101 Der Erdradius beträgt ca. 6 370 km. Berechne, welche Strecke man zurückgelegt hat, wenn man die Erde einmal entlang des Äquators umrundet.

102 Eine Schnur ist 10 m lang. Bestimme den Radius des Kreises, den man mit ihr umspannen kann.

Interaktive Aufgaben

1. Winkelmaß bestimmen
2. Torwand
3. Kamerawagen

Kreisteile – Kreissektor und Kreisbogen

Die beiden Schenkel des Mittelpunktswinkels AMB mit dem Maß φ schneiden aus der Kreisfläche einen **Kreissektor AMB** und aus der Kreislinie einen **Kreisbogen $\overset{\frown}{AB}$** aus.
Ein Kreisbogen wird immer gegen den Uhrzeigersinn orientiert bezeichnet (von A aus gegen den Uhrzeigersinn nach B). Der Mittelpunktswinkel BMA des Bogens $\overset{\frown}{BA}$ hat somit das Maß $360° - \varphi$.

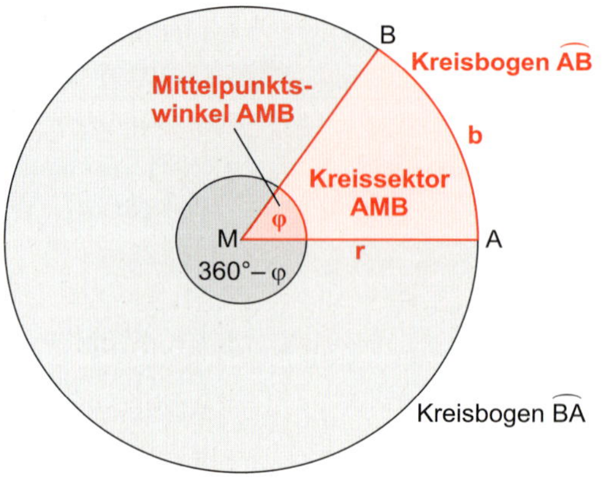

Die **Bogenlänge b** des Kreisbogens $\overset{\frown}{AB}$ ist abhängig vom Maß des Mittelpunktswinkels φ.
Es besteht folgende direkte Proportionalität:

$\frac{b}{u} = \frac{\varphi}{360°}$ und damit $b = \frac{\varphi}{360°} \cdot u$

Mit $u = 2 \cdot r \cdot \pi$ gilt dann:

Merke

Bogenlänge b eines Kreisbogens:
$b = \frac{\varphi}{360°} \cdot 2 \cdot r \cdot \pi$ oder gekürzt: $b = \frac{\varphi}{180°} \cdot r \cdot \pi$

Der Flächeninhalt des Kreissektors AMB ist ebenso abhängig vom Maß des Mittelpunktswinkels φ. Es besteht folgende direkte Proportionalität:

$\frac{A_{Sektor}}{A_{Kreis}} = \frac{\varphi}{360°}$ und damit $A_{Sektor} = \frac{\varphi}{360°} \cdot A_{Kreis}$

Mit $A_{Kreis} = r^2 \cdot \pi$ gilt dann:

Merke

Fläche eines Kreissektors:
$A_{Sektor} = \frac{\varphi}{360°} \cdot r^2 \cdot \pi$

Es besteht ein Zusammenhang zwischen der Bogenlänge des Kreisbogens und dem Flächeninhalt des Kreissektors: Betrachtet man die Formel für den Flächeninhalt des Kreissektors genauer, so findet sich darin die Formel für die Bogenlänge.

$$A_{Sektor} = \frac{\varphi}{360°} \cdot r^2 \cdot \pi = \frac{\varphi}{2 \cdot 180°} \cdot r \cdot r \cdot \pi = \frac{1}{2} \cdot \boldsymbol{\frac{\varphi}{180°} \cdot r \cdot \pi} \cdot r = \frac{1}{2} \cdot \mathbf{b} \cdot r$$

Merke

Zusammenhang zwischen Flächeninhalt des Sektors und Bogenlänge des Kreisbogens:
$A_{Sektor} = \frac{1}{2} \cdot b \cdot r$

Beispiel

Berechne die Bogenlängen der Kreisbögen $\overset{\frown}{AB}$ und $\overset{\frown}{BA}$ und den Flächeninhalt des abgebildeten Kreissektors mit Radius r = 2,5 cm.

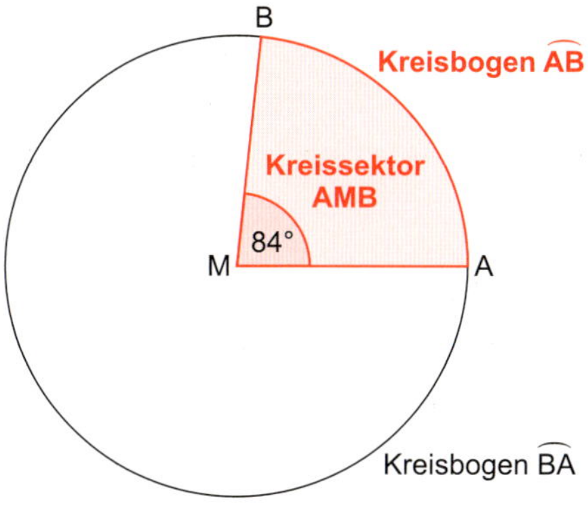

Lösung:

Bogenlänge b des Bogens $\overset{\frown}{AB}$:

$$b = \frac{\varphi}{180°} \cdot r \cdot \pi$$

$$b = \frac{84°}{180°} \cdot 2{,}5\text{ cm} \cdot \pi$$

$$b = 3{,}67\text{ cm}$$

Die Bogenlänge b' des Bogens $\overset{\frown}{BA}$ lässt sich auf zwei verschiedene Arten berechnen:

$$b' = \frac{276°}{180°} \cdot 2{,}5\text{ cm} \cdot \pi$$

Mittelpunktswinkel des Bogens $\overset{\frown}{BA}$: $360° - 84° = 276°$

$$b' = 12{,}04\text{ cm}$$

oder:

Berechnung des Umfangs:

$u = 2 \cdot r \cdot \pi$

$u = 2 \cdot 2{,}5\text{ cm} \cdot \pi$

$u = 15{,}71\text{ cm}$

Bogenlänge b' des Bogens $\overset{\frown}{BA}$:

$b' = u - b$ — Umfang des Kreises – Bogenlänge des Bogens $\overset{\frown}{AB}$

$b' = 15{,}71\text{ cm} - 3{,}67\text{ cm}$

$b' = 12{,}04\text{ cm}$

Berechnung des Flächeninhalts:

$$A = \frac{\varphi}{360°} \cdot r^2 \cdot \pi$$

$$A = \frac{84°}{360°} \cdot (2{,}5\text{ cm})^2 \cdot \pi$$

$$A = 4{,}58\text{ cm}^2$$

Aufgaben

103 Die Bogenlänge eines Halbkreises beträgt 100 cm.
Berechne den Radius, den Flächeninhalt und den Umfang des Halbkreises.

104 Die Fläche eines Kreissektors beträgt 50 cm².
Berechne, wie groß Radius und Mittelpunktswinkel des Kreissektors sind, wenn die zugehörige Bogenlänge 10 cm beträgt. Berechne auch den Umfang des Sektors.

Tipp Verwende die Formel $A_{Sektor} = \frac{1}{2} \cdot b \cdot r$ und berechne daraus den Radius r.

Interaktive Aufgaben

- 4. Kreisbogenlänge
- 5. Radius berechnen
- 6. Fläche berechnen
- 7. Fläche berechnen
- 8. Fläche berechnen

Das Kreissegment

Ein **Kreissegment** entsteht durch eine Kreissehne, die das Kreissegment aus der Kreisfläche ausschneidet. Die Berechnung des Flächeninhalts erfolgt mithilfe des Dreiecks MAB und des Kreissektors AMB.

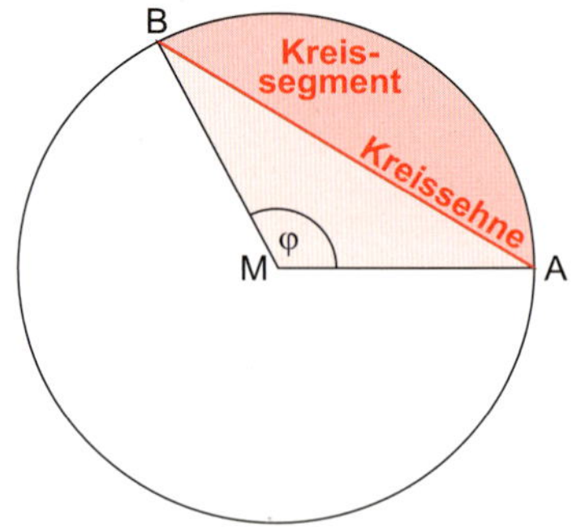

Merke

Fläche eines Kreissegments: $A_{Segment} = A_{Sektor} - A_{Dreieck}$

Beispiel

In den nebenstehenden gotischen Torbogen soll ein Holztor eingepasst werden. Das eingezeichnete Hilfsdreieck ist gleichseitig.
Berechne die Fläche des Tores.

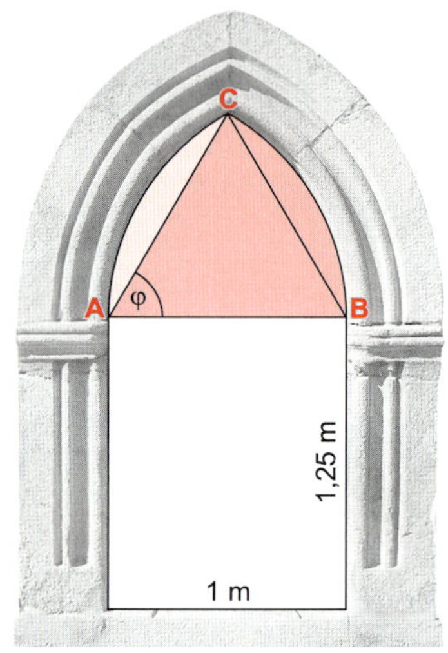

Lösung:
Der obere Teil des Tores setzt sich aus einem Kreissektor und einem Kreissegment zusammen (oder auch: einem Dreieck und zwei Segmenten).
Der untere Teil ist ein Rechteck von 1 m Breite und 1,25 m Höhe.

Berechnung des Kreissektors BAC:

$$A_{Sektor} = \frac{\varphi}{360°} \cdot r^2 \cdot \pi$$

Radius r = 1 m
Mittelpunktswinkel $\varphi = 60°$
(gleichseitiges Dreieck!)

$$A_{Sektor} = \frac{60°}{360°} \cdot (1\text{ m})^2 \cdot \pi$$

$$A_{Sektor} = \frac{1}{6}\pi\text{ m}^2 = 0{,}52\text{ m}^2$$

Berechnung des Kreissegments:

$$A_{Segment} = A_{Sektor} - A_{Dreieck}$$

$$A_{Segment} = A_{Sektor} - \frac{(1\text{ m})^2}{4}\sqrt{3}$$

Siehe Kapitel 2.6 – Folgerungen aus dem Satz des Pythagoras:
Höhe im gleichseitigen Dreieck: $h = \frac{a}{2}\sqrt{3}$; Fläche: $A = \frac{a^2}{4}\sqrt{3}$

$$A_{Segment} = 0{,}52\text{ m}^2 - 0{,}43\text{ m}^2 = 0{,}09\text{ m}^2$$

Berechnung der Torfläche:

$$A_{Tor} = A_{Rechteck} + A_{Sektor} + A_{Segment}$$

$$A_{Tor} = 1{,}25\text{ m}^2 + 0{,}52\text{ m}^2 + 0{,}09\text{ m}^2 = 1{,}86\text{ m}^2$$

Aufgabe 105

Die Seitenlänge des Quadrats ABCD beträgt 4 cm.
F und E sind Seitenmittelpunkte. Die Mittelpunkte der Kreisbögen $\overset{\frown}{FG}$, $\overset{\frown}{HE}$ und $\overset{\frown}{BD}$ sind die Punkte D, B bzw. A.
Berechne den Flächeninhalt und den Umfang der schraffierten Fläche (Pilz mit Linienzug FEHBDGF).

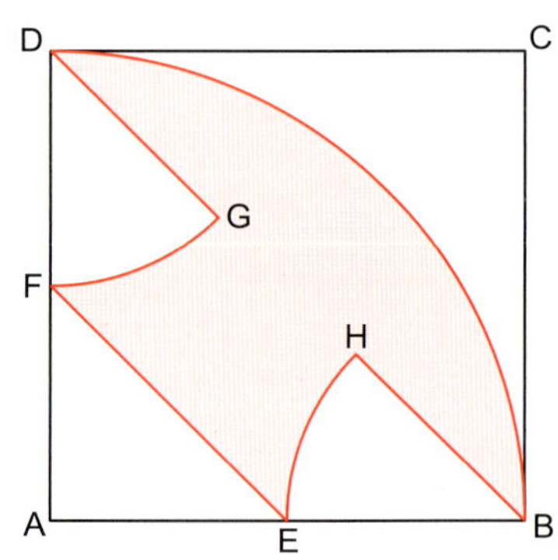

Interaktive Aufgabe

9. Kreissegment

2.8 Grundbegriffe der Statistik

Spannweite, Modalwert, arithmetisches Mittel, Zentralwert

Merke

Spannweite:	**Differenz** aus **Maximum** (größter Wert) und **Minimum** (kleinster Wert) der Datenreihe
Modalwert:	Wert, der in der Datenreihe am **häufigsten** vorkommt
Arithmetisches Mittel:	Wird berechnet, indem man die **Einzelwerte addiert** und das Ergebnis durch die **Anzahl der Einzelwerte dividiert**
Zentralwert (Median):	Bei **ungerader Anzahl** von Werten: Wert, der in der **Mitte** steht, wenn die Daten der **Größe nach geordnet** werden Bei **gerader Anzahl** von Werten: **Arithmetisches Mittel** der beiden Werte, die in der **Mitte** stehen, wenn die Daten der **Größe nach geordnet** werden

Beispiel

In einer Umfrage soll ermittelt werden, wie lange Jugendliche täglich ihr Smartphone nutzen. Dazu wurden 12 Jugendliche befragt. Die Antworten wurden dabei auf ganze Stunden gerundet.

Datenreihe:

5 4 1 **2** **0** **2** 3 **2** 5 **6** 4 **2**

Minimum: **Min = 0** — 0 ist der kleinste Wert.

Maximum: **Max = 6** — 6 ist der größte Wert.

Spannweite: $\mathbf{R} = \text{Max} - \text{Min} = 6 - 0 = \mathbf{6}$ — Die Differenz liefert die Spannweite.

Modalwert: **m = 2** — 2 kommt am häufigsten vor (4 Mal).

Arithmetische Mittel:

$$\bar{x} = \frac{5+4+1+2+0+2+3+2+5+6+4+2}{12}$$

$$= \frac{36}{12} = \mathbf{3}$$ gerundet

Geordnete Datenreihe:

0 1 2 2 2 **2** **3** 4 4 5 5 6

Zentralwert: $z = \frac{2+3}{2} = \mathbf{2{,}5}$ — 2 und 3 stehen in der Mitte der geordneten Datenreihe.

Man kann diese Ergebnisse aber nicht auf das Verhalten aller Jugendlichen verallgemeinern, da zu wenige befragt wurden. Man sagt: Die Stichprobe war **nicht repräsentativ**.

Merke

Eine **repräsentative Stichprobe** soll folgende Merkmale erfüllen:

1. Eine Stichprobe muss die Zusammensetzung der **Gesamtheit widerspiegeln**.
2. Die Stichprobe muss **zufällig** ausgewählt sein.
3. Der Stichprobenumfang darf **nicht zu klein** sein.

Aufgaben

106

Es wurden 7 Kinder im Alter von 3 Jahren gewogen. Die Ergebnisse waren:
13 kg 16 kg 9 kg 13 kg 12 kg 11 kg 10 kg

a) Gib Maximum, Minimum, Spannweite, Modalwert, Zentralwert (Median) sowie das arithmetische Mittel an.
b) Lassen sich diese Erkenntnisse auf alle Kinder im Alter von 3 Jahren übertragen? Entscheide begründet.

107

a) Das arithmetische Mittel einer Datenreihe aus 10 Werten beträgt 5,5. Gib ein Beispiel einer solchen Reihe an.
b) Der Modalwert einer Datenreihe aus 10 Werten ist 5. Gib ein Beispiel einer solchen Reihe an.
c) Die Spannweite einer Datenreihe aus 7 Werten ist 63. Gib ein Beispiel einer solchen Reihe an.
d) Der Zentralwert einer Datenreihe aus 9 aufeinanderfolgenden natürlichen Zahlen ist 25. Gib ein Beispiel einer solchen Reihe an.

108

Ein in Deutschland geborener Mann wird heute im Durchschnitt 78,6 Jahre alt. Die deutschen Männer liegen im Ranking der durchschnittlichen Lebenserwartung auf Platz 28. In den folgenden Tabellen sind jeweils 9 Länder mit hoher bzw. niedriger Lebenserwartung aufgeführt.

Tabelle A

Land	Lebenserwartung Männer
Hongkong	82,2 Jahre
Schweiz	81,9 Jahre
Japan	81,4 Jahre
Singapur	81,4 Jahre
Macau	81,3 Jahre
Schweden	81,3 Jahre
Norwegen	81,2 Jahre
Italien	81,1 Jahre
Island	81,0 Jahre

Tabelle B

Land	Lebenserwartung Männer
Kongo (Dem. Rep.)	59,1 Jahre
Mali	58,5 Jahre
Angola	58,4 Jahre
Kamerun	58,0 Jahre
Äquatorialguinea	57,7 Jahre
Elfenbeinküste	56,6 Jahre
Somalia	55,7 Jahre
Nigeria	53,8 Jahre
Tschad	52,8 Jahre

nach: Lebenserwartung für Männer und Frauen, www.laenderdaten.info/lebenserwartung.php

Bestimme zu jeder Tabelle das arithmetische Mittel. Ermittle anschließend die Spannweite der aufgeführten 18 Länder.

109

Ein 100-m-Läufer trainiert und läuft dreimal die 100 m. Dabei erreicht er folgende Zeiten: in Sekunden:

Lauf	1. Lauf	2. Lauf	3. Lauf	4. Lauf
Zeit in s	10,35	10,16	9,84	x

Ermittle, welche Zeit er im 4. Lauf erreichen muss, damit seine Durchschnittszeit 10 s beträgt.

Interaktive Aufgabe

1. Schulmeisterschaft
2. Konzert
3. Eintrittspreise

Kombinatorik – Anzahl der Möglichkeiten

Merke

Um die Gesamtzahl der möglichen **Kombinationen** von voneinander **unabhängigen Wahlmöglichkeiten** zu ermitteln, werden die **Anzahlen** der einzelnen Wahlmöglichkeiten miteinander **multipliziert**.

Beispiele

1. Auf einem Zahlenschloss gibt es 4 Zahlräder mit den Ziffern 0 bis 9. Bestimme, wie viele Kombinationsmöglichkeiten es gibt.

   Lösung:
   Es gibt $10 \cdot 10 \cdot 10 \cdot 10 = \mathbf{10^4} = 10\,000$ Kombinationsmöglichkeiten.

   Jedes der **4 Zahlräder** hat die **10 Ziffern** 0, 1, 2, 3, 4, 5, 6, 7, 8 und 9.

2. Bei einfachen Kennwörtern kann man pro Stelle aus 26 Großbuchstaben, 26 Kleinbuchstaben, 10 Ziffern und 10 Sonderzeichen (z. B. „!“, „§“, „$“, …) auswählen. Es gibt somit **72 Möglichkeiten pro Stelle**. Ermittle, wie viele Kombinationsmöglichkeiten sich für ein **4-stelliges Kennwort** ergeben.

   Lösung:
   Es gibt $72 \cdot 72 \cdot 72 \cdot 72 = \mathbf{72^4} = 26\,873\,856$ Kombinationsmöglichkeiten.

Aufgaben

110 Ein Tresor hat 3 Stellräder mit jeweils 100 Stellen. Ist er schwerer zu knacken als ein Tresor mit 4 Stellrädern mit je 50 Stellen? Entscheide begründet.

111 Beim Pausenverkauf gibt es 4 verschiedene Semmeln (Mohnsemmel, Sesamsemmel, Vollkornsemmel und Roggensemmel). Jede Semmel kann entweder mit Schinken, Salami oder Käse belegt werden. Zusätzlich kann man als Beilage entweder Gurke, Tomate, Paprika, Salat oder Ei wählen. Bestimme, wie viele verschiedene Zubereitungsmöglichkeiten es gibt, wenn jede Semmel genau einen Belag und genau eine Beilage enthalten muss.

112 Sabine hat in ihrem Kleiderschrank 4 Hosen, 10 T-Shirts und 8 Paar Socken. Reicht das aus, um niemals im Jahr die gleiche Kombination aus Hose, T-Shirt und Sockenpaar anzuziehen? Entscheide begründet.

Interaktive Aufgabe

4. FC Grün-Weiß

5. Menü

Vertauschungen – Permutationen

Beispiel

Kathi will ihre 3 Lieblingsbücher in ein Regal stellen. In wie vielen verschiedenen Reihenfolgen kann sie diese 3 Bücher im Regal anordnen?

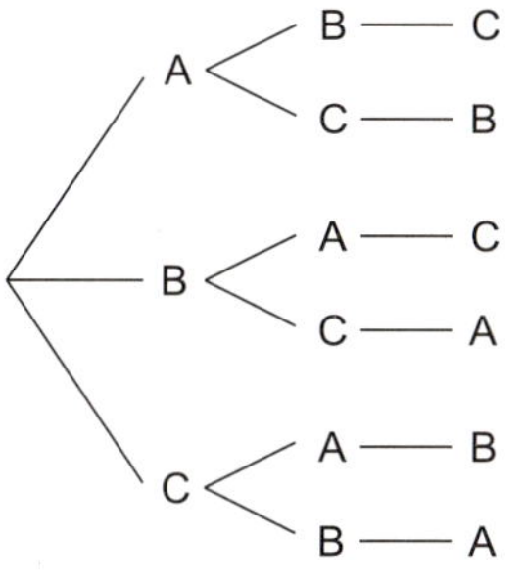

Kürze die Titel der Bücher durch die Buchstaben A, B und C ab. Es gibt also Buch A, Buch B und Buch C.

Die verschiedenen Anordnungen der Bücher kannst du übersichtlich in einem Baumdiagramm anordnen.

Die Gesamtzahl der möglichen Anordnungen (Permutationen) entspricht der Anzahl aller Baum-Enden (hier also 6). Diese gesuchte Gesamtzahl ist das Produkt aus den Anzahlen der Möglichkeiten auf jeder Stufe.

1. Stufe: Wahl aus **3** Büchern
2. Stufe: Noch **2** Möglichkeiten
3. Stufe: Nur noch **1** Möglichkeit (das letzte Buch)

Bei 3 Büchern sind dann $\mathbf{3 \cdot 2 \cdot 1 = 6}$ verschiedene Anordnungen (**Permutationen**) möglich.

Für das Produkt $\mathbf{3 \cdot 2 \cdot 1}$ gibt es eine Kurzschreibweise: **3!** (gesprochen: „**3 Fakultät**“). Allgemein schreibt man $\mathbf{n! = n \cdot (n-1) \cdot \ldots \cdot 2 \cdot 1}$ (gesprochen: „**n Fakultät**“).

Merke

> Für **n Positionen** gibt es **n! Möglichkeiten der Anordnung**.

Beispiel

Für 2 Positionen gibt es $2! = 2 \cdot 1 = 2$ mögliche Anordnungen.
Für 3 Positionen gibt es $3! = 3 \cdot 2 \cdot 1 = 6$ mögliche Anordnungen.
Für 4 Positionen $4! = 4 \cdot 3 \cdot 2 \cdot 1 = 24$ mögliche Anordnungen.
Für 5 Positionen $5! = 5 \cdot 4 \cdot 3 \cdot 2 \cdot 1 = 120$ mögliche Anordnungen.

Aufgaben

113 Kurz vor Spielbeginn: Die 11 Spieler einer Fußballmannschaft stellen sich in einer Reihe für die Nationalhymne auf. Ermittle, wie viele theoretische Möglichkeiten sich für die Reihenfolge der Spieler ergeben.

114 Buchstabensalat: Auf dem Tisch befinden sich 5 Karten mit den Buchstaben M, A, T, H und E. Ziehe 5 Mal nacheinander blind eine Karte, ohne sie zurückzulegen.

a) Ermittle, wie viele mögliche Buchstabenfolgen es gibt.
b) Ermittle, wie viele mögliche Kombinationen es gibt, wenn man die Karte nach jedem Zug wieder zurücklegt, sodass sie erneut gezogen werden kann.

115 In einer Firma arbeiten 8 Personen. Jeden Tag stellen sie ihre 8 Autos auf dem Parkplatz nebeneinander in einer Reihe ab. Bestimme die Anzahl der möglichen Park-Reihenfolgen.

Interaktive Aufgabe

6. MP3-Player

Absolute und relative Häufigkeit

20 fußballbegeisterte Schülerinnen einer 8. Klasse wurden nach ihrem Lieblingsverein gefragt. Das Ergebnis lautete:

Verein	Stimmen
RB Leipzig	4
VfL Wolfsburg	1
FC Bayern München	6

Verein	Stimmen
Borussia Dortmund	4
FC Augsburg	3
VfB Stuttgart	2

Die Stimmanzahlen bezeichnet man auch als die absoluten Häufigkeiten, mit der für die jeweiligen Vereine gestimmt wurde.

Merke

Die **absolute Häufigkeit** eines Merkmals ist die **tatsächlich vorkommende Anzahl** des Merkmals.

Die **relative Häufigkeit** des Merkmals ist der **Anteil der absoluten Häufigkeit an der Gesamtgröße** der Stichprobe. Sie wird meist in Prozent angegeben.

Berechnung: $\text{relative Häufigkeit} = \dfrac{\text{absolute Häufigkeit}}{\text{Gesamtzahl}}$

Beispiel

Bestimme die relativen Häufigkeiten, mit denen die Vereine jeweils genannt wurden.

Lösung:

Es wurden insgesamt 20 Stimmen abgegeben.

$\text{Relative Häufigkeit} = \dfrac{\text{absolute Häufigkeit}}{\text{Gesamtzahl}}$

RB Leipzig:	$\frac{4}{20} = \frac{1}{5} = 0{,}2$	Relative Häufigkeit in Prozent: 20 %
VfL Wolfsburg:	$\frac{1}{20} = 0{,}05$	Relative Häufigkeit in Prozent: 5 %
FC Bayern München:	$\frac{6}{20} = \frac{3}{10} = 0{,}3$	Relative Häufigkeit in Prozent: 30 %
Borussia Dortmund:	$\frac{4}{20} = \frac{1}{5} = 0{,}2$	Relative Häufigkeit in Prozent: 20 %
FC Augsburg:	$\frac{3}{20} = 0{,}15$	Relative Häufigkeit in Prozent: 15 %
VfB Stuttgart:	$\frac{2}{20} = \frac{1}{10} = 0{,}1$	Relative Häufigkeit in Prozent: 10 %

Aufgabe 116

In der letzten Englisch-Schulaufgabe wurden folgende Noten erzielt:

Note 1:	2 Mal	Note 2:	6 Mal
Note 3:	6 Mal	Note 4:	7 Mal
Note 5:	3 Mal	Note 6:	1 Mal

Ermittle die relativen Häufigkeiten der einzelnen Noten.

Interaktive Aufgabe

- 7. Neue Eissorte
- 8. Dorffest
- 9. Schulfest

2.9 Zufallsexperimente

Ein **Zufallsexperiment** ist ein Experiment mit den folgenden Eigenschaften:

- Es ist **unter gleichen Bedingungen** beliebig oft **wiederholbar**.
- Es wird **genau ein Ergebnis** von mehreren möglichen Ergebnissen eintreten.
- Welches **Ergebnis** eintreten wird, lässt sich **nicht voraussagen**.

Absolute und relative Häufigkeit bei Zufallsexperimenten

Beim mehrfachen Wiederholen eines Zufallsexperiments kann man für jedes mögliche Ergebnis die Häufigkeit des Eintretens zählen.

Merke

Als **absolute Häufigkeit** eines Ergebnisses bezeichnet man die Häufigkeit, mit der das Ergebnis **tatsächlich eingetreten** ist.

Als **relative Häufigkeit** des Ergebnisses bezeichnet man den **Anteil der absoluten Häufigkeit an der Gesamtzahl** der Wiederholungen des Zufallsexperiments. Sie wird meist in Prozent angegeben.

Berechnung: $\text{relative Häufigkeit} = \frac{\text{absolute Häufigkeit}}{\text{Gesamtzahl}}$

Beispiel

Ein Reißnagel wird 150 Mal geworfen. Dabei wurde gezählt, wie oft der Reißnagel in Schräglage oder mit dem Nagel nach oben liegen blieb:

Nagel nach oben	Schräglage
66 Mal	84 Mal

Achtung: Das Werfen des Reißnagels ist ein einstufiges Zufallsexperiment, denn es wird immer nur einmal geworfen, bis das Ergebnis feststeht.

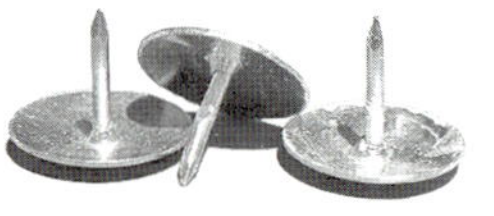

Absolute Häufigkeit des Ergebnisses „Nagel nach oben“: 66

Absolute Häufigkeit des Ergebnisses „Schräglage“: 84

Relative Häufigkeit des Ergebnisses „Nagel nach oben“: $\frac{66}{150} = 44\ \%$

Relative Häufigkeit des Ergebnisses „Schräglage“: $\frac{84}{150} = 56\ \%$

Aufgabe 117

In einer Lostrommel sind Kugeln mit den Zahlen 1 bis 10. Nach jedem Zug wird die Kugel wieder zurück in die Trommel gelegt. In einem Experiment wurden Kugeln gezogen und notiert, wie oft welche Zahl gezogen wurde.

Kugel	1	2	3	4	5	6	7	8	9	10
Anzahl	3	5	1	0	2	1	1	3	3	1

Ermittle jeweils die relative Häufigkeit, mit der die Zahl 2, 4 bzw. 6 gezogen wurde.

Interaktive Aufgabe

1. Würfeln

Ergebnis und Ergebnisraum

Bei jedem Zufallsexperiment lassen sich die möglichen Ergebnisse übersichtlich darstellen.

Beispiel

Eine Münze wird geworfen. Die beiden möglichen Ergebnisse sind „Kopf“ (kurz: K) oder „Zahl“ (kurz: Z).

Die Menge aller möglichen Ergebnisse ist $\Omega = \{K; Z\}$.

Merke

Die Menge aller möglichen Ergebnisse nennt man **Ergebnisraum Ω**.

Beispiele

1. Ein Glücksrad enthält 7 Felder, die mit Geldbeträgen beschriftet sind. Es wird einmal gedreht. Gib den Ergebnisraum an.

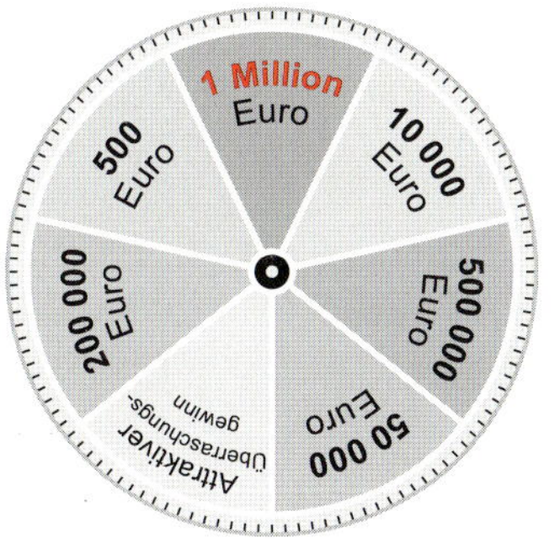

   Lösung:
   Ω = {1 Million €; 10 000 €; 500 000 €; 50 000 €; Überraschungsgewinn; 200 000 €; 500 €}

2. Du würfelst mit 2 Spielwürfeln mit den Augenzahlen 1 bis 6. Das Ergebnis ist jeweils das Produkt der beiden gewürfelten Zahlen. Gib den Ergebnisraum an.
   Lösung:
   Ω = {1; 2; 3; 4; 5; 6; 8; 10; 12; 9; 15; 18; 16; 20; 24; 25; 30; 36}

   Gehe systematisch vor: 1 · 1, 1 · 2, 1 · 3, 1 · 4, 1 · 5, 1 · 6, 2 · 1, 2 · 2, 2 · 3, …, 6 · 4, 6 · 5, 6 · 6
   Ordne dann die Ergebnisse der Größe nach.

3. In einer Urne sind 2 gelbe und 2 blaue Kugeln. Du ziehst nacheinander 3 davon heraus, ohne die Kugeln zurückzulegen. Gib an, welche Ergebnisse möglich sind.
   Lösung:

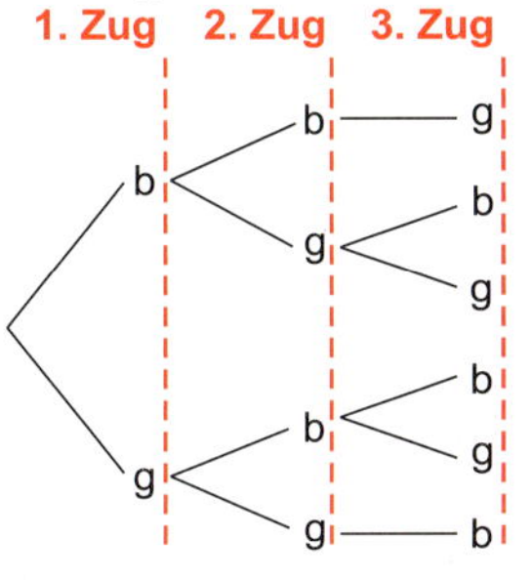

   Bei der Ermittlung der Ergebnisse hilft ein Baumdiagramm.
   Beim 3. Zug sind hier nur noch gelbe Kugeln in der Urne.
   Beim 3. Zug sind hier nur noch blaue Kugeln in der Urne.

   Der Ergebnisraum ist also Ω = {b-b-g; b-g-b; b-g-g; g-b-b; g-b-g; g-g-b}.

Aufgaben

118 Du würfelst mit 2 Spielwürfeln mit den Augenzahlen 1 bis 6. Das Ergebnis ist jeweils die Summe der beiden Augenzahlen. Gib den Ergebnisraum an.

119 In einer Urne sind 2 schwarze und 2 weiße Kugeln. Du ziehst nacheinander alle 4 Kugeln heraus. Ermittle mit einem Baumdiagramm den Ergebnisraum.

Interaktive Aufgabe

2. Zwei Würfel

Ereignis und Gegenereignis

Merke

Fasst man mehrere mögliche Ergebnisse zusammen, so spricht man von einem **Ereignis**.

Beispiel

Du würfelst einmal mit einem Spielwürfel mit den Augenzahlen 1 bis 6.
Ereignis E: „Du würfelst eine gerade Zahl."
Mengenschreibweise: E = {2; 4; 6}

Man fasst die Ergebnisse „2", „4" und "6" in einer Menge zusammen.

Merke

2 Ereignisse, die sich gegenseitig ausschließen und zusammen den gesamten Ergebnisraum ergeben, nennt man **Ereignis** und **Gegenereignis**. Die relativen Häufigkeiten von Ereignis und Gegenereignis ergeben addiert 100 %.

Beispiel

Du würfelst einmal mit einem Spielwürfel mit den Augenzahlen 1 bis 6.
Gib jeweils das Ereignis und das Gegenereignis in Mengenform an.

a) Du würfelst eine gerade Zahl.
b) Du würfelst eine Zahl größer als 4.
c) Du würfelst eine Primzahl.
d) Du würfelst keine 1.

Lösung:

	Ereignis E		Gegenereignis $\overline{E}$
a)	$E = \{2; 4; 6\}$		$\overline{E} = \{1; 3; 5\}$
b)	$E = \{5; 6\}$		$\overline{E} = \{1; 2; 3; 4\}$
c)	$E = \{2; 3; 5\}$	(1 ist keine Primzahl)	$\overline{E} = \{1; 4; 6\}$
d)	$E = \{2; 3; 4; 5; 6\}$		$\overline{E} = \{1\}$

Aufgaben

120 Aus einem Säckchen mit den Figuren eines Schachspiels wird blind eine Figur gezogen. Formuliere das Gegenereignis von „Man zieht keinen Turm." in Worten.

121 In einer Lostrommel sind genau 2 Lose: ein Gewinn (G) und eine Niete (N). Du ziehst zweimal hintereinander. Nach jedem Zug wirfst du das Los wieder in die Trommel zurück. Gib jeweils das Ereignis und das Gegenereignis in Mengenform an.

a) Du ziehst genau eine Niete.
b) Du ziehst 2 Nieten.
c) Du ziehst mindestens eine Niete.
d) Du ziehst keine Niete.

Vierfeldertafel

Absolute und relative Häufigkeiten lassen sich gut mit einer sogenannten **Vierfeldertafel** darstellen. So können auch **Ergebnisse von Zufallsexperimenten** übersichtlich beschrieben werden.

Beispiel

Man wirft einen Reißnagel zweimal hintereinander und notiert die Ergebnisse in einer Vierfeldertafel. Insgesamt macht man wieder 150 Durchgänge. Schreibt man „S" für „Schräglage" und „N" für „Nagel nach oben", dann können als Ergebnisse auftreten:

Achtung: Hier liegt ein zweistufiges Zufallsexperiment vor, denn es wird jeweils zweimal geworfen, bis das Ergebnis feststeht. Dieses zweistufige Zufallsexperiment wird 150 Mal wiederholt.

(S|S): „Reißnagel zweimal hintereinander in Schräglage"
(S|N): „Erst Reißnagel in Schräglage, dann Reißnagel mit Nagel nach oben"
(N|S): „Erst Reißnagel mit Nagel nach oben, dann Reißnagel in Schräglage"
(N|N): „Reißnagel zweimal hintereinander mit Nagel nach oben"

Mit der **Vierfeldertafel** werden die **absoluten Häufigkeiten** in Tabellenform dargestellt:

Wurf 1 \ Wurf 2	S	N	Gesamt
S	30	60	90
N	33	27	60
Gesamt	63	87	**150**

Aus der Tafel kann man den Verlauf des Experiments herauslesen (grau markiert):

Absolute Häufigkeit des Ergebnisses (S|S): 30

Absolute Häufigkeit des Ergebnisses (S|N): 60

Absolute Häufigkeit des Ergebnisses (N|S): 33

Absolute Häufigkeit des Ergebnisses (N|N): 27

Die **Summe** der ersten beiden Werte in der „Gesamt"-Zeile bzw. -Spalte ergibt jeweils die **Gesamtzahl der Durchgänge** (150).

Auch die **relativen Häufigkeiten** lassen sich in der **Vierfeldertafel** angeben:

Wurf 1 \ Wurf 2	S	N	Gesamt
S	$\frac{30}{150} = 20\ \%$	$\frac{60}{150} = 40\ \%$	$\frac{90}{150} = 60\ \%$
N	$\frac{33}{150} = 22\ \%$	$\frac{27}{150} = 18\ \%$	$\frac{60}{150} = 40\ \%$
Gesamt	$\frac{63}{150} = 42\ \%$	$\frac{87}{150} = 58\ \%$	**100 %**

Die **Summe** der ersten beiden Werte in der „Gesamt"-Zeile bzw. -Spalte beträgt jeweils **100 %**.

Aus einer **Vierfeldertafel** lassen sich wie im folgenden Beispiel auch **fehlende Häufigkeiten** erschließen.

Beispiel

2 Impfstoffe A und B werden bezüglich ihrer Wirksamkeit untersucht. Insgesamt wurde eine repräsentative Stichprobe von 20 000 Testpersonen entweder mit Impfstoff A oder mit Impfstoff B geimpft. Dabei ergaben sich folgende Ergebnisse:

	Wirkt	Wirkt nicht	Gesamt
Impfstoff A	6 200		8 000
Impfstoff B			
Gesamt		5 600	20 000

Vervollständige die Tabelle.

Lösung:

	Wirkt	Wirkt nicht	Gesamt
Impfstoff A	6 200	**1 800**	8 000
Impfstoff B	**8 200**	**3 800**	**12 000**
Gesamt	**14 400**	5 600	20 000

Die markierten Werte ermittelt man wie folgt:
Man entnimmt der **4. Spalte** der Tabelle, dass 8 000 von 20 000 Personen den Impfstoff A erhalten haben. Den Impfstoff B haben also erhalten:
20 000 – 8 000 = **12 000** Personen

Mit der **2. Zeile** erschließt man sich, wie oft Impfstoff A nicht wirksam war:
8 000 – 6 200 = **1 800**

In der **3. Spalte** ergibt sich damit, wie oft Impfstoff B nicht wirksam war:
5 600 – 1 800 = **3 800**

In der **4. Zeile** ergibt sich, wie oft die Impfstoffe insgesamt wirksam waren:
20 000 – 5 600 = **14 400**

Schließlich erhält man in der **2. Spalte**, wie oft Impfstoff B wirksam war:
14 400 – 6 200 = **8 200**

Aufgaben

122

a) Gib für das obige Beispiel mit den beiden Impfstoffen A und B in einer Vierfeldertafel die relativen Häufigkeiten bezogen auf die Gesamtzahl 20 000 an.
b) Bestimme die relative Häufigkeit, dass …
- die Impfung bei einer mit Impfstoff A geimpften Person wirksam war.
- die Impfung bei einer mit Impfstoff B geimpften Person wirksam war.

Vergleiche dann die Wirksamkeit der Impfstoffe.

123

Von 88 Befragten mögen 50 Schoko-Eis, 12 davon mögen auch Stracciatella-Eis. Insgesamt mögen 25 % aller Befragten Stracciatella-Eis.
Beantworte folgende Fragen mit einer Vierfeldertafel. Gib die relativen Häufigkeiten an.
a) Wie viel Prozent derer, die kein Schoko-Eis mögen, mögen Stracciatella-Eis?
b) Wie viel Prozent derer, die Schoko-Eis mögen, mögen Stracciatella-Eis?

124

Münzwurf: Im Baumdiagramm sind jeweils absolute Häufigkeiten angegeben.
Erstelle aus dem Baumdiagramm eine Vierfeldertafel mit den …
a) absoluten Häufigkeiten.
b) relativen Häufigkeiten.

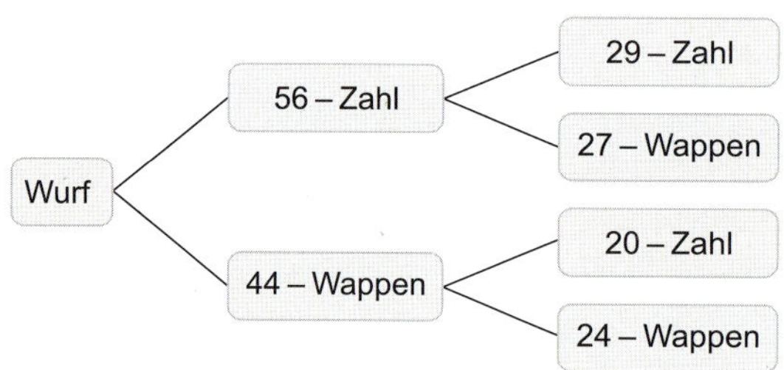

125

In der Klasse 5 A mit 30 Kindern spielen 15 Fußball, 60 % der Kinder sind Jungen und 6 Jungen spielen nicht Fußball. Wie viele in der Klasse 5 A sind keine Jungen und spielen nicht Fußball? Löse mit einer Vierfeldertafel.

126

Von 750 Befragten an einer Schule haben 600 ein eigenes Smartphone und 400 einen eigenen Computer. Dagegen besitzen 12 % der Befragten weder Smartphone noch Computer. Wie viele Befragte haben ein Smartphone und einen Computer? Löse mit einer Vierfeldertafel.

Interaktive Aufgabe

3. Vierfeldertafel

4. Vierfeldertafel

Laplace-Experimente und Wahrscheinlichkeiten bei einstufigen Zufallsexperimenten

Merke

Ein **Laplace-Experiment** ist ein Zufallsexperiment, bei dem **jedes Ergebnis gleich wahrscheinlich** ist.

Beispiel

Eine 1-Euro-Münze wird geworfen. Entweder liegt Zahl (Z) oder Wappen (W) oben.

Das einmalige Werfen einer Münze ist ein Zufallsexperiment mit Ergebnisraum: $\Omega = \{W; Z\}$

Man kennt den Versuchsausgang vorher nicht, kennt aber alle möglichen Ergebnisse des Versuchs, nämlich Wappen oder Zahl.

Die beiden Ergebnisse **W und Z** sind **gleich wahrscheinlich**.

Ein zentraler Begriff bei Laplace-Experimenten ist die Wahrscheinlichkeit von Ereignissen.

Merke

Die **Wahrscheinlichkeit P** eines Ereignisses E berechnet man, indem man die Anzahl der für E günstigen Ergebnisse durch die Anzahl der möglichen Ergebnisse teilt.

Berechnung: $\mathbf{P = \dfrac{Anzahl\ der\ günstigen\ Ergebnisse}{Anzahl\ der\ möglichen\ Ergebnisse}}$

Mit dieser Formel lassen sich Wahrscheinlichkeiten bei einstufigen Zufallsexperimenten leicht berechnen:

Beispiele

1. Beim Münzwurf beträgt die Wahrscheinlichkeit P für das Ergebnis W („Wappen"):
   $P = \frac{1}{2} = 50\ \%$
2. Beim einmaligen Werfen eines Würfels kann als Ergebnis eine der Zahlen 1, 2, 3, 4, 5 oder 6 auftreten. Der Ergebnisraum ist also $\Omega = \{1; 2; 3; 4; 5; 6\}$.
   Die Wahrscheinlichkeit P für „Man würfelt eine 6." beträgt dann:
   $P(„6“) = \frac{1}{6}$
   Nur die „6" ist ein günstiges Ergebnis, d. h.: 1 günstiges Ergebnis, 6 mögliche Ergebnisse
3. Beim einmaligen Ziehen aus einer Urne mit 5 schwarzen, 5 weißen und 5 blauen Kugeln beträgt die Wahrscheinlichkeit, dass entweder eine schwarze oder eine weiße Kugel gezogen wird:
   $P = \frac{10}{15} = \frac{2}{3} = 66{,}\overline{6}\ \%$
   Unter den 15 möglichen Ergebnissen sind 10 günstige Ergebnisse: die 5 schwarzen und die 5 weißen Kugeln.
4. In einer Urne sind 8 Kugeln. Davon sind 4 Kugeln gelb, 3 Kugeln rot und 1 Kugel schwarz. Die Wahrscheinlichkeit, eine bestimmte Farbe zu ziehen, berechnet man folgendermaßen:
   $P(„Gelb“) = \frac{4}{8} = 50\ \%$
   Günstige Ergebnisse: die 4 gelben Kugeln
   Mögliche Ergebnisse: alle 8 Kugeln im Topf
   Ebenso ergeben sich: $P(„Rot“) = \frac{3}{8} = 37{,}5\ \%$ und $P(„Schwarz“) = \frac{1}{8} = 12{,}5\ \%$

Aufgaben

127 Ein bekannter Hersteller verkauft Schokolinsen in Tüten. In einer Tüte befinden sich 10 braune, 24 grüne, 16 gelbe, 12 rote, 10 orange und 8 blaue Schokolinsen. Bestimme, mit welcher Wahrscheinlichkeit man eine gelbe Linse erwischt, wenn man diese Tüte öffnet und blind hineingreift.

128 Das abgebildete Glücksrad ist in 5 farbige Sektoren aufgeteilt. Alle Sektoren sind gleich groß. Das einmalige Drehen des Glücksrads ist ein Laplace-Experiment. Berechne, mit welcher Wahrscheinlichkeit die Farbe Rot kommt.

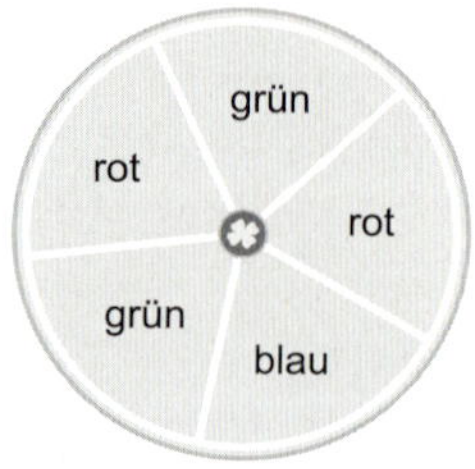

129 Für ein Glücksrad mit Sektoren in den 3 Farben Schwarz, Weiß und Rot soll gelten:
P(„Schwarz") = 30 % P(„Weiß") = 60 % P(„Rot") = 10 %
Berechne die Mittelpunktswinkel der Sektoren und zeichne das Glücksrad.

130 Schafkopf wird in Oberbayern mit 32 Karten gespielt. Die Karten lassen sich in die „Farben" Eichel, Grün, Herz und Schellen einteilen, von denen es jeweils 8 unterschiedliche Karten gibt: 7er, 8er, 9er, 10er, Unter, Ober, König, Ass.

a) Bestimme, mit welcher Wahrscheinlichkeit man beim Abheben eine Karte in der Farbe Eichel erwischt.
b) Bestimme, mit welcher Wahrscheinlichkeit man beim Abheben einen Ober erwischt.
c) Bestimme, mit welcher Wahrscheinlichkeit man genau den Eichel-Ober (den Alten) erwischt.

131 Löse die Aufgaben für das Schafkopfspiel nördlich des Weißwurstäquators (also wenn es von jeder der 4 Farben nur 6 verschiedene Karten gibt: 9er, 10er, Unter, Ober, König, Ass.)

132 Beim Roulette gibt es die Felder 0 bis 36. Dabei hat die „0" keine Farbe und die anderen Zahlen sind entweder schwarz oder rot (siehe nebenstehende Abbildung). Die Kugel wird geworfen und landet dabei auf einer der Zahlen. Bestimme, …

a) mit welcher Wahrscheinlichkeit die Zahl 20 kommt.
b) mit welcher Wahrscheinlichkeit eine schwarze Zahl kommt.
c) mit welcher Wahrscheinlichkeit eine Zahl von 1 bis 12 kommt.
d) Setzt man sein Geld auf eine Zahl, so bekommt man im Gewinnfall das 36-Fache seines Einsatzes. Entscheide, ob das fair ist, und begründe deine Antwort.

Interaktive Aufgabe

5. Glücksrad 6. Pläne

Wahrscheinlichkeit von Ereignis und Gegenereignis

Beispiel

In einer Tüte sind 80 Bonbons. 40 davon schmecken nach Erdbeere, 30 nach Zitrone und 10 nach Himbeere. Du greifst blind hinein.

Die Wahrscheinlichkeit des Ereignisses **E: „Bonbon mit Zitronengeschmack“** ist:

$\mathbf{P(E)} = \frac{30}{80} = \mathbf{0{,}375} = 37{,}5\ \%$

Das Gegenereignis zu E ist **$\overline{\mathrm{E}}$: „Bonbon ohne Zitronengeschmack“.**

Die Wahrscheinlichkeit, ein Bonbon ohne Zitronengeschmack zu erwischen, ist leicht zu berechnen:

$\mathbf{P(\overline{E})} = \frac{50}{80} = \mathbf{0{,}625} = 62{,}5\ \%$ — 50 der 80 Bonbons in der Tüte schmecken nicht nach Zitrone.

Beachte den folgenden Zusammenhang: $\mathbf{0{,}375 + 0{,}625 = 1}$

Dieser Zusammenhang vereinfacht viele Aufgaben und lässt sich als Merkregel zusammenfassen.

Merke

> Die Wahrscheinlichkeiten von Ereignis und Gegenereignis ergeben addiert 100 %.
> Kurz: $\mathbf{P(E) + P(\overline{E}) = 1}$

Beispiel

In einem Kartenspiel sind vier 7er. Es sind insgesamt 32 Karten.
Bestimme die Wahrscheinlichkeit, aus dem Stapel keinen 7er zu ziehen.

Lösung:
Ereignis E: „Kein 7er“, also Gegenereignis $\overline{\mathrm{E}}$: „Ein 7er“

$P(\text{„Ein 7er“}) = \frac{4}{32} = \frac{1}{8} = 0{,}125 = 12{,}5\ \%$ — Es sind vier 7er im Stapel.

$P(\text{„Kein 7er“}) = 1 - 0{,}125 = 0{,}875 = 87{,}5\ \%$ — Es gilt: P(„Ein 7er“) + P(„Kein 7er“) = 1 oder P(„Kein 7er“) = 1 – P(„Ein 7er“)

Aufgaben

133 Ermittle die Wahrscheinlichkeit, beim einmaligen Würfeln mit einem Spielwürfel mit den Augenzahlen 1 bis 6 keine 6 zu würfeln. Betrachte bei deiner Lösung Ereignis und Gegenereignis.

134 In Deutschland sind ca. 8 % aller erwachsenen Männer farbenblind. Ermittle, die Wahrscheinlichkeit, dass ein zufällig ausgewählter Mann nicht farbenblind ist.

Interaktive Aufgabe

7. Gegenereignis

Wahrscheinlichkeiten bei mehrstufigen Zufallsexperimenten

Beispiele

1. **Zweistufiges Zufallsexperiment**
   Eine Münze wird zweimal hintereinander geworfen.
   Wirft man die Münze mehrmals hintereinander, bis das Ergebnis feststeht, dann ist es ein „mehrstufiges Zufallsexperiment“.

   Die Menge der möglichen Ergebnisse kann in Form eines Baumdiagramms übersichtlich dargestellt werden.

Bei diesem zweistufigen Zufallsexperiment sind folgende Ergebnisse möglich:
WW: „Zweimal hintereinander Wappen"
WZ: „Erst Wappen, dann Zahl"
ZW: „Erst Zahl, dann Wappen"
ZZ: „Zweimal hintereinander Zahl"

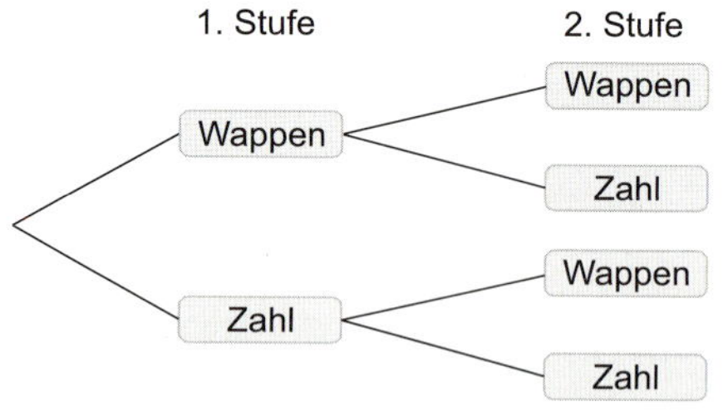

Der Ergebnisraum ist also:
$\Omega = \{WW; WZ; ZW; ZZ\}$

Die Wahrscheinlichkeit, dass zweimal hintereinander Wappen geworfen wird, ist:

$P(WW) = \frac{1}{4} = 25\ \%$

1 günstiges Ergebnis: WW
4 mögliche Ergebnisse: WW; WZ; ZW; ZZ

Ebenso ergeben sich:

$P(WZ) = \frac{1}{4} = 25\ \%$ bzw. $P(ZW) = \frac{1}{4} = 25\ \%$ bzw. $P(ZZ) = \frac{1}{4} = 25\ \%$

2. **Dreistufiges Zufallsexperiment**
In einer Urne befinden sich 2 schwarze Kugeln (S) und eine weiße Kugel (W). Es werden 3 Kugeln gezogen. Dabei wird nach jedem Zug die gezogene Kugel wieder zurück in die Urne gelegt.
a) Bestimme mithilfe eines Baumdiagramms die Wahrscheinlichkeit, dass dreimal hintereinander die weiße Kugel gezogen wird, also P(WWW).
b) Bestimme die Wahrscheinlichkeit, dass dreimal hintereinander eine schwarze Kugel gezogen wird, also P(SSS).

Lösung:
a) Baumdiagramm:

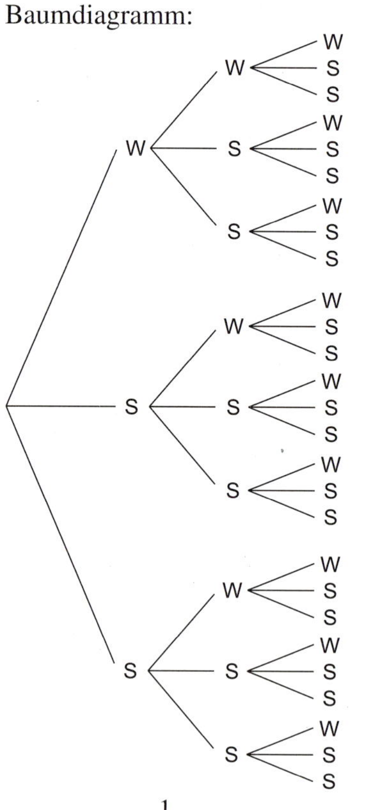

Beachte: Die Wahrscheinlichkeit, eine schwarze Kugel zu ziehen, ist größer als die Wahrscheinlichkeit, eine weiße Kugel zu ziehen.
Um die gesuchte Wahrscheinlichkeit zu berechnen, betrachtet man daher alle möglichen Kombinationen mithilfe eines Baumdiagramms. „S" kommt hier dann immer zweimal pro Ast vor, da es 2 verschiedene schwarze Kugeln gibt.
Bei jedem Zug können 3 Kugeln gezogen werden. Das Baumdiagramm liefert also $3^3 = 27$ mögliche Pfade.

$P(WWW) = \frac{1}{27}$

Es gibt genau 1 Pfad, der zum Ergebnis WWW führt.

b) $P(SSS) = \frac{8}{27}$

Es gibt genau 8 Pfade, die zum Ergebnis SSS führen.

Aufgaben

135

2 Würfel mit den Augenzahlen 1 bis 6 werden nacheinander geworfen. Die erste Augenzahl ist die erste Ziffer und die zweite Augenzahl die zweite Ziffer einer Zahl. Gib an, …

a) wie viele verschiedene Möglichkeiten es gibt.
b) mit welcher Wahrscheinlichkeit man einen 6er-Pasch würfelt.
c) mit welcher Wahrscheinlichkeit man einen Pasch würfelt.
d) mit welcher Wahrscheinlichkeit man keinen Pasch würfelt.
e) mit welcher Wahrscheinlichkeit man eine Zahl kleiner 60 würfelt.
f) mit welcher Wahrscheinlichkeit man keine 6 würfelt.

136

Beim Münzwurf-Spiel Triple-Coin musst du dreimal eine Münze werfen. Du gewinnst beim Ergebnis ZZZ, also wenn du dreimal hintereinander Zahl wirfst.

a) Stelle in einem Baumdiagramm alle möglichen Ergebnisse dar, gib den Ergebnisraum an und berechne die Wahrscheinlichkeit, zu gewinnen.
b) Bestimme die Wahrscheinlichkeit dafür, dass man genau zweimal Zahl wirft.

137

In einer Urne befinden sich 2 rote Kugeln (R) und eine weiße Kugel (W). 2 Kugeln werden nacheinander gezogen. Die gezogene Kugel wird aber nicht mehr zurückgelegt. Zeichne das Baumdiagramm und ermittle die Wahrscheinlichkeit dafür, dass zweimal hintereinander Rot gezogen wird.

138

Aus einem Schafkopfspiel nimmt man 2 Ober (O) und 2 Unter (U) heraus und legt sie verdeckt auf den Tisch. Du ziehst nacheinander 2 Karten, ohne die erste wieder zurückzulegen.

a) Bestimme, wie hoch die Wahrscheinlichkeit ist, dass du 2 Ober hintereinander ziehst.
b) Bestimme, wie hoch ist die Wahrscheinlichkeit ist, dass du einen Ober und einen Unter ziehst. Die Reihenfolge ist dabei egal.

Interaktive Aufgabe

8. Baumdiagramm

3 Grundwissen 10. Klasse

3.1 Quadratische Funktionen

Merke

Funktionen mit der Funktionsgleichung f: $y = ax^2 + bx + c$ ($a, b, c \in \mathbb{R}$; $a \neq 0$) werden wegen ihres quadratischen Teilterms $a \cdot x^2$ als **quadratische Funktionen** bezeichnet.

Die Funktion mit der Gleichung $y = x^2$

Merke

Für die einfachste quadratische Funktion f: $y = x^2$ mit $x, y \in \mathbb{R}$ gilt $a = 1$, $b = 0$ und $c = 0$.
- Für die Definitionsmenge D gilt: $D = \mathbb{R}$, für die Wertemenge W gilt: $W = \mathbb{R}_0^+$
- Der Graph der Funktion f heißt **Normalparabel**.
- Die Normalparabel hat den **Scheitelpunkt** $S(0\,|\,0)$.
- Die y-Achse ist **Symmetrieachse** des Graphen mit der Gleichung s: $x = 0$.

Wertetabelle

x	–4	–3	–2	–1	0	1	2	3	4
$y = x^2$	16	9	4	1	0	1	4	9	16

Graph

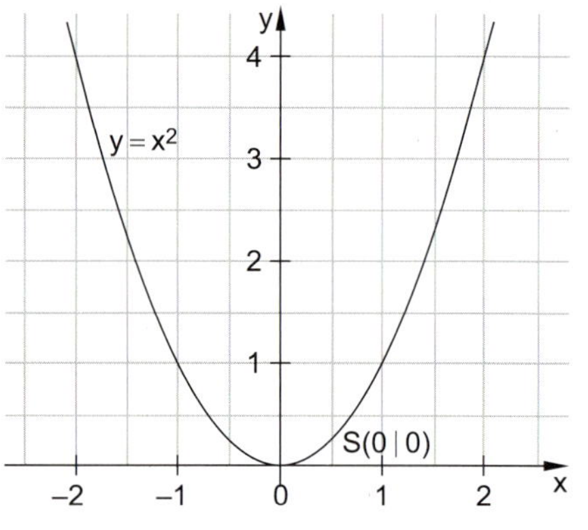

Funktionen mit Gleichungen der Form $y = a \cdot x^2$

Merke

Die Graphen von Funktionen mit Gleichungen der Form $y = ax^2$ ($a \in \mathbb{R} \setminus \{0\}$) sind Parabeln mit dem Scheitelpunkt $S(0\,|\,0)$. Der **Formfaktor a** legt die **Öffnung** und die **Form** der Parabel fest.

Öffnung:
- $a > 0$: Die Parabel ist nach **oben** geöffnet.
- $a < 0$: Die Parabel ist nach **unten** geöffnet.

Form:
- $|a| > 1$: Die Parabel ist **gestreckt**, das heißt „steiler“ als die Normalparabel.
- $|a| = 1$: Normalparabel
- $|a| < 1$: Die Parabel ist **gestaucht**, das heißt „flacher“ als die Normalparabel.

Beispiele

$a = 1{,}5$ f_1: $y = 1{,}5x^2$
$a = 0{,}25$ f_2: $y = 0{,}25x^2$
$a = -0{,}5$ f_3: $y = -0{,}5x^2$
$a = -2$ f_4: $y = -2x^2$

Wertetabelle

x	−3	−2	−1	0	1	2	3
f_1: $y = 1{,}5x^2$	13,5	6	1,5	0	1,5	6	13,5
f_2: $y = 0{,}25x^2$	2,25	1	0,25	0	0,25	1	2,25
f_3: $y = -0{,}5x^2$	−4,5	−2	−0,5	0	−0,5	−2	−4,5
f_4: $y = -2x^2$	−18	−8	−2	0	−2	−8	−18

Graphen der Funktionen f_1 bis f_4:

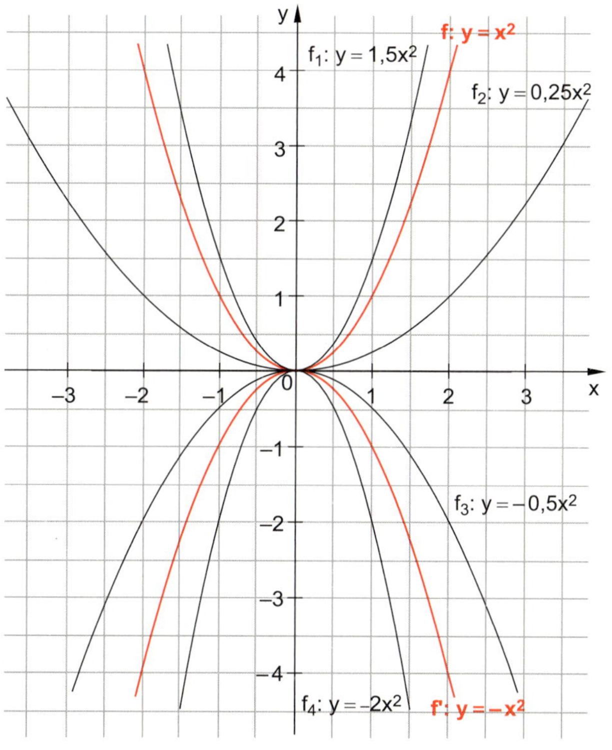

f: nach oben geöffnete Normalparabel
f_1: nach oben geöffnet und gestreckt
f_2: nach oben geöffnet und gestaucht
f': nach unten geöffnete Normalparabel
f_3: nach unten geöffnet und gestaucht
f_4: nach unten geöffnet und gestreckt

Aufgaben

139 Berechne den Wert von $a \in \mathbb{R} \setminus \{0\}$ so, dass der Graph der Funktion f: $y = ax^2$ durch den Punkt P verläuft.

a) $P(0{,}5 \mid 1)$ b) $P(-3 \mid 6)$

140 Beschreibe gemäß dem Beispiel die Graphen der nachfolgenden Funktionen.
Beispiel: p: $y = -1{,}25x^2$

- Die Parabel ist nach unten geöffnet, da $a < 0$.
- Es handelt sich um eine gestreckte Parabel, da $|a| > 1$.
- Der Scheitelpunkt hat die Koordinaten $S(0 \mid 0)$.
- Die y-Achse ist Symmetrieachse mit der Gleichung s: $x = 0$.
- $D = \mathbb{R}$; $W = \mathbb{R}_0^-$

a) p_1: $y = 3{,}5x^2$ b) p_2: $y = -0{,}6x^2$

141 Ein aus dem Ruhezustand frei fallender Stein legt nach der Zeit t einen Weg von $s = \frac{1}{2}gt^2$ zurück (dabei soll vom Luftwiderstand abgesehen werden). Die Konstante g wird als Fallbeschleunigung bezeichnet. Ihr Wert hängt vom jeweiligen Himmelskörper ab:

$g_{Erde} \approx 9{,}81\ \frac{m}{s^2}$ $g_{Mond} \approx 1{,}62\ \frac{m}{s^2}$ $g_{Sonne} \approx 274\ \frac{m}{s^2}$

a) Zeichne die Graphen für $t \in [0\text{ s}; 6\text{ s}]$ mit $\Delta x = 1$ s für den freien Fall auf der Erde, dem Mond und auf der Sonne.
Rechtswertachse: Zeit t in Sekunden
Hochwertachse: Strecke s in Metern

b) Ermittle jeweils für die genannten Himmelskörper, wie lange ein Stein bräuchte, bis er auf dem Boden landet, wenn er aus einer Höhe von s = 100 m fällt. (Das Verglühen des Steins auf der Sonne wird vernachlässigt.)

Interaktive Aufgaben

1. Parabel zuordnen
2. Reihenfolge
3. Parabel zeichnen

Die Scheitelform: $y = a \cdot (x - x_S)^2 + y_S$

Merke

Wird eine Parabel p mit der Gleichung $y = a \cdot x^2$ durch Parallelverschiebung mit dem Vektor $\vec{v} = \begin{pmatrix} x_S \\ y_S \end{pmatrix}$ auf die Bildparabel p' abgebildet: $p \xmapsto{\vec{v} = \begin{pmatrix} x_S \\ y_S \end{pmatrix}} p'$, so lässt sich die Gleichung der Bildparabel in der sogenannten **Scheitelform** angeben:

p': $y = a \cdot (x - x_S)^2 + y_S$

$S'(x_S \mid y_S)$ sind die Koordinaten des Scheitelpunkts S'.

Beispiel

$$p:\ y = -\frac{2}{3}x^2 \xmapsto{\vec{v} = \begin{pmatrix} -2 \\ 4 \end{pmatrix}} p':\ y = -\frac{2}{3}(x - (-2))^2 + 4$$

$$y = -\frac{2}{3}(x + 2)^2 + 4$$

also: $S'(-2 \mid 4)$

Graph

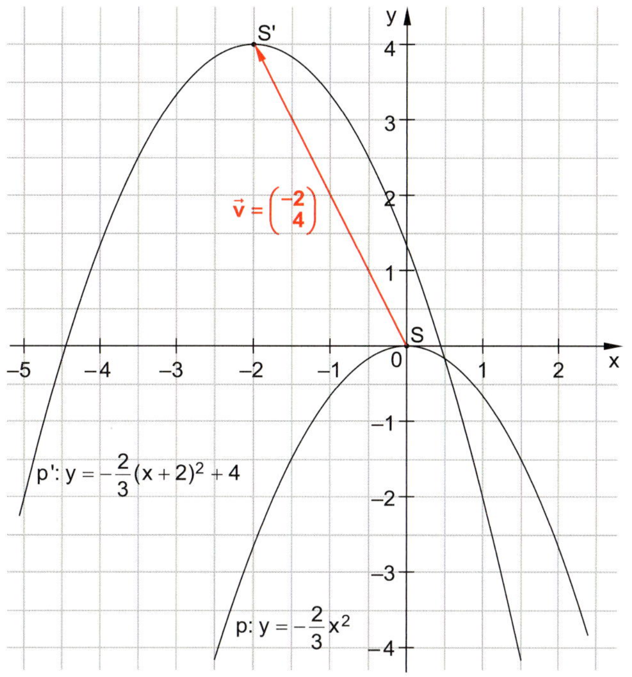

Der Graph der Parabel p' mit der Gleichung
$y = -\frac{2}{3}(x+2)^2 + 4$
hat folgende Eigenschaften:

- Die Parabel ist nach unten geöffnet, da $a < 0$.
- Die Parabel ist gestaucht, da $|a| < 1$.
- Der Scheitelpunkt hat die Koordinaten $S'(-2\,|\,4)$.
- Die Symmetrieachse hat die Gleichung s: $x = -2$.
- $D = \mathbb{R}$; $W = \{y \,|\, y \leq 4\}$

Aufgabe 142

Die Parabel p wird durch Parallelverschiebung mit Vektor $\vec{v}$ auf die Parabel p' abgebildet. Gib die Gleichung der Bildparabel sowie die Eigenschaften des Graphen an und zeichne p und p'.

a) p: $y = -\frac{1}{4}x^2$; $\vec{v} = \begin{pmatrix} -3 \\ 4 \end{pmatrix}$

b) p: $y = 3{,}5x^2$; $\vec{v} = \begin{pmatrix} 2 \\ -5 \end{pmatrix}$

Interaktive Aufgaben

- 4. Parabel zuordnen
- 5. Vogel
- 6. Parabel zeichnen
- 7. Parabel zuordnen
- 8. Parabel zeichnen
- 9. Parabel zuordnen
- 10. Parabel zeichnen
- 11. Verschiebungsvektor

Von der Scheitelform zur allgemeinen Form

Merke

Die Gleichung $y = a(x - x_S)^2 + y_S$ heißt **Scheitelform** der Parabelgleichung. Durch Umformung (Multiplikation des Binoms und anschließendes Zusammenfassen) erhält man die **allgemeine Form** $y = ax^2 + bx + c$.

Beispiel

p: $y = -\frac{2}{3}(x+2)^2 + 4$ — Scheitelform

$y = -\frac{2}{3}(x^2 + 4x + 4) + 4$

$y = -\frac{2}{3}x^2 - \frac{8}{3}x - \frac{8}{3} + 4$ — Binomische Formel

$y = -\frac{2}{3}x^2 - 2\frac{2}{3}x + 1\frac{1}{3}$ — Allgemeine Form

Aufgabe 143

Bestimme die Wertemenge, gib die Gleichung der Symmetrieachse s an und bringe die Funktionsgleichung auf die allgemeine Form.

a) $y = -\frac{1}{8}(x-2)^2 + 5$ b) $y = \frac{1}{3}\left(x + \frac{1}{2}\right)^2 - \frac{2}{3}$

Interaktive Aufgabe

12. Scheitelform in allgemeine Form

Von der allgemeinen Form zur Scheitelform

Merke

Die Gleichung $y = ax^2 + bx + c$ heißt **allgemeine Form** der Parabelgleichung.
Durch **quadratische Ergänzung** erhält man die **Scheitelform** $y = a(x - x_S)^2 + y_S$.

Beispiel

p: $y = \frac{1}{2}x^2 - 4x + 5$	Allgemeine Form. Klammere $\frac{1}{2}$ aus.
$y = \frac{1}{2}[x^2 - 8x + 10]$	**Quadratisch ergänzen** mit 4^2
$y = \frac{1}{2}[x^2 - 8x + \mathbf{4^2 - 4^2} + 10]$	Binomische Formel $a^2 - 2ab + b^2 = (a-b)^2$ anwenden
$y = \frac{1}{2}[(x-4)^2 - 16 + 10]$	Term vereinfachen
$y = \frac{1}{2}[(x-4)^2 - 6]$	
$y = \frac{1}{2}(x-4)^2 - 3$	Scheitelform
$S(4 \mid -3)$	Scheitelpunkt S

Aufgaben 144

Zeichne die Parabel p mithilfe einer Wertetabelle (runde auf zwei Stellen nach dem Komma; $\Delta x = 1$). Bestimme die Scheitelform und überprüfe die Koordinaten des Scheitelpunkts in der Zeichnung.

a) p: $y = 5x^2 - 15x + 2{,}5 \quad x \in [0; 3]$ b) p: $y = -\frac{1}{4}x^2 - \frac{1}{2}x - 1\frac{3}{4} \quad x \in [-3; 3]$

Interaktive Aufgabe

13. Allgemeine Form in Scheitelform

Berechnen von Parabelgleichungen

Merke

Abhängig von den gegebenen Werten ist beim Aufstellen von Parabelgleichungen zwischen dem Weg über die Scheitelform und dem Weg über die allgemeine Form der vorteilhaftere zu wählen. Dabei unterscheidet man 3 Fälle:
- Gegeben: Scheitelpunkt und Formfaktor a $\rightarrow$ Ansatz über die Scheitelform
- Gegeben: Scheitelpunkt und Punkt auf der Parabel $\rightarrow$ Ansatz über die Scheitelform
- Gegeben: 2 Punkte auf der Parabel und Wert von Formfaktor a oder b oder c
  $\rightarrow$ Ansatz über die allgemeine Form

Beispiel

Stelle jeweils die Parabelgleichung auf.

a) Gegeben ist eine Parabel p mit dem Formfaktor $a=-2$ und dem Scheitelpunkt $S(-1|3)$.

b) Gegeben ist eine Parabel p mit dem Scheitelpunkt $S(3|4)$, die durch den Punkt $P(4|5)$ verläuft.

c) Gegeben ist eine Parabel p mit dem Formfaktor $a=-2$, die durch die Punkte $A(2|1)$ und $B(1|-5)$ verläuft.

Lösung:

a) Ansatz über die Scheitelform:

$a=-2$: $\quad p: y=-2(x-x_S)^2+y_S$	Setze $a=-2$ und x_S und y_S aus $S(-1\|3)$ ein.
$S(-1\|3)\in p: y=-2(x-(-1))^2+3$	Scheitelform
$\Leftrightarrow \quad y=-2(x^2+2x+1)+3$	Vereinfachen
$\Leftrightarrow \quad y=-2x^2-4x-2+3$	
$\Leftrightarrow \quad y=-2x^2-4x+1$	Allgemeine Form

b) Ansatz über die Scheitelform:

$S(3\|4)\in p: y=a(x-3)^2+4$	Koordinaten von S einsetzen
$P(4\|5)\in p: 5=a(4-3)^2+4$	Koordinaten von P einsetzen
$\Leftrightarrow \quad 5=a+4 \quad \|-4$	Wert von a berechnen
$\Leftrightarrow \quad a=1$	

somit:

$p: y=1(x-3)^2+4$	Scheitel S und a in Scheitelform einsetzen
$\Leftrightarrow \quad y=x^2-6x+9+4$	
$\Leftrightarrow \quad y=x^2-6x+13$	Allgemeine Form

c) Ansatz über die allgemeine Form:

$a=-2$: $\quad p: y=-2x^2+bx+c$	a in die allgemeine Form einsetzen
$A(2\|1)\in p: 1=-2\cdot 2^2+b\cdot 2+c$	x- und y-Koordinaten von A einsetzen
$\Leftrightarrow \quad 1=-2\cdot 4+2b+c$	Beachte: Potenzrechnung vor Punktrechnung
$\Leftrightarrow \quad 1=-8+2b+c \quad \|+8$	Vereinfachen
$\Leftrightarrow \quad \mathbf{9=2b+c}$	

Außerdem gilt:

$B(1\|-5)\in p: -5=-2\cdot 1^2+b\cdot 1+c$	x- und y-Koordinaten von B einsetzen
$\Leftrightarrow \quad -5=-2+b+c \quad \|+2$	Vereinfachen
$\Leftrightarrow \quad \mathbf{-3=b+c}$	

Die **beiden Gleichungen** mit den Variablen b und c ergeben zusammen ein lineares Gleichungssystem, das man schnell mit dem Gleichsetzungsverfahren lösen kann:

$\begin{vmatrix} 9=2b+c \\ \wedge\ -3=b+c \end{vmatrix}$	Löse beide Gleichungen nach c auf.
$\Leftrightarrow \begin{vmatrix} c=9-2b \\ \wedge\ c=-3-b \end{vmatrix}$	I = II: Gleichsetzen
$\Leftrightarrow \begin{vmatrix} 9-2b=-3-b\ (I=II) \quad \|+2b+3 \\ \wedge\ c=-3-b \end{vmatrix}$	Bringe die Variable b auf eine Seite.
$\Leftrightarrow \begin{vmatrix} b=12 \\ \wedge\ c=-3-b \end{vmatrix}$	Setze $b=12$ in die zweite Gleichung ein.

$\Leftrightarrow \quad \begin{vmatrix} & b=12 \\ \wedge & c=-15 \end{vmatrix}$

p: $y=-2x^2+12x-15$ Allgemeine Form mit $a=-2$, $b=12$ und $c=-15$

Aufgaben

145 Ermittle jeweils die allgemeine Form der Parabelgleichung auf Grundlage der gegebenen Werte.

a) Parabel p mit Scheitel $S(-4\,|\,6) \in p$; $P(-6\,|\,-2) \in p$
b) Parabel p mit $a=0{,}5$; $P(-1\,|\,0) \in p$; $Q(3\,|\,0) \in p$
c) Parabel p mit $a=-1$; $b=6$; $A(5{,}5\,|\,1{,}75) \in p$
d) Parabel p mit $b=0{,}5$; $P(-1\,|\,-4) \in p$; $Q(5\,|\,-7) \in p$
e) Parabel p mit Scheitel $S(-1\,|\,5) \in p$; $A(-7\,|\,-4) \in p$
f) Parabel p mit $c=5$; $P(2\,|\,-1) \in p$; $E(-4\,|\,5) \in p$

146 Die Parabel p besitzt die Gleichung $y=x^2-8x+20$.

a) Berechne die Koordinaten des Scheitelpunktes S.
b) Prüfe rechnerisch, ob die Punkte $A(-1\,|\,5)$ und $B(2\,|\,8)$ auf der Parabel liegen.

147 Die Parabel p: $y=ax^2+bx+c$ verläuft durch die Punkte $P(-3\,|\,5)$ und $Q(3\,|\,1)$. Der Formfaktor a hat den Wert $-0{,}5$. Berechne die Gleichung der Parabel p. Berechne anschließend die Koordinaten des Scheitelpunktes S.

Interaktive Aufgaben

- 14. Parabelgleichung berechnen
- 15. Parabelgleichung berechnen
- 16. Parabelgleichung berechnen

Extremwerte

Merke

Der Graph einer quadratischen Funktion ist eine Parabel. Im **Scheitelpunkt** der Parabel besitzt eine quadratische Funktion entweder ihren **minimalen** (kleinsten) oder ihren **maximalen** (größten) Funktionswert, d. h. ihren **Extremwert**. Die y_S-Koordinate des Scheitelpunktes $S(x_S\,|\,\mathbf{y_S})$ entspricht daher immer dem Extremwert der quadratischen Funktion.

Beispiele

1. Die Punkte P_n auf der Parabel p mit der Gleichung $y=-\frac{1}{2}x^2+3x-3$ haben dieselbe Abszisse x (x-Koordinate) wie die zugehörigen Punkte Q_n auf der Geraden g mit der Gleichung $y=\frac{2}{3}x+\frac{1}{2}$.
   Zeige, dass gilt: $\left|\overline{Q_nP_n}\right|(x)=\left(\frac{1}{2}x^2-2\frac{1}{3}x+3\frac{1}{2}\right)$ LE.
   Bestimme rechnerisch die Länge der kürzesten Strecke $\overline{Q_0P_0}$ und den zugehörigen Wert für x.

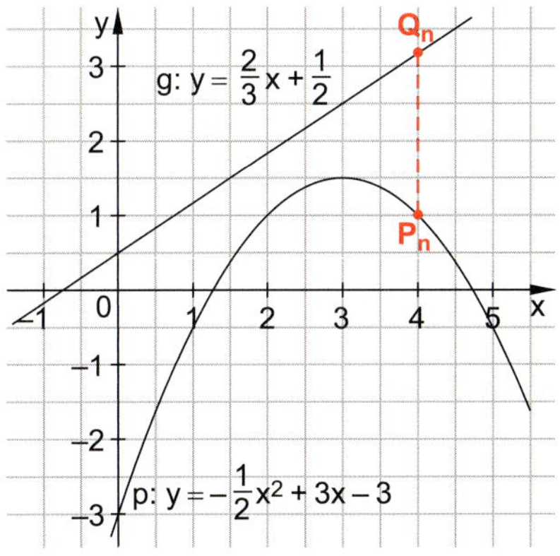

Lösung:

$Q_n \in g$: $y = \frac{2}{3}x + \frac{1}{2}$, also haben die Punkte Q_n die allgemeinen Koordinaten:

$Q_n\left(x \mid \frac{2}{3}x + \frac{1}{2}\right)$

$P_n \in p$: $y = -\frac{1}{2}x^2 + 3x - 3$, also haben die Punkte P_n die allgemeinen Koordinaten:

$P_n\left(x \mid -\frac{1}{2}x^2 + 3x - 3\right)$

Da Q_n und P_n die gleiche Abszisse x haben, gilt für $|\overline{Q_nP_n}|(x)$:

$|\overline{Q_nP_n}|(x) = (y_{Q_n} - y_{P_n})$ LE

y-Koordinaten einsetzen und Klammern setzen

$= \left[\frac{2}{3}x + \frac{1}{2} - \left(-\frac{1}{2}x^2 + 3x - 3\right)\right]$ LE

$= \left[\frac{2}{3}x + \frac{1}{2} + \frac{1}{2}x^2 - 3x + 3\right]$ LE $= \left[\frac{1}{2}x^2 - 2\frac{1}{3}x + 3\frac{1}{2}\right]$ LE

Berechnung von $|\overline{P_0Q_0}|$:

$|\overline{Q_nP_n}|(x) = \left(\frac{1}{2}x^2 - 2\frac{1}{3}x + 3\frac{1}{2}\right)$ LE

Bestimme den minimalen Funktionswert über die Scheitelform.

$= \frac{1}{2}\left[x^2 - 4\frac{2}{3}x + 7\right]$ LE

Ergänze quadratisch.

$= \frac{1}{2}\left[x^2 - 4\frac{2}{3}x + \left(2\frac{1}{3}\right)^2 - \left(2\frac{1}{3}\right)^2 + 7\right]$ LE

$= \frac{1}{2}\left[\left(x - 2\frac{1}{3}\right)^2 - \frac{49}{9} + \frac{63}{9}\right]$ LE

$= \left[\frac{1}{2}\left(x - 2\frac{1}{3}\right)^2 + \frac{7}{9}\right]$ LE

Damit du wirklich die Scheitelform erhältst, anhand derer du leicht den Extremwert ablesen kannst, musst du noch $\frac{1}{2}$ in die Klammer ziehen. Denke dabei daran, auch den zweiten Summanden $-\frac{49}{9} + \frac{63}{9} = \frac{14}{9}$ mit $\frac{1}{2}$ zu multiplizieren!

also: $|\overline{Q_0P_0}| = \frac{7}{9}$ LE für $x = 2\frac{1}{3}$

2. Die Punkte A(4 | 7) und B(−1 | 2) liegen auf einer nach oben geöffneten Normalparabel. Die Punkte C_n mit Abszisse x wandern auf dem Parabelbogen zwischen B und A und bilden mit diesen Punkten Dreiecke ABC_n.
   a) Berechne die Gleichung der Parabel und die Koordinaten des Scheitels.
   b) Zeichne die Parabel und das Dreieck ABC_1 für $x = 0$ in ein Koordinatensystem.
   c) Berechne den Flächeninhalt A(x) der Dreiecke ABC_n in Abhängigkeit der Abszisse x der Punkte C_n.
   d) Unter den Dreiecken ABC_n gibt es ein Dreieck ABC_0 mit maximalem Flächeninhalt A_{max}. Berechne A_{max} sowie die zugehörige Belegung von x. Gib ferner die Koordinaten des Punktes C_0 an.

Lösung:

a) Ansatz über die allgemeine Form:

$a=\mathbf{1}$: p: $y=\mathbf{1}x^2+bx+c$ — Nach oben geöffnete Normalparabel → a = 1

$A(\mathbf{4}\mid\mathbf{7})\in p$: $\mathbf{7}=\mathbf{4}^2+b\cdot\mathbf{4}+c$ — x- und y-Koordinaten von A einsetzen

$\Leftrightarrow\quad 7=16+4b+c \quad |-4b-16$ — Nach c auflösen

$\Leftrightarrow\quad c=-4b-9$

$\wedge$

$B(\mathbf{-1}\mid\mathbf{2})\in p$: $\mathbf{2}=(\mathbf{-1})^2+b\cdot(\mathbf{-1})+c$ — x- und y-Koordinaten von B einsetzen

$\Leftrightarrow\quad 2=1-b+c \quad |-1+b$ — Nach c auflösen

$\Leftrightarrow\quad c=b+1$

$\Leftrightarrow \left| \begin{array}{l} c=-4b-9 \\ \wedge\ c=b+1 \end{array} \right.$ — I = II: Gleichsetzen

$\Leftrightarrow \left| \begin{array}{l} -4b-9=b+1\ (\text{I}=\text{II}) \quad |-b+9 \\ \wedge\ c=b+1 \end{array} \right.$ — Bringe die Variable b auf eine Seite.

$\Leftrightarrow \left| \begin{array}{l} -5b=10 \quad |:(-5) \\ \wedge\ c=b+1 \end{array} \right.$

$\Leftrightarrow \left| \begin{array}{l} b=-2 \\ \wedge\ c=-2+1=-1 \end{array} \right.$

p: $y=x^2-2x-1$ — Allgemeine Form mit a = 1, b = –2 und c = –1

Berechnung der Koordinaten des Scheitels:

p: $y=x^2-2x-1$ — Ergänze quadratisch.

$y=x^2-2x+\mathbf{1^2}-\mathbf{1^2}-1$

$y=(x-1)^2-2$

$S(1\mid-2)$

b)

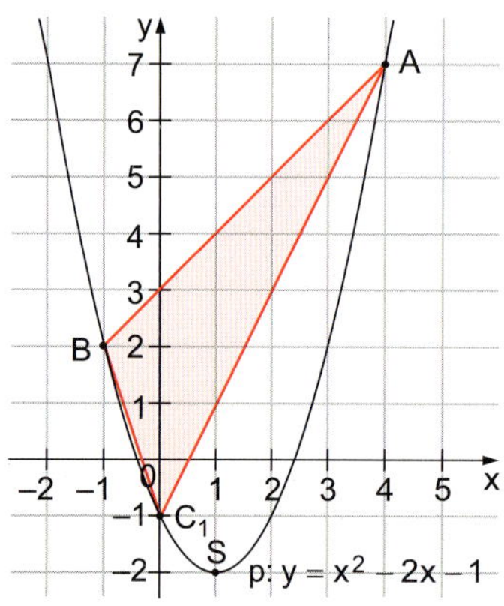

c) Aufspannende Vektoren:

$\overrightarrow{BA}=\begin{pmatrix}4-(-1)\\7-2\end{pmatrix}=\begin{pmatrix}5\\5\end{pmatrix}$

$\overrightarrow{BC_n}=\begin{pmatrix}x-(-1)\\x^2-2x-1-2\end{pmatrix}=\begin{pmatrix}x+1\\x^2-2x-3\end{pmatrix}$ — Verwende $C_n(x\mid x^2-2x-1)$; $C_n\in p$

Flächeninhalt in Abhängigkeit von x mit Determinante:

$A(x)=\frac{1}{2}\cdot\begin{vmatrix}x+1 & 5\\x^2-2x-3 & 5\end{vmatrix}$ FE — Reihenfolge der Vektoren in der Determinante beachten!

$A(x) = \frac{1}{2} \cdot [(x+1) \cdot 5 - (x^2 - 2x - 3) \cdot 5]$ FE Vorzeichen beim Ausmultiplizieren beachten

$A(x) = \frac{1}{2} \cdot [5x + 5 - 5x^2 + 10x + 15]$ FE

$A(x) = \frac{1}{2} \cdot [-5x^2 + 15x + 20]$ FE

$A(x) = [-2{,}5x^2 + 7{,}5x + 10]$ FE

d) $A(x) = [-2{,}5x^2 + 7{,}5x + 10]$ FE Ausklammern

$A(x) = -2{,}5[x^2 - 3x - 4]$ FE Ergänze quadratisch.

$A(x) = -2{,}5[x^2 - 3x \mathbf{+ 1{,}5^2 - 1{,}5^2} - 4]$ FE

$A(x) = -2{,}5[(x - 1{,}5)^2 - 6{,}25]$ FE

$A(x) = [-2{,}5(x - 1{,}5)^2 + 15{,}625]$ FE

$A_{max} = 15{,}625$ FE für $x = 1{,}5$

$C_0(1{,}5 \mid 1{,}5^2 - 2 \cdot 1{,}5 - 1)$ Setze $x = 1{,}5$ in die Parabelgleichung ein.

$C_0(1{,}5 \mid -1{,}75)$

Aufgaben

148 Gegeben sind die Parabeln p_1: $y = -\frac{1}{2}x^2 + 3x - 5$ und p_2: $y = x^2 - 5x + 7$.
Punkte $A_n \in p_1$ und $B_n \in p_2$ haben die gleiche Abszisse x und es gilt $y_{B_n} > y_{A_n}$.
Berechne $|\overline{A_nB_n}|$ in Abhängigkeit von x.
Berechne die Koordinaten der Punkte A_1 und B_1, sodass $|\overline{A_1B_1}|$ minimal ist.

149 Die Punkte $A(1 \mid -3)$ und $B(5 \mid 1)$ bilden mit den Punkten $C_n(x \mid x^2)$ auf der Normalparabel p Dreiecke ABC_n.

a) Zeichne die Parabel und das Dreieck ABC_1 mit $C_1(2{,}5 \mid ?)$ in ein Koordinatensystem.
Platzbedarf: $-2 \le x \le 5$; $-3 \le y \le 6{,}5$

b) Berechne den Flächeninhalt der Dreiecke ABC_n in Abhängigkeit von der x-Koordinate der Punkte C_n und berechne anschließend den Flächeninhalt des Dreiecks ABC_1.

c) Ermittle den Flächeninhalt des Dreiecks ABC_0 mit dem kleinstmöglichen Flächeninhalt und zeichne es ein.

d) Berechne den Abstand des Punktes C_1 von der Geraden AB.

e) Unter den Dreiecken gibt es ein weiteres Dreieck ABC_2, das den gleichen Flächeninhalt wie das Dreieck ABC_1 besitzt. Zeichne es ein und begründe deine Lösung.

150 Gegeben ist die Parabel p_1 mit $a = \frac{1}{2}$, $A(0 \mid 6) \in p_1$ und $B(5 \mid 8{,}5) \in p_1$.

a) Berechne die Gleichung von p_1 und anschließend die Koordinaten des Scheitelpunktes S_1 von p_1.

b) Zeichne p_1 in ein Koordinatensystem ein. Platzbedarf: $-1 \le x \le 8$; $-2 \le y \le 7$

c) Die Punkte $P_n(0 \mid ?)$ auf der y-Achse, Q_n auf p_2: $y = -\frac{1}{2}x^2 + 4x - 6$, R_n auf p_1 und $S_n(0 \mid ?)$ auf der y-Achse bilden Rechtecke $P_nQ_nR_nS_n$ mit zu den Koordinatenachsen paarweise parallelen Seiten $(x > 0)$. Zeichne für $x = 2$ das Rechteck $P_1Q_1R_1S_1$ ein.

d) Berechne die Seitenlänge $|\overline{Q_nR_n}|$ der Rechtecke in Abhängigkeit von x und sodann den Umfang u(x) der Rechtecke $P_nQ_nR_nS_n$ in Abhängigkeit von x.
Ergebnis: $u(x) = (2x^2 - 10x + 24)$ LE

e) Berechne den Wert von x, für den ein Rechteck mit minimalem Umfang entsteht, und gib diesen an.

Interaktive Aufgaben

17. Extremwert Parabel und Punkte
18. Extremwert Parabel und Gerade
19. Extremwert Parabel und Parabel

3.2 Quadratische Gleichungen

Gleichungen der Form $ax^2+bx+c=0$ mit $a\in \mathbb{R}\setminus\{0\}$ und $b, c\in \mathbb{R}$ heißen **quadratische Gleichungen**. Man unterscheidet dabei zwischen reinquadratischen Gleichungen und gemischtquadratischen Gleichungen ohne bzw. mit linearem Term bx.

Merke

Quadratische Gleichungen der Form $ax^2+c=0$ mit $\mathbf{b=0}$ bezeichnet man als **reinquadratische Gleichungen**.
Für die Lösungsmenge einer reinquadratischen Gleichung der Form $x^2=d$ gilt:

- $d>0$: 2 Lösungen $L=\{-\sqrt{d};+\sqrt{d}\}$
- $d=0$: 1 Lösung $L=\{0\}$
- $d<0$: keine Lösung $L=\varnothing$

Beispiele

1. $\frac{1}{2}x^2-4=0 \quad |+4 \qquad G=\mathbb{R}$

Reinquadratische Gleichung: Löse nach x^2 auf.
Bringe die Gleichung durch äquivalentes Umformen auf die Form $x^2=d$.

$\Leftrightarrow \frac{1}{2}x^2=4 \quad |\cdot 2$

$\Leftrightarrow x^2=8 \quad |\sqrt{\ }$

$\Leftrightarrow |x|=\sqrt{8}$

$x_1=-\sqrt{8}\approx -2{,}83 \lor x_2=+\sqrt{8}\approx +2{,}83$

$L=\{-\sqrt{8};+\sqrt{8}\}$

Grafische Lösung:

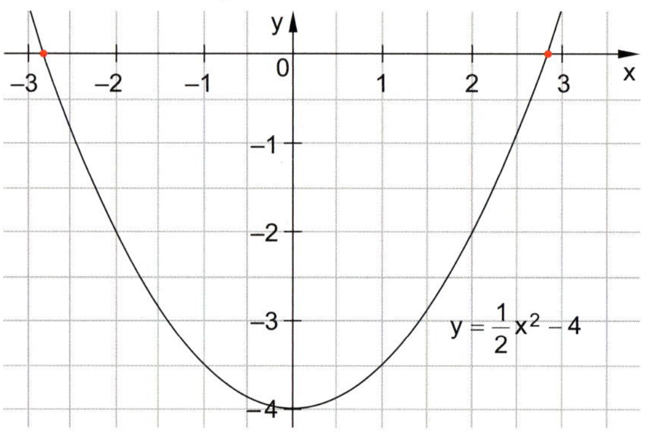

2. $(3z-2)^2+5z=4-7z \qquad G=\mathbb{R}$

Wende die 2. binomische Formel an und löse nach z^2 auf.

$\Leftrightarrow 9z^2-12z+4+5z=4-7z$

$\Leftrightarrow 9z^2-7z+4=4-7z \quad |-4+7z$

Zusammenfassen und äquivalentes Umformen

$\Leftrightarrow 9z^2=0 \quad |\cdot\frac{1}{9}$

$\Leftrightarrow z^2=0$

Nur der Wert $z=0$ erfüllt die Gleichung.

$L=\{0\}$

3. $\frac{6}{5}a^2 = -\frac{36}{5} \quad \left| \cdot \frac{5}{6}\right.$ $\qquad G = \mathbb{R}$

$\Leftrightarrow \quad a^2 = -6$

$L = \varnothing$

Reinquadratische Gleichung: Löse nach a^2 auf durch Multiplikation mit dem Kehrbruch.

Die Gleichung besitzt keine Lösung, da das Quadrat einer reellen Zahl nicht negativ sein kann.

Aufgabe 151

Löse folgende Gleichungen ($G = \mathbb{R}$).

a) $\sqrt{2}x^2 - \sqrt{72} = 0$

b) $(x-3)(x+3)+(x-4)(x+4) = 25$

c) $\frac{y-6}{y-5} = \frac{2y+8}{y+4}$

d) $\frac{5+3a}{a} = \frac{7a-7}{4a-9}$

Interaktive Aufgabe

1. Gleichung lösen

Merke

Gleichungen der Form $ax^2+bx+c=0$ mit $a, b \in \mathbb{R}\setminus\{0\}$ und $c \in \mathbb{R}$ bezeichnet man als **gemischtquadratische Gleichungen**.

Beispiele

1. $5{,}5x^2 - 9{,}2x + 14 = 0$ $\qquad a = 5{,}5;\ b = -9{,}2;\ c = 14$

2. $\left(\frac{1}{2}x - 7\right)^2 = 11$

$\Leftrightarrow \quad \frac{1}{4}x^2 - 7x + 49 = 11 \quad |-11$

$\Leftrightarrow \quad \frac{1}{4}x^2 - 7x + 38 = 0$ $\qquad a = \frac{1}{4};\ b = -7;\ c = 38$

Auch diese Gleichung ist gemischtquadratisch, wie nach der Umformung ersichtlich ist.

3. $-\frac{2}{3}x^2 = 2\sqrt{3}x + 3 \quad |-2\sqrt{3}x - 3$

$\Leftrightarrow \quad -\frac{2}{3}x^2 - 2\sqrt{3}x - 3 = 0$ $\qquad a = -\frac{2}{3};\ b = -2\sqrt{3};\ c = -3$

Diskriminante und Lösungsformel

Merke

- Um die Lösungsmenge einer gemischtquadratischen Gleichung zu ermitteln, bringt man die Gleichung in die **allgemeine Form: $ax^2 + bx + c = 0$**.
- Die Anzahl der Lösungen der quadratischen Gleichung wird mithilfe der **Diskriminante $D = b^2 - 4ac$** bestimmt.
- Für die Lösungsmenge der Gleichung gilt:
  $D > 0$: 2 Lösungen $\quad L = \{x_1; x_2\}$
  $D = 0$: 1 Lösung $\quad L = \{x\}$
  $D < 0$: keine Lösung $\quad L = \varnothing$
- Die Lösungselemente x werden mithilfe der **Lösungsformel**
  $$x_{1/2} = \frac{-b \pm \sqrt{D}}{2a}$$
  ermittelt, indem die Werte der Variablen a bzw. b sowie der Wert der Diskriminante D in die Lösungsformel eingesetzt werden.

Beispiel

Berechne zuerst den Wert der Diskriminante D und dann die Lösungsmenge ($G = \mathbb{R}$).

a) $9x^2 - 6x - 8 = 0$

b) $4{,}5x^2 = -0{,}5 + 3x$

c) $-5x^2 + 12x - 14 = -3x^2 + 4x - 5$

Lösung:

a) $\underbrace{9x^2}_{a}\underbrace{-6x}_{b}\underbrace{-8}_{c} = 0$ — $a = 9;\ b = -6;\ c = -8$

$D = b^2 - 4ac$ — Diskriminante D berechnen

$D = (-6)^2 - 4 \cdot 9 \cdot (-8)$

$D = 36 + 288$

$D = 324$ — Da $D > 0$, gibt es zwei Lösungen x_1 und x_2.

$\Leftrightarrow \quad x_{1/2} = \dfrac{-b \pm \sqrt{D}}{2a}$

$\Leftrightarrow \quad x_{1/2} = \dfrac{-(-6) \pm \sqrt{324}}{2 \cdot 9}$

$\Leftrightarrow \quad x_{1/2} = \dfrac{6 \pm 18}{18}$

$x_1 = \dfrac{24}{18} = 1\dfrac{1}{3} \quad \vee \quad x_2 = \dfrac{-12}{18} = -\dfrac{2}{3}$

$L = \left\{-\dfrac{2}{3}; 1\dfrac{1}{3}\right\}$

b) $4{,}5x^2 = -0{,}5 + 3x$ — Zunächst allgemeine Form aufstellen, dann a, b und c ablesen.

$\Leftrightarrow \quad \underbrace{4{,}5x^2}_{a}\underbrace{-3x}_{b} + \underbrace{0{,}5}_{c} = 0$

$D = b^2 - 4ac$ — Diskriminante D berechnen

$D = (-3)^2 - 4 \cdot 4{,}5 \cdot 0{,}5$

$D = 9 - 9$

$D = 0$ — Da $D = 0$, gibt es genau eine Lösung.

$\Leftrightarrow \quad x = \dfrac{-b \pm \sqrt{D}}{2a} = \dfrac{-(-3) + 0}{2 \cdot 4{,}5} = \dfrac{3}{9} = \dfrac{1}{3}$

$L = \left\{\dfrac{1}{3}\right\}$

c) $-5x^2 + 12x - 14 = -3x^2 + 4x - 5 \quad | + 3x^2 - 4x + 5$ — Allgemeine Form aufstellen

$\Leftrightarrow \quad \underbrace{-2x^2}_{a} + \underbrace{8}_{b}x\underbrace{-9}_{c} = 0$

$D = b^2 - 4ac$

$D = 8^2 - 4 \cdot (-2)(-9)$

$D = 64 - 72$

$D = -8$ — Da $D < 0$, gibt es keine Lösung.

$L = \varnothing$

Aufgaben

152 d – e

Löse die folgenden quadratischen Gleichungen ($G = \mathbb{R}$).

a) $1x^2 - \frac{1}{6}x - \frac{7}{6} = 0$

b) $3x - 65 = -2x^2$

c) $\frac{1}{2}y^2 + 7 = \frac{1}{4}(6 + y)^2 + 1; \quad y < 10$

d) $\frac{1}{4}(x - 7)^2 = \frac{1}{2}x - 3\frac{3}{4}$

e) $-(4 + x) = \frac{10}{2x}$

153 In einem Rechteck ist eine Seite 5 cm länger als die andere. Der Flächeninhalt des Rechtecks beträgt 104 cm². Ermittle, wie lang die Seiten sind.

154 Die Seiten eines Rechtecks sind 21 m und 8 m lang. Die längere Seite wird um x m verkürzt, die kürzere um x m verlängert. Bestimme den Wert von x so, dass das neue Rechteck einen Flächeninhalt von 210 m² hat. Gib auch seine Seitenlängen an.

Interaktive Aufgaben

- 2. Anzahl der Lösungen bestimmen
- 3. a-b-c-Formel
- 4. Komplexe Gleichung
- 5. Zeitungsanzeige

Nullstellen von Parabeln

Merke

Die x-Koordinaten der Schnittpunkte einer Parabel mit der x-Achse werden als **Nullstellen** bezeichnet. Eine quadratische Funktion $y = ax^2 + bx + c$ hat je nach Lage des Scheitelpunktes S und dem Vorzeichen von a **zwei, eine oder gar keine Nullstellen**. Zur Berechnung der Nullstellen ermittelt man mithilfe eines Gleichungssystems die Koordinaten der Schnittpunkte der Parabel mit der x-Achse ($y = 0$):

Parabelgleichung:	$y = ax^2 + bx + c$
Gleichung der x-Achse:	$\wedge\ y = 0$
Gleichsetzen:	$\mathbf{ax^2 + bx + c = 0}$

Man setzt also den Funktionsterm **gleich null** und löst die Gleichung mittels der Lösungsformel für gemischtquadratische Gleichungen.

Beispiel

Bestimme die Nullstellen der Parabel p mit der Gleichung $y = \frac{1}{2}x^2 - 3x + 2\frac{1}{2}$ und überprüfe dein Ergebnis grafisch.

Lösung:

$\frac{1}{2}x^2 - 3x + 2\frac{1}{2} = 0$ — Funktionsterm gleich null setzen

$D = b^2 - 4ac$ — Diskriminantenwert berechnen

$D = (-3)^2 - 4 \cdot \frac{1}{2} \cdot 2\frac{1}{2}$

$D = 9 - 5$

$D = 4$ — $D > 0$: also 2 Lösungselemente (= Nullstellen)

$\Leftrightarrow \quad x_{1/2} = \frac{-b \pm \sqrt{D}}{2a}$ — Lösungsformel

$\Leftrightarrow \quad x_{1/2} = \frac{-(-3) \pm \sqrt{4}}{2 \cdot \frac{1}{2}}$

$\Leftrightarrow \quad x_{1/2} = \frac{3 \pm 2}{1}$

$x_1 = 5 \;\vee\; x_2 = 1$ Zwei Nullstellen

$L = \{1; 5\}$

Die Parabel schneidet die x-Achse in den Punkten $N_1(1\,|\,0)$ und $N_2(5\,|\,0)$.

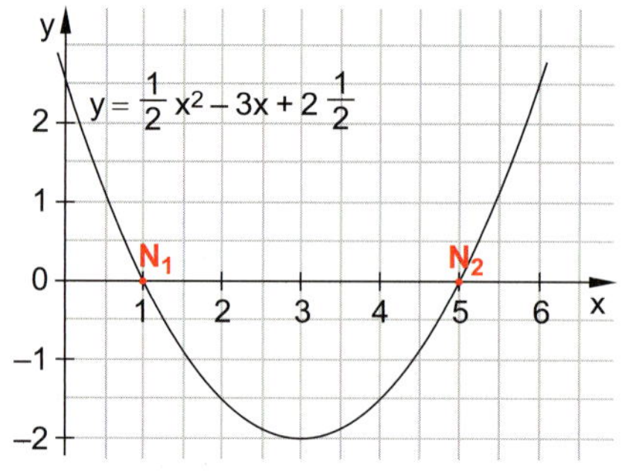

Aufgabe 155

Bestimme die Nullstellen der Parabel.

a) p: $y = -\frac{1}{2}x^2 + 2x - 2$ b) p: $y = -\frac{1}{4}x^2 + \frac{1}{2}x - 3\frac{1}{4}$ c) p: $y = -\frac{1}{8}x^2 + x$

Interaktive Aufgaben

6. Nullstellen bestimmen
7. Nullstellen bestimmen
8. Nullstellen und Parabel bestimmen
9. Bundesjugendspiele

Schnitt von Parabel und Gerade

Die Bestimmung des Schnittpunktes zweier Geraden führt auf ein lineares Gleichungssystem (da jeder Geraden im Koordinatensystem eine lineare Gleichung entspricht). Entsprechend geht man bei der Bestimmung der Schnittpunkte einer Parabel mit einer Geraden vor.

Merke

Die Koordinaten der Schnittpunkte einer Parabel mit der Gleichung $y = ax^2 + bx + c$ und einer Geraden mit der Gleichung $y = mx + t$ erfüllen gleichzeitig beide Gleichungen. Sie sind also Lösungen des Gleichungssystems:

Parabel p: $\quad y = ax^2 + bx + c$
Gerade g: $\quad \wedge \; y = mx + t$

Gleichsetzen: $\quad ax^2 + bx + c = mx + t$

Die erhaltene quadratische Gleichung wird in die allgemeine Form gebracht, d. h., sie wird nach 0 aufgelöst und der Wert der Diskriminante D berechnet. Anhand der Anzahl der Lösungselemente kann die Anzahl der Schnittpunkte angegeben werden:

- $D > 0$: 2 Schnittpunkte S_1 und S_2
- $D = 0$: 1 **Berühr**punkt B (Die Gerade ist eine **Tangente** an p.)
- $D < 0$: kein Schnittpunkt

Zur Berechnung der **x-Koordinaten** (Abszissen) der Schnittpunkte (bzw. des Berührpunktes) löst man die Gleichung mittels der Lösungsformel.
Zur Berechnung der **y-Koordinaten** (Ordinaten) der Schnittpunkte (bzw. des Berührpunktes) werden die Lösungen der quadratischen Gleichung(en) in die Parabel- **oder** die Geradengleichung eingesetzt. Die einfachere der beiden Gleichungen (in der Regel die Geradengleichung) ist dabei zu bevorzugen.

Beispiele

1. Berechne die Koordinaten der Schnittpunkte der Parabel p: $y=(x-2)^2-1$ und der Geraden g mit $y=-x+7$.

Lösung:

Schnittpunktbedingung:

Parabel p: $y=(x-2)^2-1$

Gerade g: $\wedge\ y=-x+7$

$\Rightarrow\ (x-2)^2-1=-x+7 \quad (I=II)$ — Gleichsetzen

$\Leftrightarrow\ x^2-4x+4-1=-x+7$ — Vereinfachen und in die allgemeine Form bringen

$\Leftrightarrow\ x^2-4x+3=-x+7 \quad |+x-7$

$\Leftrightarrow\ x^2-3x-4=0$ — Quadratische Gleichung in der allgemeinen Form

$D=b^2-4ac$ — Wert der Diskriminante berechnen

$D=(-3)^2-4\cdot 1\cdot(-4)$

$D=25$ — $D>0$: 2 Schnittpunkte

$\Leftrightarrow\ x_{1/2}=\dfrac{-b\pm\sqrt{D}}{2a}$ — Berechne die x-Koordinaten der Schnittpunkte mit der Lösungsformel.

$\Leftrightarrow\ x_{1/2}=\dfrac{-(-3)\pm\sqrt{25}}{2\cdot 1}$

$x_1=4 \ \vee\ x_2=-1$ — x-Koordinaten der beiden Schnittpunkte

$L=\{-1;4\}$ — Lösungsmenge angeben

Einsetzen in $S_n(x\,|-x+7)$: — Berechne die y-Koordinaten der Schnittpunkte durch Einsetzen in die Geradengleichung.

$S_1(-1\,|-(-1)+7)$

$S_1(-1\,|\,8)$

$S_2(4\,|-4+7)$

$S_2(4\,|\,3)$

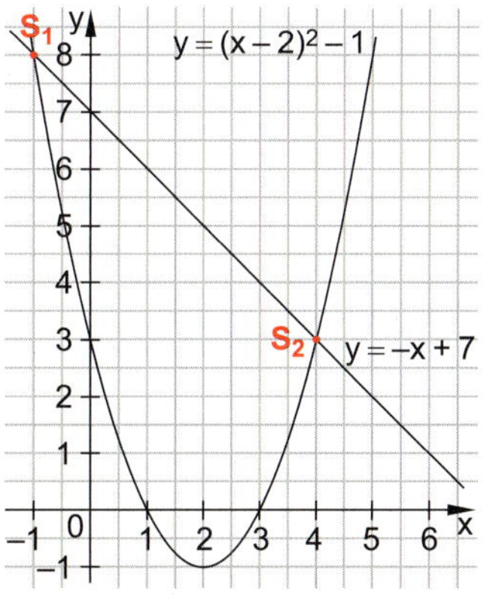

2. Zeige, dass die Gerade g mit g: $y=2x+\frac{3}{2}$ Tangente an die Parabel p mit $y=\frac{1}{2}x^2+3x+2$ ist und berechne die Koordinaten des Berührpunktes B.

Lösung:

Schnittpunktbedingung:

Parabel p: $y=\dfrac{1}{2}x^2+3x+2$

Gerade g: $\wedge\ y=2x+\dfrac{3}{2}$

Die Gerade ist eine Tangente an die Parabel, wenn es nur einen Schnittpunkt (Berührpunkt) mit ihr gibt.

$\Rightarrow\ \dfrac{1}{2}x^2+3x+2=2x+\dfrac{3}{2}\quad (I=II)\quad \left|-2x-\dfrac{3}{2}\right.$ — Gleichsetzen

$\Leftrightarrow\ \dfrac{1}{2}x^2+x+\dfrac{1}{2}=0$ — In die allgemeine Form bringen

$D=b^2-4ac$ — Wert der Diskriminante berechnen

$D=1^2-4\cdot\dfrac{1}{2}\cdot\left(\dfrac{1}{2}\right)$

$D=0$ — D = 0: 1 Berührpunkt → Tangente

$\Leftrightarrow \quad x=\frac{-b\pm\sqrt{D}}{2a}$ — x-Koordinate des Berührpunktes mit der Lösungsformel berechnen

$\Leftrightarrow \quad x=\frac{-1\pm\sqrt{0}}{2\cdot\frac{1}{2}}$

$\Leftrightarrow \quad x=-1$

$L=\{-1\}$ — Lösungsmenge angeben

Einsetzen in $B\left(x \,\middle|\, 2x+\frac{3}{2}\right)$:

$B\left(-1 \,\middle|\, 2(-1)+\frac{3}{2}\right)$

$B\left(-1 \,\middle|\, -\frac{1}{2}\right)$

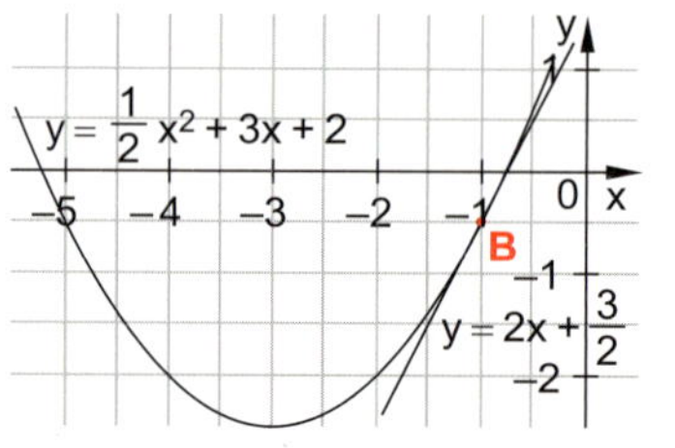

Die Gerade berührt die Parabel im Punkt $B\left(-1 \,\middle|\, -\frac{1}{2}\right)$.

Aufgaben

Für die folgenden Aufgaben gilt $x, y \in \mathbb{R}$.

156 Zeige durch Rechnung, dass die Gerade g mit der Gleichung $y=\frac{1}{2}x-3\frac{5}{8}$ eine Tangente an die Parabel p mit der Gleichung $y=\frac{1}{2}x^2-3x+2\frac{1}{2}$ ist und ermittle die Koordinaten des Berührpunktes B. Überprüfe das Ergebnis grafisch.

157 Berechne die Koordinaten der Schnittpunkte der Parabel p: $y=-\frac{1}{4}x^2+\frac{1}{2}x+5$ und der Geraden g: $y=\frac{1}{2}x+4$. Überprüfe das Ergebnis grafisch.

158 Zeige, dass die Gerade g mit der Gleichung $y=\frac{1}{3}x+6$ und die Parabel p mit der Gleichung $y=-(x+6)^2+3$ keinen Punkt gemeinsam haben. Überprüfe das Ergebnis grafisch.

Interaktive Aufgaben

10. Schnittpunkte bestimmen

11. Auto und Motorrad

Schnitt von Parabel mit Parabel – System quadratischer Gleichungen

Merke

Die Bestimmung der Schnittpunkte **zweier Parabeln** p_1 und p_2 führt auf ein Gleichungssystem, das aus **zwei quadratischen Gleichungen** besteht. Die Koordinaten der Schnittpunkte erfüllen gleichzeitig beide Gleichungen. Sie sind also Lösungen des Gleichungssystems:

Parabel p_1: $\quad y=a_1x^2+b_1x+c_1$

Parabel p_2: $\quad \wedge \; y=a_2x^2+b_2x+c_2$

Gleichsetzen: $\quad a_1x^2+b_1x+c_1=a_2x^2+b_2x+c_2$

Beispiel

Berechne die Koordinaten der Schnittpunkte der beiden Parabeln p_1: $y=-(x-7)^2+11$ und p_2: $y=\frac{1}{4}(x-2)^2+1$ mithilfe des Gleichsetzungsverfahrens.

Lösung:

Schnittpunktbedingung:

Parabel p_1: $\quad y=-(x-7)^2+11$

Parabel p_2: $\quad \wedge \; y=\frac{1}{4}(x-2)^2+1$

$\Rightarrow \quad -(x-7)^2+11=\frac{1}{4}(x-2)^2+1 \quad (I = II)$ In die allgemeine Form bringen

$\Leftrightarrow \quad -(x^2-14x+49)+11=\frac{1}{4}(x^2-4x+4)+1$

$\Leftrightarrow \quad -x^2+14x-49+11=\frac{1}{4}x^2-x+1+1$

$\Leftrightarrow \quad -x^2+14x-38=\frac{1}{4}x^2-x+2 \quad \left| -\frac{1}{4}x^2+x-2\right.$

$\Leftrightarrow \quad -\frac{5}{4}x^2+15x-40=0$

$D=b^2-4ac$ Wert der Diskriminante berechnen

$D=15^2-4\cdot\left(-\frac{5}{4}\right)\cdot(-40)$

$D=225-200$

$D=25$

$D>0$: zwei Schnittpunkte

Berechne die x-Koordinaten der Schnittpunkte mithilfe der Lösungsformel.

$\Leftrightarrow \quad x_{1/2}=\frac{-b\pm\sqrt{D}}{2a}$

$\Leftrightarrow \quad x_{1/2}=\frac{-15\pm\sqrt{25}}{2\cdot\left(-\frac{5}{4}\right)}$

$\Leftrightarrow \quad x_{1/2}=\frac{-15\pm5}{-2,5}$

$x_1=4 \quad \vee \quad x_2=8$

$L=\{4;\ 8\}$ Lösungsmenge angeben

Einsetzen der x-Koordinaten in eine der beiden Parabelgleichungen:

$S_1(4\,|\,-(4-7)^2+11)$

$S_1(4\,|\,2)$

$S_2(8\,|\,-(8-7)^2+11)$

$S_2(8\,|\,10)$

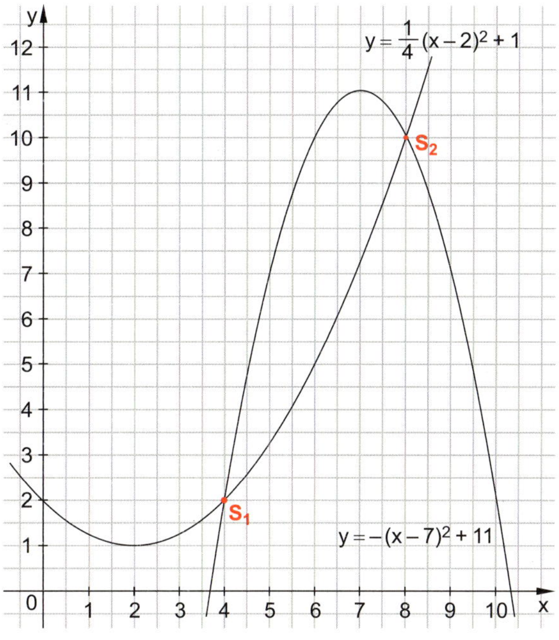

Aufgaben

Für die folgenden Aufgaben gilt $x, y \in \mathbb{R}$.

159 Zeige rechnerisch, dass sich die Parabel p_1 mit der Gleichung $y = -\frac{1}{4}x^2 - \frac{1}{2}x - 1$ und die Parabel p_2 mit der Gleichung $y = -x^2 + 2x - 5$ weder berühren noch schneiden.

160 Berechne die Koordinaten der Schnittpunkte der Parabel p_1 mit der Gleichung $y = \frac{1}{2}x^2 - \frac{1}{2}x - 2$ und der Parabel p_2 mit der Gleichung $y = -x^2 + 4x + 4$.

161 Die Parabel p_1 mit der Gleichung $y = -\frac{3}{2}x^2 + 9x - 8\frac{1}{2}$ und die Parabel p_2 mit der Gleichung $y = \frac{2}{3}x^2 - 4x + 11$ berühren sich im Punkt B.
Berechne die Koordinaten des Berührpunktes.

Interaktive Aufgaben

12. Schnittpunkte von 2 Parabeln
13. Berührpunkt von 2 Parabeln

Funktionale Abhängigkeiten und Extremwertberechnungen

Funktionale Abhängigkeiten und Extremwertberechnungen sind ein Schwerpunkt in der Abschlussprüfung. Das folgende Beispiel und die Aufgabe bauen auf dem Grundwissen 9. Klasse auf und führen auf das Anspruchsniveau in der Abschlussprüfung hin.

Beispiel

Die Parabel p hat die Gleichung $y = -0{,}25x^2 + 2x + 3$.
Die Gerade g hat die Gleichung $y = -0{,}25x + 3$.

a) Tabellarisiere die Parabel p für $x \in [-2; 10]$ in Schritten von $\Delta x = 1$ und zeichne die Graphen zu p und g in ein Koordinatensystem.
Platzbedarf: $-2 \le x \le 12$; $-3 \le y \le 8$
b) Berechne die Koordinaten der Schnittpunkte P und Q der Parabel p mit der Geraden g, wobei $x_P < x_Q$ gelten soll.

Punkte $C_n(x \mid -0{,}25x^2 + 2x + 3)$ auf der Parabel p liegen zwischen den Punkten P und Q und besitzen dieselbe Abszisse x wie die Punkte A_n auf der Geraden g. Die Punkte A_n und C_n sind die Eckpunkte von rechtwinkligen Dreiecken $A_nB_nC_n$ mit Hypotenuse $\overline{B_nC_n}$. $\overline{A_nB_n}$ ist parallel zur x-Achse und immer 3 LE lang.

c) Zeichne die Dreiecke $A_1B_1C_1$ für $x = 3$ und $A_2B_2C_2$ für $x = 8$ in das Koordinatensystem ein.
d) Berechne die Länge der Kathete $\overline{C_nA_n}$ in Abhängigkeit von x und anschließend den Flächeninhalt der Dreiecke $A_nB_nC_n$ in Abhängigkeit von x.
e) Berechne die x-Koordinate für das flächengrößte Dreieck und gib A_{max} an.
f) Ermittle, für welche x-Koordinaten das Dreieck gleichschenklig-rechtwinklig ist.

Lösung:

a)

x	–2	–1	0	1	2	3	4	5	6	7	8	9	10
$-0{,}25x^2 + 2x + 3$	–2	0,75	3	4,75	6	6,75	7	6,75	6	4,75	3	0,75	–2

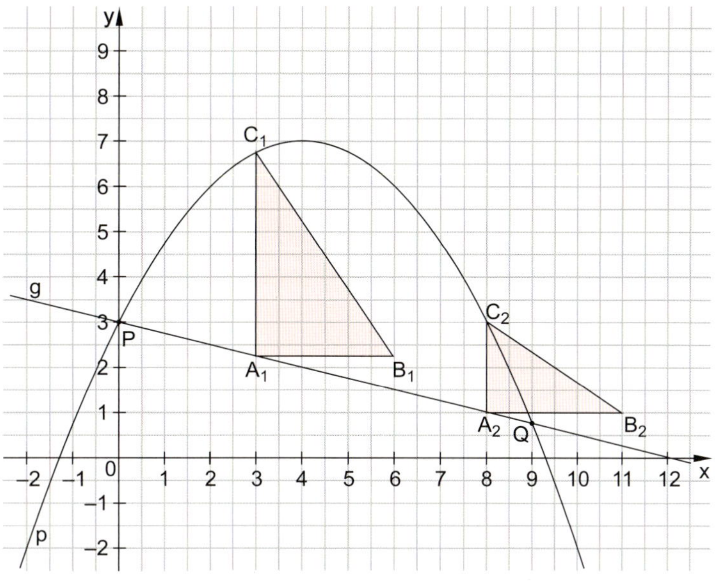

- Zeichne A_1 und C_1 mit der x-Koordinate $x = 3$ auf g bzw. p ein.
- Zeichne die Strecke $\overline{A_1B_1}$ parallel zur x-Achse mit einer Länge von 3 LE ein. Achte auf den Umlaufsinn! B_1 muss rechts von A_1 liegen.
- Verfahre ebenso für $A_2B_2C_2$.

b) Die Schnittpunkte liegen auf der Parabel p **und zugleich** auf der Geraden g. Für die Koordinaten der Schnittpunkte P und Q müssen also beide Gleichungen erfüllt sein:

$$\begin{array}{l|l} p: & y = -0{,}25x^2 + 2x + 3 \\ g: & \wedge \; y = -0{,}25x + 3 \end{array}$$

Gleichungssystem aufstellen

$\Rightarrow \; -0{,}25x^2 + 2x + 3 = -0{,}25x + 3 \quad (I = II) \quad | + 0{,}25x - 3$

$\Leftrightarrow \; -0{,}25x^2 + 2{,}25x = 0$ — In die allgemeine Form bringen

$D = b^2 - 4ac$ — Wert der Diskriminante berechnen

$D = 2{,}25^2 - 4 \cdot (-0{,}25) \cdot 0$

$D = 5{,}0625$ — $D > 0$: es gibt 2 Lösungselemente

$\Leftrightarrow \; x_{1/2} = \dfrac{-b \pm \sqrt{D}}{2a}$ — Lösungsformel anwenden

$\Leftrightarrow \; x_{1/2} = \dfrac{-2{,}25 \pm \sqrt{5{,}0625}}{2 \cdot (-0{,}25)}$

$x_1 = 0 \;\vee\; x_2 = 9$

$L = \{0; 9\}$

In eine der beiden Gleichungen (die einfachere!) einsetzen:

$P(0 \mid -0{,}25 \cdot 0 + 3)$ $\qquad$ $Q(9 \mid -0{,}25 \cdot 9 + 3)$ $\qquad$ Beachte: $x_P < x_Q$

$P(0 \mid 3)$ $\qquad$ $Q(9 \mid 0{,}75)$

c) Zeichnung siehe Teilaufgabe a

d) $A_n(x \mid -0{,}25x + 3)$

$C_n(x \mid -0{,}25x^2 + 2x + 3)$

Berechnung der Kathetenlänge:

Die Punkte A_n und C_n haben die gleiche Abszisse x, also ist die Länge der Strecke $\overline{A_nC_n}$ durch die Differenz ihrer y-Koordinaten gegeben.

$|\overline{C_nA_n}| = (y_{C_n} - y_{A_n})$ LE

$|\overline{C_nA_n}|(x) = [-0{,}25x^2 + 2x + 3 - (-0{,}25x + 3)]$ LE

$|\overline{C_nA_n}|(x) = [-0{,}25x^2 + 2{,}25x]$ LE

Berechnung des Flächeninhalts:

$\overline{A_nB_n}$ ist stets 3 LE lang.

$A_{\Delta A_nB_nC_n}(x) = \dfrac{1}{2} \cdot |\overline{A_nB_n}| \cdot |\overline{C_nA_n}|(x)$ — $A_\Delta = \dfrac{1}{2} \cdot g \cdot h$

$$A_{\Delta A_nB_nC_n}(x) = \frac{1}{2} \cdot |\overline{A_nB_n}| \cdot |\overline{C_nA_n}|(x)$$
$$A_{\Delta A_nB_nC_n}(x) = \frac{1}{2} \cdot 3 \cdot (-0,25x^2 + 2,25x) \text{ FE}$$
$$A_{\Delta A_nB_nC_n}(x) = 1,5 \cdot (-0,25x^2 + 2,25x) \text{ FE}$$
$$A_{\Delta A_nB_nC_n}(x) = (-0,375x^2 + 3,375x) \text{ FE}$$

e) *Lösungsweg 1:*
Berechnung von A_{max}:
$$A_{\Delta A_nB_nC_n}(x) = (-0,375x^2 + 3,375x) \text{ FE}$$ Ergänze quadratisch.
$$A_{\Delta A_nB_nC_n}(x) = -0,375[x^2 - 9x] \text{ FE}$$
$$A_{\Delta A_nB_nC_n}(x) = -0,375[x^2 - 9x \mathbf{+ 4,5^2 - 4,5^2}] \text{ FE}$$
$$A_{\Delta A_nB_nC_n}(x) = -0,375[(x-4,5)^2 - 20,25] \text{ FE}$$
$$A_{\Delta A_nB_nC_n}(x) = [-0,375(x-4,5)^2 + 7,59375] \text{ FE}$$
$A_{max} = 7,59375$ FE für $x = 4,5$

Lösungsweg 2: Da stets gilt $g = |\overline{A_nB_n}| = 3$ LE ist der Flächeninhalt am größten, wenn die Höhe $h = |\overline{C_nA_n}|$ am größten ist. Es genügt also zu bestimmen, für welche x-Koordinate die Kathetenlänge $|\overline{C_nA_n}|$ am längsten ist:
$$|\overline{C_nA_n}|(x) = [-0,25x^2 + 2,25x] \text{ LE}$$
$$|\overline{C_nA_n}|(x) = -0,25[x^2 - 9x] \text{ LE}$$
$$|\overline{C_nA_n}|(x) = -0,25[x^2 - 9x \mathbf{+ 4,5^2 - 4,5^2}] \text{ LE}$$
$$|\overline{C_nA_n}|(x) = -0,25[(x-4,5)^2 - 20,25] \text{ LE}$$
$$|\overline{C_nA_n}|(x) = [-0,25(x-4,5)^2 + 5,0625] \text{ LE}$$
$|\overline{C_nA_n}|_{max} = 5,0625$ LE für $x = 4,5$

$\Rightarrow \quad A_{max} = \frac{1}{2} \cdot 3 \cdot 5,0625 \text{ FE} = 7,59375 \text{ FE}$ (vgl. Lösungsweg 1)

f) Da sich die Länge von $\overline{A_nB_n}$ nicht verändert (stets 3 LE), ist das Dreieck genau dann gleichschenklig, wenn auch $\overline{C_nA_n}$ eine Länge von 3 LE hat:
$|\overline{C_nA_n}| = [-0,25x^2 + 2,25x]$ LE $\wedge$ $|\overline{C_nA_n}| = 3$ LE
Gleichsetzen:
$\Rightarrow \quad -0,25x^2 + 2,25x = 3 \quad | -3$
$\Leftrightarrow \quad -0,25x^2 + 2,25x - 3 = 0$

$D = b^2 - 4ac$ Wert der Diskriminante berechnen
$D = 2,25^2 - 4 \cdot (-0,25) \cdot (-3)$
$D = 2,0625$ D > 0: es gibt 2 Lösungselemente

$$\Leftrightarrow \quad x_{1/2} = \frac{-b \pm \sqrt{D}}{2a}$$
$$\Leftrightarrow \quad x_{1/2} = \frac{-2,25 \pm \sqrt{2,0625}}{2 \cdot (-0,25)}$$ Lösungsformel anwenden

$x_1 = 1,63 \quad \vee \quad x_2 = 7,37$
$L = \{1,63; 7,37\}$ Lösungsmenge angeben

Es gibt also zwei gleichschenklig-rechtwinklige Dreiecke, nämlich dann, wenn die x-Koordinaten von A und C die Werte $x_1 = 1,63$ oder $x_2 = 7,37$ annehmen.

Aufgabe 162

Gegeben sind die beiden Parabeln p_1: $y=-(x-4)^2+2$ und p_2: $y=\frac{1}{4}x^2-x+5$.

a) Berechne die Koordinaten des Scheitelpunkts der Parabel p_2, gib die Koordinaten des Scheitelpunkts der Parabel p_1 an und bringe die Gleichung der Parabel p_1 in die allgemeine Form $y=ax^2+bx+c$.
(Zwischenergebnis: p_1: $y=-x^2+8x-14$)

b) Erstelle Wertetabellen und zeichne die Parabeln in ein Koordinatensystem.
Für p_1: $x\in[2;6]$; $\Delta x=1$; für p_2: $x\in[-1;5]$; $\Delta x=1$
Platzbedarf: $-2\leq x\leq 7$; $-2\leq y\leq 7$

c) Die Punkte $P_n(x\,|\,?)$ liegen auf der Parabel p_1, die Punkte $Q_n(x\,|\,?)$ auf der Parabel p_2.
Zeichne $\overline{P_1Q_1}$ für $x=2$ und $\overline{P_2Q_2}$ für $x=4$.

d) Berechne die Länge der Strecken $\overline{P_nQ_n}$ in Abhängigkeit von der x-Koordinate der Punkte P_n und Q_n.
[Zwischenergebnis: $|\overline{P_nQ_n}|(x)=(1{,}25x^2-9x+19)$ LE]

e) Berechne die minimale Streckenlänge $|\overline{P_0Q_0}|$ und gib die Koordinaten der Punkte P_0 und Q_0 an.

Interaktive Aufgaben

- 14. Funktionale Abhängigkeit: Parallelogramme
- 15. Funktionale Abhängigkeit: Dreiecke

3.3 Exponentialfunktionen und Logarithmen

Exponentialfunktionen

Ein Mediziner beobachtet, dass sich die von einer Bakterienkultur belegte Fläche stündlich verdoppelt. Zu Beginn der Beobachtung beträgt die belegte Fläche 2,4 cm^2.

Der Flächeninhalt y cm^2 ändert sich wie folgt:

Beginn der Beobachtung:	$y=2{,}4$	erste Verdopplung	$\Leftrightarrow$	$y=2{,}4\cdot 2^0$
Nach 1 Stunde:	$y=2{,}4\cdot\mathbf{2}$	Verdopplung des neuen Ausgangswertes	$\Leftrightarrow$	$y=2{,}4\cdot 2^1$
Nach 2 Stunden:	$y=(2{,}4\cdot 2)\cdot\mathbf{2}$		$\Leftrightarrow$	$y=2{,}4\cdot 2^2$
Nach 3 Stunden:	$y=(2{,}4\cdot 2\cdot 2)\cdot\mathbf{2}$		$\Leftrightarrow$	$y=2{,}4\cdot 2^3$
Nach 4 Stunden:	$y=(2{,}4\cdot 2\cdot 2\cdot 2)\cdot\mathbf{2}$		$\Leftrightarrow$	$y=2{,}4\cdot 2^4$
…	…		…	
Nach x Stunden:			$\Leftrightarrow$	$\mathbf{y=2{,}4\cdot 2^x}$

Wertetabelle

x	0	1	2	3	4	5	6
$\mathbf{y=2{,}4\cdot 2^x}$	2,4	4,8	9,6	19,2	38,4	76,8	153,6

Graph

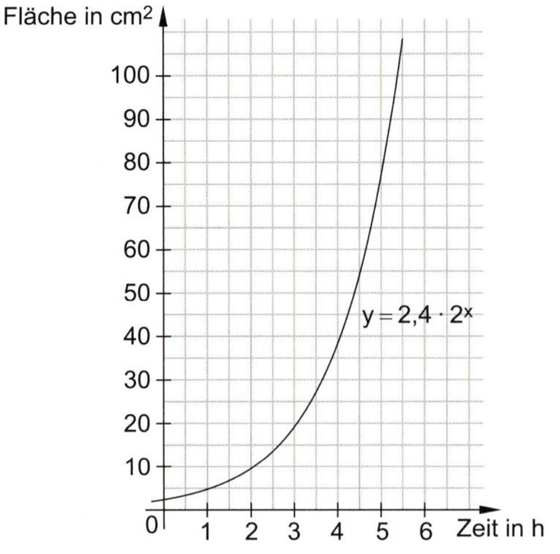

Merke

Funktionen mit Gleichungen der Form $y = k \cdot a^x$ mit $k > 0$, $a > 0$ und $x, y \in \mathbb{R}$ beschreiben **Wachstums-** bzw. **Abklingprozesse**. Da die Variable x als Exponent des Funktionsterms auftritt, bezeichnet man solche Funktionen als **Exponentialfunktionen**.

- Alle Exponentialfunktionen verlaufen durch den Punkt $(0 \mid k)$.
- Alle Exponentialfunktionen haben die x-Achse als Asymptote.
- Für $\mathbf{0 < a < 1}$ sind die Graphen monoton fallend: **exponentielles Abklingen**
- Für $\mathbf{a > 1}$ sind die Graphen monoton steigend: **exponentielles Wachstum**

Beispiele

1. Ein Pkw verliert im ersten Jahr etwa 25 % des Neupreises. In den folgenden Jahren beträgt der jährliche Wertverlust etwa 10 % vom Restwert des vorhergehenden Jahres. Der Durchschnittspreis eines Neuwagens beträgt ca. 25 000 €.
   Der Wert y € ändert sich im Laufe der Jahre wie folgt:

   Beginn: 25 000

   Nach 1 Jahr: $25\,000 - 25\,000 \cdot \frac{25}{100} = 25\,000 \cdot (1 - 0{,}25)$
   $= 25\,000 \cdot 0{,}75$
   $= 18\,750 = 18\,750 \cdot 0{,}9^0$

   Nach 2 Jahren: $18\,750 \cdot 0{,}9 \qquad = 18\,750 \cdot 0{,}9^1$
   Nach 3 Jahren: $(18\,750 \cdot 0{,}9) \cdot 0{,}9 \qquad = 18\,750 \cdot 0{,}9^2$
   Nach 4 Jahren: $(18\,750 \cdot 0{,}9 \cdot 0{,}9) \cdot 0{,}9 \qquad = 18\,750 \cdot 0{,}9^3$
   … … …
   Nach x Jahren: $18\,750 \cdot 0{,}9^{x-1}$

2. Als **Halbwertszeit** $\mathbf{T_{\frac{1}{2}}}$ eines Stoffes wird die Zeitspanne bezeichnet, nach der die Hälfte der zerfallsfähigen Kerne umgewandelt wurde. Die Halbwertszeiten von Nukliden sind äußerst unterschiedlich und reichen von Bruchteilen von Sekunden (Polonium-214: 160 Mikrosekunden) bis zu mehreren Milliarden Jahren (Uran-238: 4,5 Milliarden Jahre).
   Der gesetzmäßige Zusammenhang zwischen der Anzahl N(t) der zur Zeit t noch nicht zerfallenen Kerne und der Halbwertszeit $T_{\frac{1}{2}}$ lässt sich durch die Formel $N(t) = N_0 \cdot \left(\frac{1}{2}\right)^{\frac{t}{T_{\frac{1}{2}}}}$ darstellen, wobei N_0 für die Anzahl der anfangs vorhandenen Kerne steht. Für radioaktives Cäsium-137 beträgt die Halbwertszeit ca. 30 Jahre.

Die Gleichung $y = 75 \cdot \left(\frac{1}{2}\right)^{\frac{x}{30}}$ beschreibt den exponentiellen Zerfall für eine ursprünglich vorhandene Anzahl von 75 Kernen Cäsium.

Zeit in Jahren	0	30	60	90	120
Anzahl Kerne	75	37,5	18,75	9,38	4,69

3. Ein Anfangskapital K_0 wächst bei einem Prozentsatz von p % in Abhängigkeit der Jahre x gemäß dem Zusammenhang $K = K_0 \cdot q^x$, mit $q = 1 + \frac{p}{100}$.
   a) Ein Guthaben von 500 € wird mit jährlich 6 % verzinst.
   Leite die passende Formel für das Guthaben nach x Jahren her.
   b) Ermittle zeichnerisch, nach wie vielen Jahren das Kapital mehr als 800 € beträgt.
   c) Berechne, wie viel Geld an deinem 16. Geburtstag auf deinem Konto wären, wenn zu deiner Geburt 1 000 € bei einem Zinssatz von 6 % einbezahlt worden wären. Runde auf zwei Stellen nach dem Komma.

Lösung:

a) Anfangskapital K_0 in €: 500

Nach **1** Jahr:
$K = 500 + 500 \cdot 0{,}06$ — Anfangskapital + 6 % Zinsen
$K = 500 \cdot (1 + 0{,}06)$
$K = 500 \cdot 1{,}06^1$

Nach **2** Jahren:
$K = 500 \cdot 1{,}06 + (500 \cdot 1{,}06) \cdot 0{,}06$ — Kapital nach 1 Jahr + Zinsen
$K = 500 \cdot 1{,}06 \cdot (1 + 0{,}06)$
$K = 500 \cdot 1{,}06 \cdot 1{,}06$
$K = 500 \cdot 1{,}06^2$

Nach **3** Jahren:
$K = 500 \cdot 1{,}06^2 + (500 \cdot 1{,}06^2) \cdot 0{,}06$
$K = \ldots$
$K = 500 \cdot 1{,}06^3$

Nach **x** Jahren:
$K = 500 \cdot 1{,}06^x$

b)

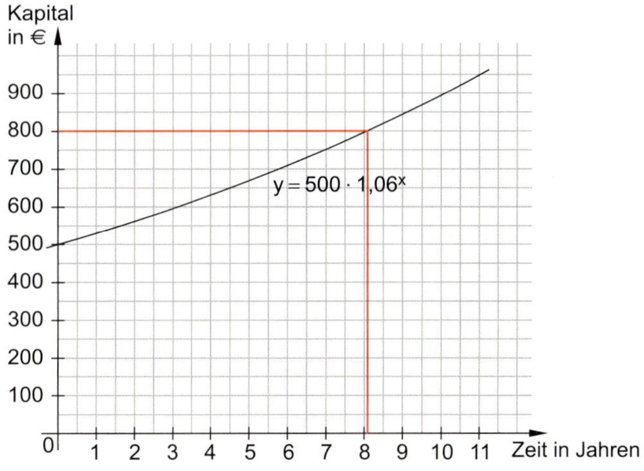

Zeichne den Graphen mithilfe einer Wertetabelle. Lies dann ab, wie lange es dauert, um 800 € anzusparen (rot eingezeichnet).

Nach etwas mehr als 8 Jahren beträgt das Kapital mehr als 800 €.

c) $K = 1\,000\,€ \cdot 1{,}06^{16}$
$K = 2\,540{,}35\,€$
Es wären rund 2 540,35 € auf dem Konto.

Aufgaben

163 Erstelle je eine Wertetabelle und zeichne die Graphen in ein Koordinatensystem.

a) $f: y = 2^x$; $g: y = \left(\frac{1}{2}\right)^x$; $x \in [-3; 3]$; $\Delta x = 1$

b) $f: y = 1{,}2 \cdot 3^x$; $g: y = -2 \cdot 0{,}5^x$ $x \in [-2; 1{,}5]$; $\Delta x = 0{,}5$

164 Bestimme die Funktionsgleichung der Exponentialfunktion f: $y = k \cdot a^x$, die durch die Punkte A und B verläuft.

a) $A(0\,|\,0{,}125)$; $B(2\,|\,18)$

b) $A(-2\,|\,10)$; $B(0\,|\,2{,}5)$

165 Gegeben ist die Funktion f mit $y = 175 \cdot 1{,}4^x$.

a) Erstelle eine Wertetabelle für $x \in [-1; 5]$ mit $\Delta x = 1$ und zeichne den Graphen. (x-Achse: 1 cm $\hat{=}$ 1 LE; y-Achse: 1 cm $\hat{=}$ 100 LE)

b) Entnimm dem Graphen, für welchen Wert von x sich der Funktionswert 500 ergibt.

c) Berechne den Funktionswert für $x = 2{,}5$.

Der Logarithmus

Merke

Die Lösung $x \in \mathbb{R}$ der Gleichung $a^x = b$ mit $a, b \in \mathbb{R}^+$ und $a \neq 1$ bezeichnet man als **Logarithmus** von b zur Basis a.

Schreibweise: $x = \log_a b$

Bezeichnungen: Logarithmus (x), Basis (a), Numerus (b)

Sprechweise: x ist der Logarithmus von b zur Basis a.

Merkregel: $\log_a b$ ist die Zahl, mit der man a potenzieren muss, um b zu erhalten.

- Beachte: $a^{\log_a b} = b$; $\log_a 1 = 0$, da $a^0 = 1$; $\log_a a = 1$, da $a^1 = a$
- Es gibt keinen Logarithmus von negativen Zahlen (negativen Numeri). Der Logarithmus selbst kann aber negativ sein.

Beispiel

$$\log_3 81 = x$$
$$\Leftrightarrow \quad 3^x = 81$$
$$\Leftrightarrow \quad 3^x = 3^4$$
$$\Leftrightarrow \quad x = 4$$

Der Wert von $\log_3 81$ ist die Lösung $x \in \mathbb{R}$ der Gleichung $3^x = 81$.

$\log_3 81 = 4$, da $3^4 = 81$

Somit gilt auch: $3^{\log_3 81} = 81$

4 ist der Exponent, mit dem man die Zahl 3 potenzieren muss, um 81 zu erhalten.

Aufgaben

166 Formuliere einen charakterisierenden Satz für die Zahl $\log_5 12$.

167 Berechne den Wert des Logarithmus.

a) $\log_2 16$

b) $\log_4 256$

c) $\log_8 \frac{1}{64}$

d) $\log_2 \frac{1}{8}$

e) $\log_2 0$

f) $\log_5 1$

168 Bestimme den Wert des Numerus ($G = \mathbb{R}$).

a) $\log_{10} x = 4$ b) $\log_2 x = 5$ c) $\log_6 x = 3$

d) $\log_8 x = 0$ e) $\log_{0,5} x = 2$ f) $\log_{\frac{3}{2}} x = -2$

169 Bestimme den Wert der Basis ($G = \mathbb{R}^+ \setminus \{1\}$).

a) $\log_x 125 = 3$ b) $\log_x \frac{4}{9} = 2$ c) $\log_x 2 = 2$

d) $\log_x 9 = 4$ e) $\log_x \frac{1}{5} = -1$ f) $\log_x \frac{1}{32} = -5$

Interaktive Aufgabe

1. Terme ergänzen

Der dekadische Logarithmus

Als Basis a eines Logarithmus $\log_a b$ kommt jede Zahl aus $\mathbb{R}^+ \setminus \{1\}$ infrage. Logarithmen mit Basis 10 haben eine besondere Bezeichnung.

Merke

Logarithmen zur **Basis 10** bezeichnet man auch als **dekadische Logarithmen (Zehnerlogarithmen)**.

Statt $\log_{10} x$ schreibt man kurz $\lg x$: $\lg x = \log_{10} x$

- Zehnerlogarithmen werden mit dem Taschenrechner mit den Tasten [LOG] bzw. [LG] bestimmt.
- Beachte: $\lg 10^n = n$

Beispiele

1. $x = \lg 0{,}01$
$\Leftrightarrow\ x = \log_{10} 0{,}01$
$\Leftrightarrow\ x = -2$
$L = \{-2\}$

Der Wert von $\log_{10} 0{,}01$ ist der Exponent, mit dem man 10 potenzieren muss, um 0,01 zu erhalten.

2. $\lg x = 0{,}8$
$\Leftrightarrow\ x = 10^{0{,}8}$
$\Leftrightarrow\ x = 6{,}31$
$L = \{6{,}31\}$

x ist der Wert, den man erhält, wenn man die Basis 10 mit dem Exponenten 0,8 potenziert.

Aufgaben

170 Berechne mit dem Taschenrechner die Logarithmen und führe die Probe durch. Runde auf drei Stellen nach dem Komma.

a) $\lg 5$ b) $\lg 12$ c) $\lg \frac{4}{5}$

d) $\lg 23{,}45$ e) $\lg 10$

171 Berechne mit dem Taschenrechner den Wert des Numerus und führe die Probe durch. Runde auf drei Stellen nach dem Komma.

a) $\lg x = 0{,}125$ b) $\lg x = -2{,}5$ c) $\lg x = \frac{3}{4}$

Interaktive Aufgabe

2. Terme ergänzen (Zehnerlogarithmus)

Logarithmen mit beliebiger Basis

Die Berechnung eines Logarithmus mit einer beliebigen Basis lässt sich auf die Berechnung des dekadischen Logarithmus oder eines Logarithmus mit frei wählbarer Basis $c \in \mathbb{R}^+ \setminus \{1\}$ zurückführen.

Merke

Für $a, c \in \mathbb{R}^+ \setminus \{1\}$ und $b \in \mathbb{R}^+$ gilt:

$\log_a b = \frac{\lg b}{\lg a}$ Logarithmus mit beliebiger Basis = $\frac{\text{Zehnerlogarithmus des Numerus}}{\text{Zehnerlogarithmus der Basis}}$

Umrechnung der Basis:

$\log_a b = \frac{\log_c b}{\log_c a}$ Logarithmus mit beliebiger Basis = $\frac{\text{Logarithmus des Numerus}}{\text{Logarithmus der Basis}}$

Beispiele

1. Berechne den Logarithmus und führe die Probe durch: $\log_{14} 8$

   Lösung:

   $\log_{14} 8 = \frac{\lg 8}{\lg 14} = 0{,}788$ Probe: $14^{0{,}788} = 8{,}000$

2. Forme $\log_{14} 8$ in einen Logarithmus mit der Basis 5 um.

   Lösung:

   $\log_{14} 8 = \frac{\log_5 8}{\log_5 14}$

Aufgaben

172

Berechne nachfolgende Logarithmenwerte (auf zwei Stellen nach dem Komma gerundet).

a) $\log_2 3$

b) $\log_3 \sqrt{8}$

c) $\log_{12} 3{,}5$

d) $\log_{1{,}4} 246$

173

Forme in Logarithmen mit der Basis c um.

a) $\log_2 10;\quad c = 5$

b) $\log_{0{,}5} \frac{1}{64};\quad c = 9$

c) $\lg 4{,}5;\quad c = 3$

d) $\log_3 6;\quad c = \sqrt{2}$

Interaktive Aufgabe

3. Basis bestimmen

Exponentialgleichungen

Merke

Eine Gleichung, bei der eine Variable im **Exponenten** einer Potenz steht, heißt **Exponentialgleichung**.

Lösung einer Exponentialgleichung

- Falls notwendig, wird die Gleichung so umgestellt, dass Terme mit und ohne Variablen auf verschiedenen Seiten stehen, und dann zusammengefasst.
- **Logarithmieren:** Die Gleichung wird nach der Variablen aufgelöst, indem man auf beiden Seiten den Logarithmus anwendet, der als Basis die Basis der Potenz (mit der Variablen im Exponenten) hat.

Beispiele

1. Berechne die Lösungsmenge der Exponentialgleichung $3^x = 81$ ($G = \mathbb{R}$).

Lösung:

$$3^x = 81$$ Logarithmiere

$$\Leftrightarrow \log_3 3^x = \log_3 81$$

$$\Leftrightarrow x = \log_3 81$$

$$\Leftrightarrow x = \frac{\lg 81}{\lg 3}$$ Die Basisumrechnung ist hier nicht zwingend notwendig, da $\log_3 81$ auch im Kopf berechnet werden kann.

$$\Leftrightarrow x = 4$$

$L = \{4\}$

2. $3^x - 5 = 0 \quad | +5$

$$\Leftrightarrow 3^x = 5$$ Logarithmiere

$$\Leftrightarrow x = \log_3 5$$ Wandle in Zehnerlogarithmen um und löse mit dem Taschenrechner.

$$\Leftrightarrow x = \frac{\lg 5}{\lg 3}$$

$$\Leftrightarrow x = 1{,}46$$ Das Ergebnis ist auf zwei Stellen nach dem Komma gerundet.

$L = \{1{,}46\}$

Aufgaben

174 Löse nachfolgende Exponentialgleichungen ($G = \mathbb{R}$).
Runde auf zwei Stellen nach dem Komma.

a) $5^x = 1{,}2$

b) $\frac{1}{2} \cdot 7^x = 6$

c) $8^x + 123 = 321$

d) $5 \cdot 2^x - 19 = 3$

Vermischte Aufgaben

175 Herr Ludolf hat Anfang 2012 als Hochzeitsgeschenk für seine Tochter Laura ein Kapital von 2 500 € angelegt. Die Bank bietet einen jährlichen Zinssatz von 5 % an. Die Kapitalentwicklung kann durch die Gleichung $y = 2\,500 \cdot 1{,}05^x$ beschrieben werden.

a) Erstelle eine Wertetabelle, die die Kapitalentwicklung für die ersten 10 Jahre nach Anlage des Kapitals beschreibt.
b) Entnimm der Tabelle, ab welchem Jahr Laura über ein Kapital von 3 500 € verfügt.
c) Berechne das Guthaben, über das Laura zur goldenen Hochzeit nach 50 Ehejahren verfügen würde.

176 Im Jahr 1950 lebten etwa 2,5 Milliarden Menschen auf der Welt. Man ging damals von einer durchschnittlichen Wachstumsrate von ca. 1,8 % aus.

a) Stelle die Höhe der Weltbevölkerung y in Abhängigkeit von der Anzahl x der vergangenen Jahre dar und berechne anschließend, wie viele Menschen im Jahr 2012 auf der Erde gelebt hätten, wenn die Wachstumsrate p % von 1,8 % konstant geblieben wäre. [Ergebnis: $y = 2{,}5 \cdot 1{,}018^x$]
b) Im Jahr 2011 lebten etwa 7 Milliarden Menschen auf der Welt. Berechne das Jahr, in dem die Weltbevölkerung diesen Wert erreicht hätte, wäre die prognostizierte Wachstumsrate von 1,8 % konstant geblieben.

177 Ein Waldbestand von 52 000 fm (Festmeter) wächst mit einer jährlichen Zuwachsrate von 3,5 %. Dieser Wachstumsvorgang kann durch die Gleichung $V(x) = 52\,000 \cdot 1{,}035^x$ beschrieben werden.

a) Zeichne den Graphen der Funktion für $x \in [0; 50]$ mit $\Delta x = 5$ Jahre.
(x-Achse: 1 cm $\hat{=}$ 5 Jahre; y-Achse: 1 cm $\hat{=}$ 25 000 fm)

b) Bestimme aus der Zeichnung, nach wie vielen Jahren sich der Waldbestand vervierfacht hat. Überprüfe dein Ergebnis rechnerisch.

c) Berechne, nach wie vielen Jahren sich der Waldbestand um 25 % bezüglich des ursprünglichen Bestandes vergrößert hat.

178 Einem populären Diätratgeber folgend beschließt Herr Hochholzer, mit einem aktuellen Gewicht von 120 kg, wöchentlich um 1,5 % abzunehmen.

a) Stelle sein aktuelles Gewicht m in kg in Abhängigkeit der vergehenden x Wochen durch eine entsprechende Gleichung dar. [Ergebnis: $m(x) = 120 \cdot 0{,}985^x$]

b) Berechne, welches Gewicht er nach 15 Wochen hätte.

c) Stelle den Zusammenhang grafisch dar. Wähle zunächst sinnvolle Einteilungen für die Achsen.

d) Entnimm dem Graphen, wann Herr Hochholzer sein Wunschgewicht von 82 kg erreicht hätte.

Interaktive Aufgaben

- 4. Exponentialfunktion durch 2 Punkte
- 5. Füchse
- 6. Studenten
- 7. Traumurlaub
- 8. Hausmüll

3.4 Trigonometrie

Sinus, Kosinus und Tangens am Einheitskreis

Merke

Die Koordinaten eines Punktes P auf dem **Einheitskreis** (mit Radius 1 LE) hängen ab vom Winkel $\alpha \in [0°; 360°[$, den der **Einheitsvektor** $\overrightarrow{OP}$ mit der x-Achse einschließt. Man verwendet folgende Bezeichnungen:

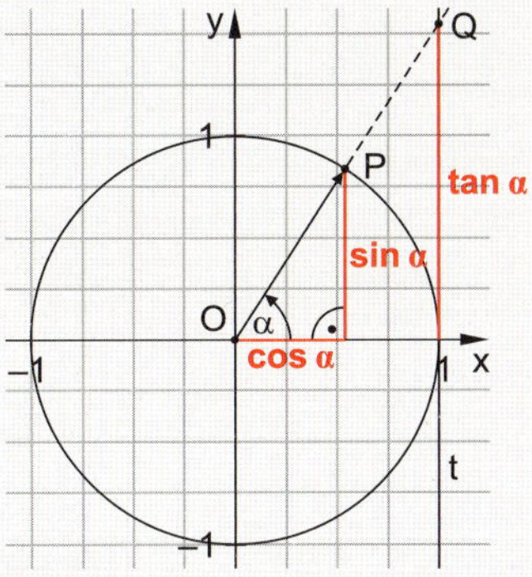

- Die **x-Koordinate** von P nennt man **cos α (Kosinus)**.
- Die **y-Koordinate** von P nennt man **sin α (Sinus)**.
  Die Werte von cos α und sin α liegen zwischen −1 und 1. (Das sind die Extremwerte der Koordinaten der Punkte auf dem Einheitskreis.)
- Das Verhältnis $\tan\alpha = \frac{\sin\alpha}{\cos\alpha}$ $(\alpha \in [0°; 360°[\setminus\{90°; 270°\})$ nennt man **tan α (Tangens)**. Der Tangens kann auf der Tangente t an den Einheitskreis durch den Punkt (1 | 0) dargestellt werden. Durch Verlängern der Strecke [OP] mit P(cos α | sin α) erhält man den Schnittpunkt Q(1 | tan α) mit der Tangente t.

Beispiel

In der nebenstehenden Zeichnung gilt:
α = 60°, P(0,5 | 0,87) und Q(1 | 1,73).
Es folgt:
cos 60° = 0,5
sin 60° = 0,87 (gerundet)
tan 60° = 1,73 (gerundet)

Überprüfe die Werte mit dem Taschenrechner.

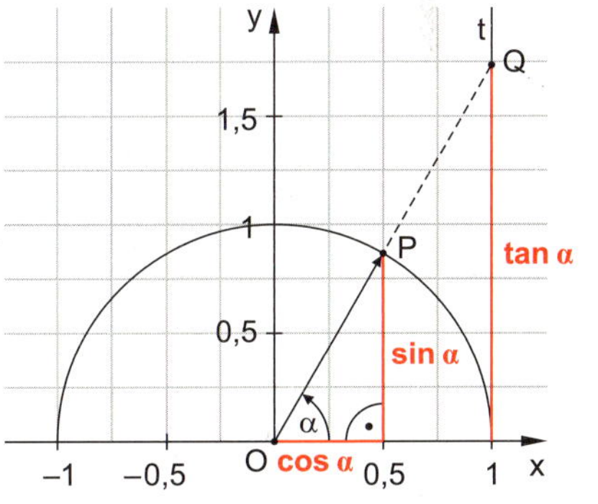

Die Supplementbeziehungen

Merke

Supplementbeziehungen
Zwei Winkel, deren Maße sich zu 180° ergänzen, nennt man **Supplementwinkel**.
Für sie gelten die **Supplementbeziehungen**:
sin (180° − α) = sin α und **cos(180° − α) = −cos α** für $\alpha \in [0°, 180°]$.

Beispiel

Wird der Pfeil $\overrightarrow{OP}$ mit P(cos 28° | sin 28°) durch Achsenspiegelung an der y-Achse auf den Bildpfeil $\overrightarrow{OP'}$ abgebildet, so gilt:
P'(cos (180° − 28°) | sin (180° − 28°))
Da sich Punkt und Bildpunkt bei einer Achsenspiegelung an der y-Achse nur im Vorzeichen der x-Koordinate unterscheiden und sie in der y-Koordinate übereinstimmen, gilt:
$\cos(180° - 28°) = x_{P'} = -x_P = -\cos 28°$
$\sin(180° - 28°) = y_{P'} = y_P = \sin 28°$

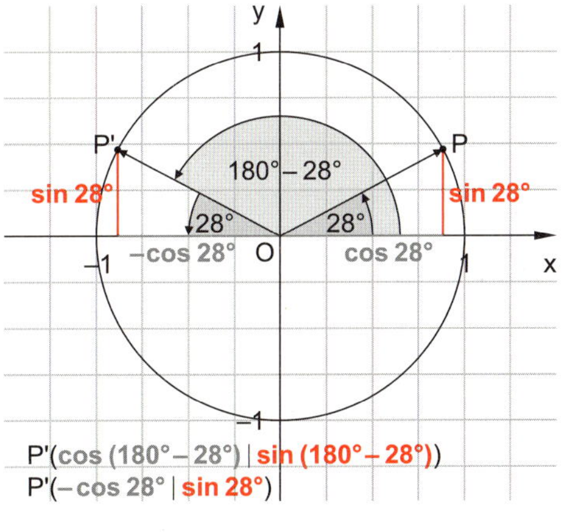

kurz:
$\cos 152° = -\cos 28°$ und $\sin 152° = \sin 28°$ Die Winkel mit den Maßen 28° und 152° ergänzen sich zu 180°. Sie sind somit Supplementwinkel.

Wird ein Punkt $P(\cos\alpha\,|\,\sin\alpha)$ auf dem Einheitskreis durch Spiegelung an der y-Achse/am Ursprung/an der x-Achse auf den Punkt P'/P''/P''' abgebildet, so lassen sich daraus die folgenden allgemeineren Beziehungen für beliebige Winkel in nebeneinander/gegenüber/übereinander liegenden Quadranten ableiten:

Merke

Erweiterte Supplementbeziehungen

$\cos(180° - \alpha) = -\cos\alpha$	$\cos(180° + \alpha) = -\cos\alpha$	$\cos(360° - \alpha) = \cos\alpha$
$\sin(180° - \alpha) = \sin\alpha$	$\sin(180° + \alpha) = -\sin\alpha$	$\sin(360° - \alpha) = -\sin\alpha$
I. und II. Quadrant bzw. III. und IV. Quadrant	I. und III. Quadrant bzw. II. und IV. Quadrant	I. und IV. Quadrant bzw. II. und III. Quadrant

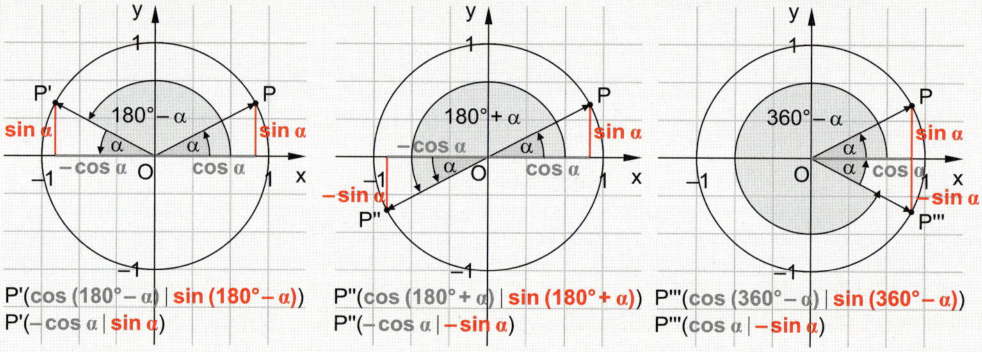

Aufgabe 179

Gib jeweils ein weiteres Winkelmaß $\alpha \in [0°, 180°]$ an, sodass die Gleichung stimmt.

a) $\sin 35° = \sin\alpha$
b) $\sin 106° = \sin\alpha$
c) $\sin 237° = -\sin\alpha$
d) $\sin 348° = -\sin\alpha$
e) $\cos 41° = -\cos\alpha$
f) $\cos 112° = -\cos\alpha$
g) $\cos 243° = -\cos\alpha$
h) $\cos 314° = \cos\alpha$

Steigungswinkel einer Geraden

Merke

Der **Steigungswinkel** einer Geraden ist der Winkel, den die Gerade mit jeder Parallelen zur x-Achse einschließt. Die Steigung m einer Geraden g: $y = mx + t$ ist gleich dem Tangens des Steigungswinkels α der Geraden:
$\mathbf{\tan\alpha = m}$

Beispiel

Die abgebildete Gerade g hat die Gleichung $y = 2x + 2$. Also ist ihre Steigung $m = 2$.
In allen Steigungsdreiecken der Geraden g hat das Verhältnis

$$\tan\alpha = \frac{\text{Länge der Gegenkathete von } \alpha}{\text{Länge der Ankathete von } \alpha}$$

den Wert 2, etwa im rechtwinkligen Dreieck AFC:

$$\tan\alpha = \frac{4\text{ LE}}{2\text{ LE}}$$
$$\tan\alpha = 2$$
$$\alpha = 63{,}43°$$

Der Taschenrechner liefert das Winkelmaß α zum Tangenswert 2 mit der Taste [TAN⁻¹]:
$\alpha =$ [TAN⁻¹] $2 \approx 63{,}43°$

$\alpha = 63{,}43°$ ist das Maß des Steigungswinkels der Geraden g.

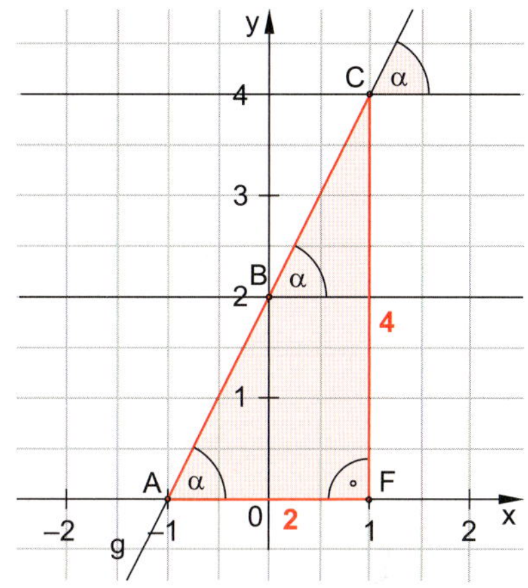

Aufgaben

180

Berechne die Maße der Winkel, die die beiden Geraden g: $y = x + 1$ und h: $y = 0{,}5x + 1$ einschließen.

Tipp

Berechne zuerst die Maße der beiden Steigungswinkel der Geraden und erschließe dann die Maße der Schnittwinkel (mithilfe einer Zeichnung).

181

Die Gerade g schneidet die x-Achse im $P(2\,|\,0)$. Sie schließt mit der x-Achse einen Winkel mit einem Maß von 30° ein. Stelle die Gleichung der Geraden auf. Runde dabei die Steigung auf zwei Stellen nach dem Komma.

Interaktive Aufgabe

1. Steigungswinkel

Flächeninhalt eines Dreiecks

Du hast im vorhergehenden Grundwissen 9. Klasse schon zwei Methoden kennengelernt, um den Flächeninhalt eines **beliebigen** Dreiecks zu bestimmen:

- Flächeninhaltsformel:

$$A_\Delta = \frac{1}{2} \cdot g \cdot h$$

- Determinante mit aufspannenden Vektoren:

$$A_\Delta = \frac{1}{2} \cdot \begin{vmatrix} v_x & w_x \\ v_y & w_y \end{vmatrix} = \frac{1}{2} \cdot (v_x \cdot w_y - v_y \cdot w_x)\text{ FE}$$

Durch Anwendung der Sinusbeziehung $\sin\alpha = \frac{\text{Länge der Gegenkathete von } \alpha}{\text{Länge der Hypotenuse}}$ kommt nun noch eine weitere Methode hinzu.

Merke

Der Flächeninhalt eines **beliebigen** Dreiecks lässt sich aus zwei Seiten und dem von den Seiten eingeschlossenen Winkel berechnen:

$A_\Delta = \frac{1}{2} \cdot a \cdot b \cdot \sin\gamma$

$A_\Delta = \frac{1}{2} \cdot a \cdot c \cdot \sin\beta$

$A_\Delta = \frac{1}{2} \cdot b \cdot c \cdot \sin\alpha$

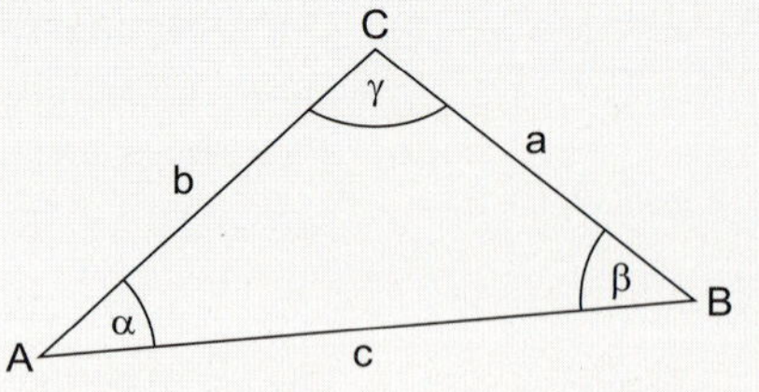

Beispiel

Im rechtwinkligen Teildreieck AHC gilt:

$\sin\alpha = \frac{h}{b} \quad \Rightarrow \quad h = b \cdot \sin\alpha$

Eingesetzt in die Flächeninhaltsformel erhält man:

$A_{\Delta ABC} = \frac{1}{2} \cdot c \cdot h$

$A_{\Delta ABC} = \frac{1}{2} \cdot c \cdot b \cdot \sin\alpha$

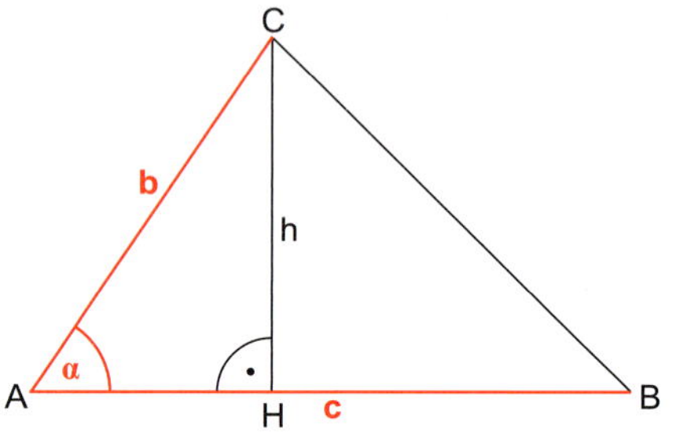

Aufgaben

182 Gegeben ist das Dreieck ABC mit a = 5 cm, b = 6 cm und γ = 80°.
Berechne den Flächeninhalt des Dreiecks ABC und anschließend den Abstand der Punkte A und B von der jeweils gegenüberliegenden Seite.

183 Ein Dach soll mit rautenförmigen Blechen verkleidet werden. Die einzelnen Bleche haben eine Fläche von 10 dm². Ein Innenwinkel beträgt 50°.
Berechne die Seitenlänge der Rauten.

Interaktive Aufgabe

2. Fläche berechnen

Sinussatz und Kosinussatz

Merke

Sinussatz

Die Verhältnisse einer Seite zum Sinus des Gegenwinkels sind in jedem beliebigen Dreieck jeweils gleich. Es lassen sich drei Verhältnisgleichungen aufstellen:

- $\frac{a}{\sin\alpha} = \frac{b}{\sin\beta}$
- $\frac{a}{\sin\alpha} = \frac{c}{\sin\gamma}$
- $\frac{b}{\sin\beta} = \frac{c}{\sin\gamma}$

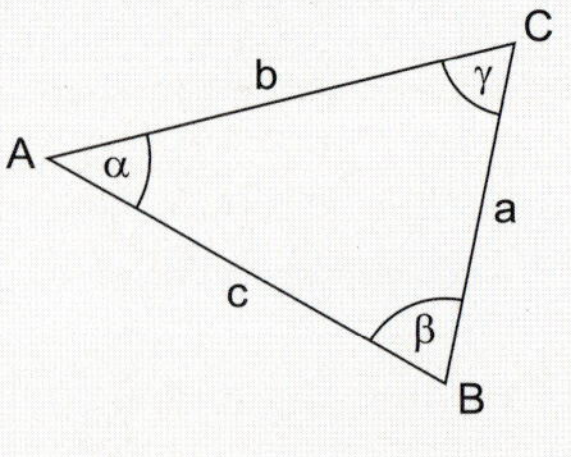

(α ist Gegenwinkel von a, β ist Gegenwinkel von b, γ ist Gegenwinkel von c)

Der Taschenrechner liefert bei der Berechnung von Winkelmaßen in Dreiecken über die Sinusfunktion immer einen Wert kleiner 90°. Bei der Berechnung von Winkelmaßen in rechtwinkligen Dreiecken führt das zu keinen Problemen, da alle unbekannten Winkelmaße kleiner 90° sind (Winkelsumme). In beliebigen nicht rechtwinkligen Dreiecken ist allerdings folgende Eigenschaft der Sinusfunktion zu berücksichtigen:

Merke

Für alle α mit $0° < \alpha < 90°$ gilt:
$\sin\alpha = \sin(180° - \alpha)$

Beispiel

Es existieren zwei Winkelmaße im Intervall]0°; 180°[mit dem Sinuswert 0,705.
Der Taschenrechner liefert α aus [SIN-1] $0{,}705 = 44{,}83°$. Das zweite Winkelmaß erhält man aus der Beziehung $180° - \alpha = 180° - 44{,}83° = 135{,}17°$.

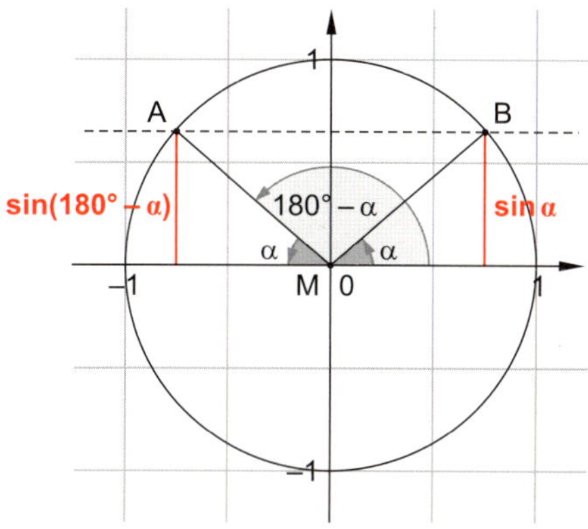

Bei der Berechnung von Winkelmaßen in beliebigen Dreiecken mithilfe des Sinussatzes ist daher anhand der Winkelsumme zu überprüfen, welche der beiden Lösungen α bzw. $180° - \alpha$ die richtige ist. Lässt sich so keine der beiden Lösungen ausschließen, rechnet man mit dem Kosinussatz nach.

Merke

Kosinussatz

In jedem beliebigen Dreieck gilt:

- $a^2 = b^2 + c^2 - 2 \cdot b \cdot c \cdot \cos\alpha$
- $b^2 = a^2 + c^2 - 2 \cdot a \cdot c \cdot \cos\beta$
- $c^2 = a^2 + b^2 - 2 \cdot a \cdot b \cdot \cos\gamma$

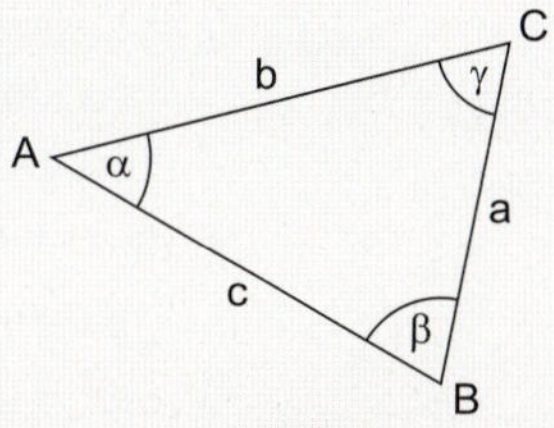

Merkregel: Zwei Seiten a und b schließen einen Winkel γ ein.
Dann gilt für die Gegenseite c des Winkels γ:

Schenkel des Winkels

$$c^2 = a^2 + b^2 - 2 \cdot a \cdot b \cdot \cos\gamma$$

Gegenseite des Winkels

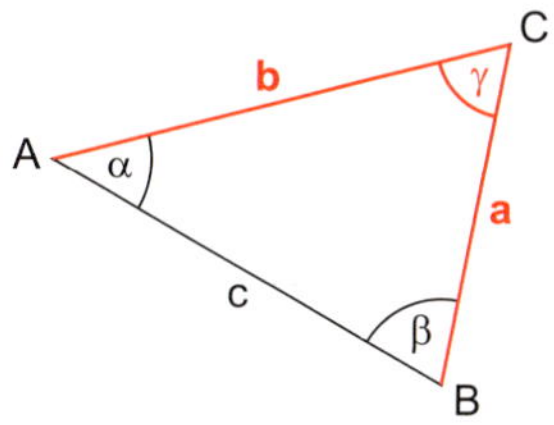

Berechnungen in beliebigen Dreiecken

Sind von einem beliebigen Dreieck 3 Größen bekannt, so ist es vor der Berechnung einer weiteren Größe von Vorteil, sich zunächst zu überlegen, welcher Fall vorliegt:

Fall SWS: Man kennt 2 Seiten und den eingeschlossenen Winkel.
Fall SSS: Man kennt 3 Seiten.
} Nur Kosinussatz möglich!

In **allen anderen Fällen** verwendet man den Sinussatz (evtl. mithilfe der Winkelsumme).

Beispiele

1. Streckenberechnung mit dem Sinussatz:
   Gegeben: $c=4$ cm, $\alpha=30°$, $\gamma=80°$
   Gesucht: a

   Lösung:
   Nicht SWS und nicht SSS
   → Sinussatz

   Sinussatz:

$$\frac{a}{\sin\alpha}=\frac{c}{\sin\gamma}$$

$$\frac{a}{\sin 30°}=\frac{4\text{ cm}}{\sin 80°} \quad |\cdot \sin 30°$$

$$a=\frac{4\text{ cm}}{\sin 80°}\cdot \sin 30°$$

$$a=2{,}03\text{ cm}$$

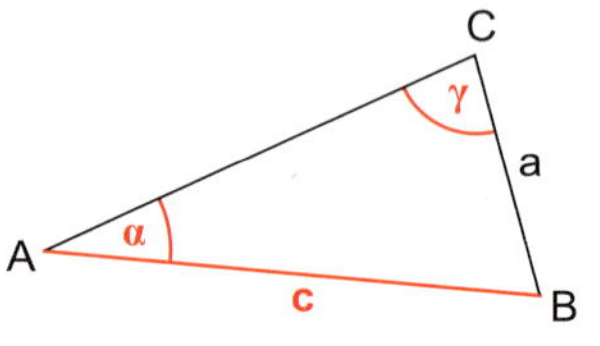

a ist die Gegenseite von α.
c ist die Gegenseite von γ.

2. Streckenberechnung mit dem Kosinussatz:
   Gegeben: $a=5$ cm, $b=4$ cm, $\gamma=40°$
   Gesucht: c

   Lösung:
   Es sind zwei Seiten und der von ihnen eingeschlossene Winkel bekannt
   → Fall SWS → Kosinussatz

   Kosinussatz:

$$c^2=a^2+b^2-2\cdot a\cdot b\cdot \cos\gamma$$

$$c=\sqrt{5^2+4^2-2\cdot 5\cdot 4\cdot \cos 40°}\text{ cm}$$

$$c=3{,}22\text{ cm}$$

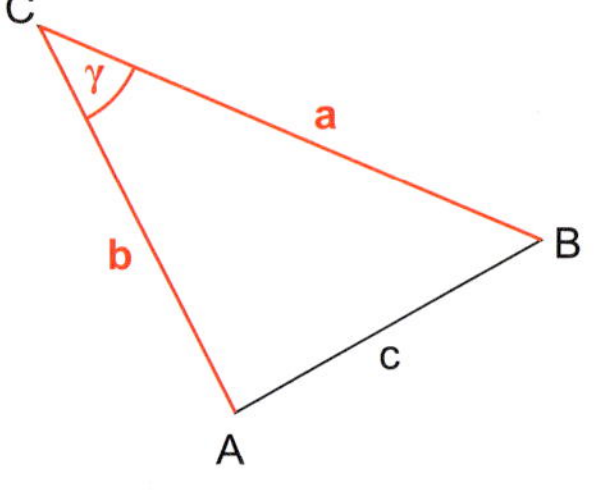

c ist die Gegenseite von γ.

3. Winkelberechnung mit dem Sinussatz:
   Gegeben: $a=6$ cm, $b=8$ cm, $\beta=110°$
   Gesucht: α

   Lösung:
   Nicht SWS und nicht SSS → Sinussatz

   Sinussatz:

$$\frac{a}{\sin\alpha}=\frac{b}{\sin\beta}$$

$$\frac{\sin\alpha}{a}=\frac{\sin\beta}{b}$$

$$\frac{\sin\alpha}{6\text{ cm}}=\frac{\sin 110°}{8\text{ cm}} \quad |\cdot 6\text{ cm}$$

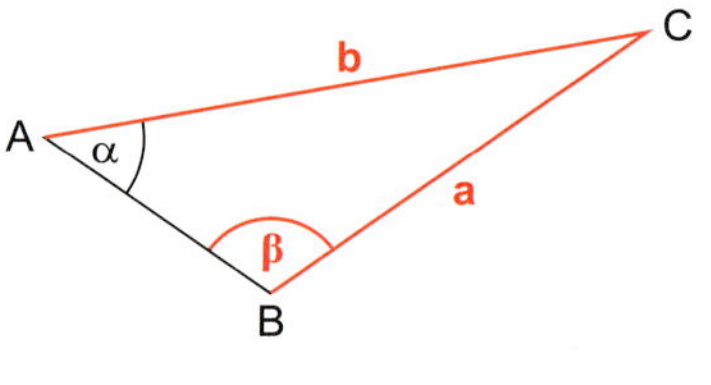

b ist die Gegenseite von β.
a ist die Gegenseite von α.

Bildet man auf beiden Seiten den Kehrbruch, bleibt das Gleichheitszeichen richtig.

$$\sin\alpha = \frac{\sin 110°}{8\text{ cm}} \cdot 6\text{ cm}$$

$$\sin\alpha = 0{,}7047\ldots$$

$$\alpha_1 = 44{,}81° \quad (\vee \quad \alpha_2 = 180° - 44{,}81° = 135{,}19°)$$

Mit SIN⁻¹ 0,7047 … ≈ 44,81° aus dem Taschenrechner

Da $\beta = 110°$, folgt aus der Winkelsumme im Dreieck ABC, dass α_1 die richtige Lösung ist.

4. Winkelberechnung mit dem Kosinussatz:
   Gegeben: a = 4 cm, b = 2,5 cm, c = 3,5 cm
   Gesucht: α

   Lösung:
   Fall SSS → nur Kosinussatz möglich

   Kosinussatz:

   $$a^2 = b^2 + c^2 - 2 \cdot b \cdot c \cdot \cos\alpha$$

   Gegenseite

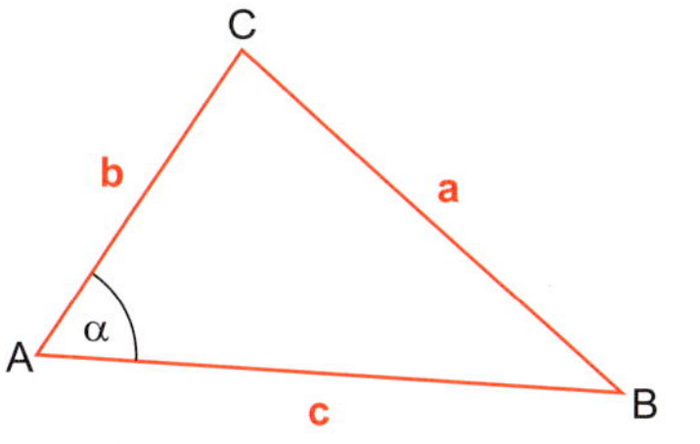

a ist die Gegenseite von α.

$$a^2 = b^2 + c^2 - 2 \cdot b \cdot c \cdot \cos\alpha \quad |+2 \cdot b \cdot c \cdot \cos\alpha$$

$$a^2 + 2 \cdot b \cdot c \cdot \cos\alpha = b^2 + c^2 \quad |-a^2$$

$$2bc \cdot \cos\alpha = b^2 + c^2 - a^2 \quad |:(2bc)$$

$$\cos\alpha = \frac{b^2 + c^2 - a^2}{2bc}$$

$$\cos\alpha = \frac{2{,}5^2 + 3{,}5^2 - 4^2}{2 \cdot 2{,}5 \cdot 3{,}5}$$

$$\cos\alpha = 0{,}1428\ldots$$

$$\alpha = 81{,}79°$$

Setze beim Eintippen in den Taschenrechner Klammern um Zähler und Nenner.

Hinweis: Sinussatz und Kosinussatz gelten in allen Dreiecken, also insbesondere auch in rechtwinkligen Dreiecken! Alle Beispiele und Übungen des vorhergehenden Abschnitts „Sinus, Kosinus und Tangens im rechtwinkligen Dreieck" lassen sich also auch mithilfe von Sinussatz und Kosinussatz lösen.

Aufgaben

184 Gegeben ist das Dreieck ABC mit a = 5 cm, b = 7 cm und $\beta = 70°$.
Zeichne das Dreieck. Berechne dann alle fehlenden Seitenlängen, Winkelmaße und den Flächeninhalt des Dreiecks.

185 Ein Parallelogramm ABCD hat folgende Maße: $|\overline{AB}| = 8$ cm, $|\overline{BC}| = 6$ cm, $\sphericalangle CBA = 40°$.
Zeichne das Parallelogramm und berechne die Länge der Diagonalen und das Maß ε des Winkels BMC (M ist der Diagonalenschnittpunkt).

186 Der Punkt P ist von den Punkten A und B durch eine Schlucht getrennt. Für einen Brückenbau soll die Entfernung von P zu A und zu B bestimmt werden. Dazu misst man die 30 m lange Strecke $\overline{AB}$. Von A aus peilt man den Punkt P auf der anderen Seite der Schlucht an und misst den Winkel BAP. Er beträgt 40°. Der Punkt P wird anschließend von B aus angepeilt. Der Winkel PBA beträgt 70°.
Ermittle daraus die Entfernungen $|\overline{AP}|$ und $|\overline{BP}|$.

Tipp Erstelle eine Planfigur.

187 Die Länge einer nicht direkt messbaren Strecke $\overline{AB}$ soll bestimmt werden:

- Eine Hilfslinie $\overline{EF}$ wird festgelegt und ihre Länge gemessen: $|\overline{EF}| = 20$ m
- Mit einem Peilgerät werden von E und F aus folgende Winkel gemessen: $\sphericalangle FEA = 100°$, $\sphericalangle FEB = 30°$, $\sphericalangle BFE = 80°$, $\sphericalangle AFE = 25°$

Berechne aus diesen Angaben die Länge von $\overline{AB}$.

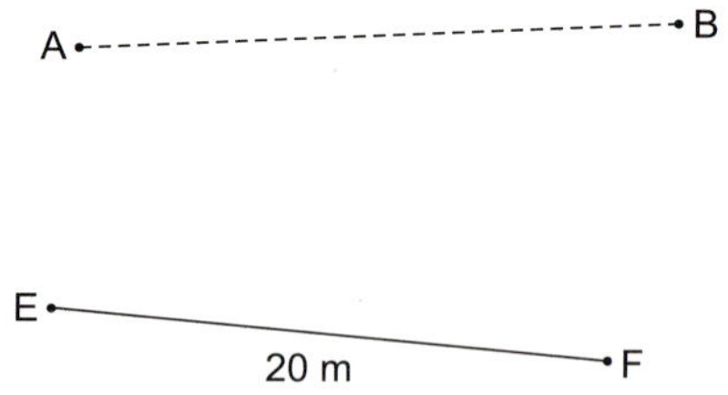

Tipp Betrachte verschiedene Dreiecke und berechne alle Strecken und Winkel in der Figur, bis du ein Dreieck zur Verfügung hast, in dem die Strecke $\overline{AB}$ enthalten ist und von dem du drei Bestimmungsstücke kennst.

188 Betrachte das nebenstehende Trapez ABCD.
Berechne die Länge der beiden Diagonalen und die Länge von $\overline{CD}$.

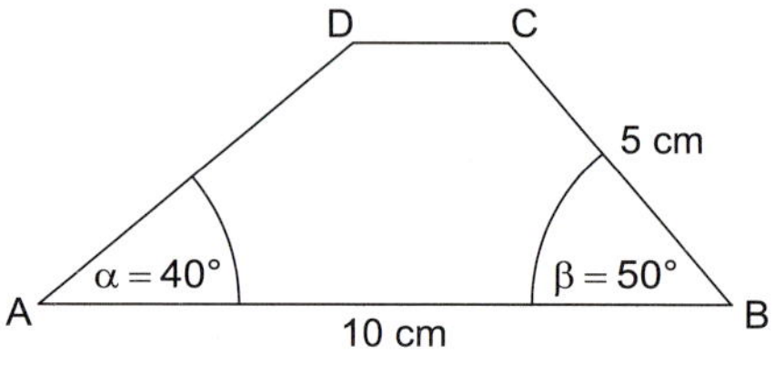

189 Ein viereckiges Grundstück ABCD hat folgende Maße:
$|\overline{AB}| = 60$ m, $|\overline{DA}| = 80$ m, $\sphericalangle CBA = 130°$, $\sphericalangle BAD = 60°$, $\sphericalangle ADC = 80°$.

a) Zeichne das Grundstück im Maßstab 1 : 1 000.
b) Berechne alle fehlenden Winkel und Seitenlängen des Grundstücks.

Tipp Berechne zuerst die Diagonalenlänge $|\overline{BD}|$ und versuche dann im Dreieck ABD weitere Winkel zu berechnen, die dir weiterhelfen.

190 Gegeben sind die Punkte $A(1|1)$, $B(4|2)$ und $C(3|5)$.
Berechne die Seitenlängen und die Maße der Innenwinkel des Dreiecks ABC.

Tipp Formel für die Länge einer Strecke im Koordinatensystem.

191 Ein Turm hat einen Innendurchmesser von 2,40 m. Eine Wendeltreppe füllt den Innenraum komplett aus. Die Stufen der Wendeltreppe sind in einen Rahmen eingepasst, der die Form eines Kreissektors mit Radius 1,20 m und Mittelpunktswinkel 40° besitzt. Die Strecken $\overline{AB}$ und $\overline{AE}$ sind 20 cm lang.

a) Zeichne eine Stufe im Maßstab 1 : 20.
b) Berechne den Flächeninhalt der Stufe BCDE und die Länge der Streben $\overline{BE}$ und $\overline{CD}$.
Rechne auf mm genau.

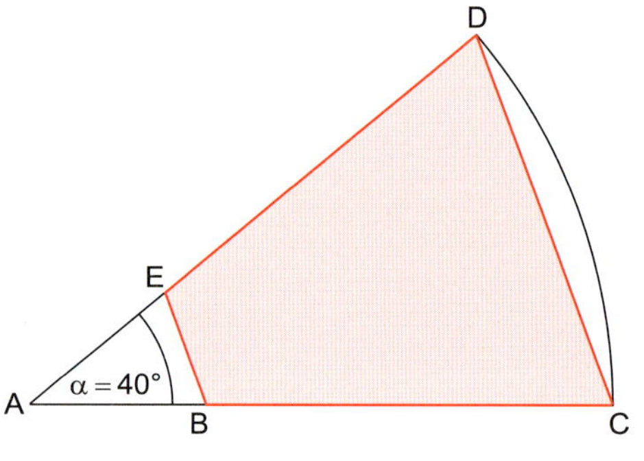

192 Ein Drachenviereck hat folgende Maße:

$|\overline{AB}| = |\overline{AT}| = |\overline{AD}| = 40$ cm

$\sphericalangle BAD = 80°$

$|\overline{BC}| = |\overline{CD}| = 80$ cm

Fertige eine Zeichnung im Maßstab 1 : 10 an und berechne die Länge der Streben $\overline{TB}$, $\overline{TD}$ und $\overline{AC}$ sowie das Maß der Winkel $\sphericalangle DCB$ und $\sphericalangle DTB$.

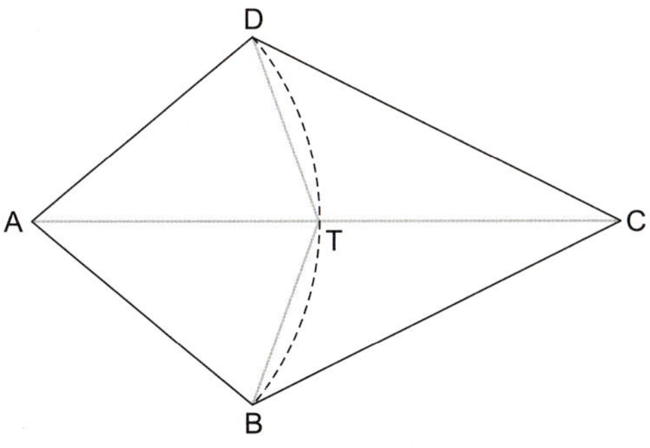

Interaktive Aufgaben

- 3. Winkel berechnen
- 4. Seite berechnen
- 5. Seite berechnen
- 6. Winkel berechnen
- 7. Winkel berechnen in 2 Schritten
- 8. Feuer

3.5 Raumgeometrie

Zeichnen von Schrägbildern

Merke

Ein **Schrägbild** dient zur räumlichen Darstellung dreidimensionaler Objekte auf einer zweidimensionalen Zeichenebene.

- Strecken, Flächen und Winkel, die zur Zeichenebene **parallel** verlaufen, werden in **wahrer Größe** dargestellt.
- Strecken, die **senkrecht** zur Zeichenebene verlaufen, werden unter dem **Verzerrungswinkel ω** gegen die **Schrägbildachse s** und unter dem **Verkürzungsfaktor q** immer **verzerrt und verkürzt** dargestellt.

Beispiele

1. Konstruiere das Schrägbild eines Würfels mit der Kantenlänge 2 cm, dem Verkürzungsfaktor $q = \frac{1}{2}$ und dem Verzerrungswinkel mit dem Maß $\omega = 45°$. Dabei soll $\overline{CD}$ auf der Schrägbildachse s liegen.

   Lösung:

   - Zeichne eine Schrägbildachse s und die Grundfläche ABCD in wahrer Größe. Bezeichne die Ecken mit $A_0B_0C_0D_0$. Beachte, dass $\overline{C_0D_0}$ auf s liegen soll.

   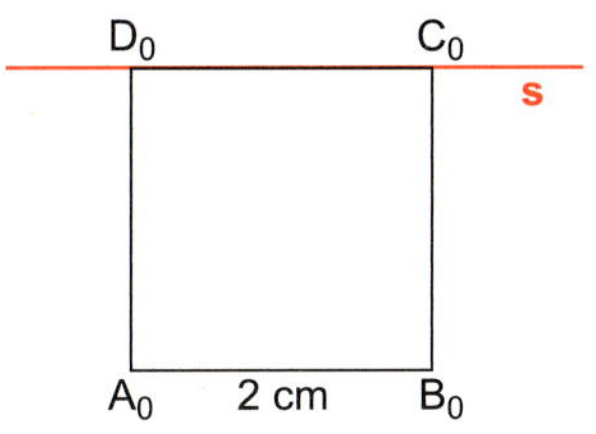

   - Die Punkte $C_0 = C$ und $D_0 = D$ liegen auf s. $\overline{A_0D_0}$ und $\overline{B_0C_0}$ verlaufen senkrecht zur Schrägbildachse s. Damit verlaufen $\overline{AD}$ und $\overline{BC}$ senkrecht zur Zeichenebene und sind verkürzt und verzerrt darzustellen.

   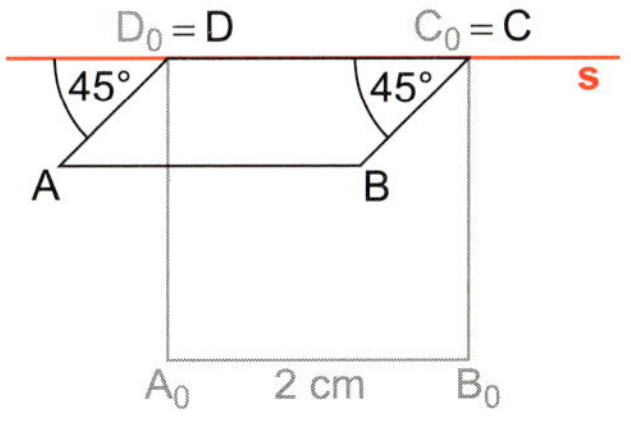

- Die Seitenkanten $\overline{AE}$, $\overline{BF}$, $\overline{CG}$ und $\overline{DH}$ verlaufen parallel zur Zeichenebene, also sind sie in wahrer Länge darzustellen.
  Die in der Realität nicht sichtbaren Kanten des Würfels werden gestrichelt gezeichnet.

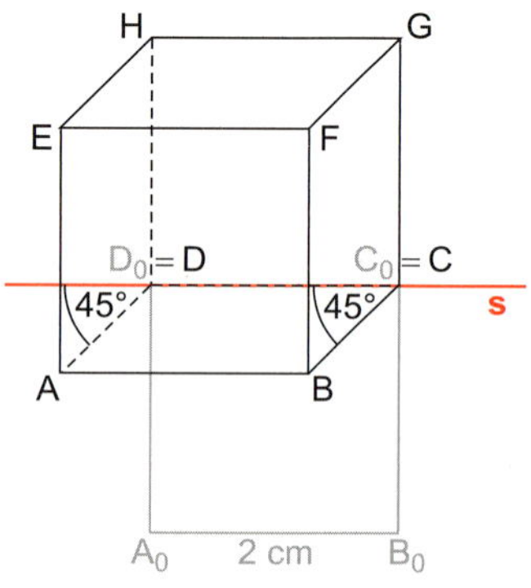

2. Das Quadrat ABCD mit der Diagonalenlänge 4 cm ist die Grundfläche einer geraden Pyramide ABCDS. Die Spitze S liegt senkrecht über dem Diagonalenschnittpunkt M mit $|\overline{MS}| = 3\text{ cm}$. Zeichne ein Schrägbild der Pyramide ABCDS, wobei $\overline{AC}$ auf der Schrägbildachse s liegen soll. Es gilt: $q = \frac{1}{2}$ und $\omega = 60°$.

   Lösung:
   - Schrägbildachse s zeichnen
   - Zeichne die Grundfläche AB_0CD_0 des Schrägbildes in wahrer Größe. $\overline{AC}$ liegt dabei auf der Schrägbildachse.

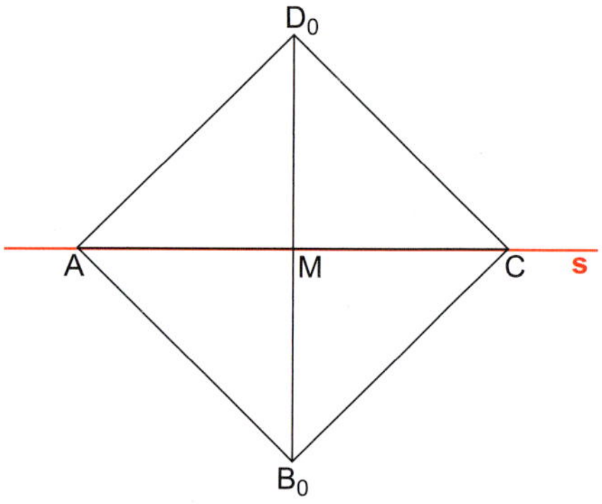

   - $\overline{B_0D_0}$ verläuft senkrecht zur Schrägbildachse, $\overline{BD}$ wird also mit dem Faktor $q = \frac{1}{2}$ verkürzt und um 60° verzerrt.

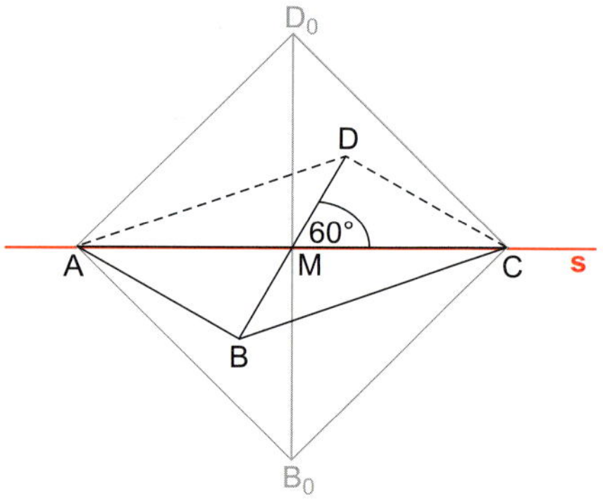

   - Die Höhe $\overline{MS}$ verläuft in der Zeichenebene und wird in Originalgröße angetragen.

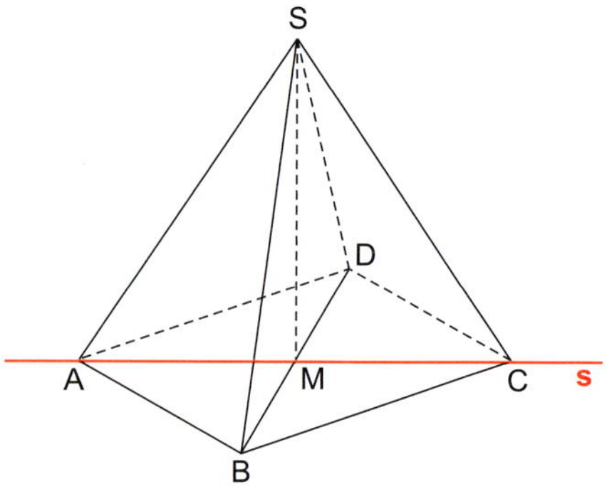

Tipp

- Die Grundfläche in wahrer Größe dient als Orientierungshilfe.
- Zeichne sie dünn mit Bleistift und radiere sie nach dem Verzerren wieder aus.

Aufgaben

193

Das gleichschenklige Dreieck ABC mit der Basis $\overline{BC}$ ist die Grundfläche der Pyramide ABCS. D ist der Mittelpunkt der Basis $\overline{BC}$. Die Spitze S liegt senkrecht über dem Punkt $E \in \overline{AD}$. Es gilt: $|\overline{BC}| = 12$ cm, $|\overline{AD}| = 9$ cm, $|\overline{DE}| = 3$ cm und $|\overline{ES}| = 9$ cm.
Zeichne ein Schrägbild der Pyramide ABCS, wobei $\overline{AD}$ auf der Schrägbildachse s liegen soll. Für die Zeichnung gilt: $q = \frac{1}{2}$; $\omega = 60°$.

194

Das Drachenviereck ABCD mit AC als Symmetrieachse und M als Diagonalenschnittpunkt ist die Grundfläche der Pyramide ABCDS. Die Spitze S liegt senkrecht über dem Punkt A und es gilt: $|\overline{AC}| = 10$ cm, $|\overline{BD}| = 6$ cm, $|\overline{AM}| = 4$ cm und $|\overline{AS}| = 6$ cm.
Zeichne ein Schrägbild der Pyramide ABCDS, wobei $\overline{AC}$ auf der Schrägbildachse s liegen soll. Für die Zeichnung gilt: $q = \frac{1}{2}$; $\omega = 45°$.

Prisma

Ein Körper, der durch Parallelverschiebung der Grundfläche entsteht, heißt **Prisma**. Ein Prisma, dessen Seitenkanten senkrecht auf Grund- und Deckfläche stehen, heißt **gerades Prisma**.

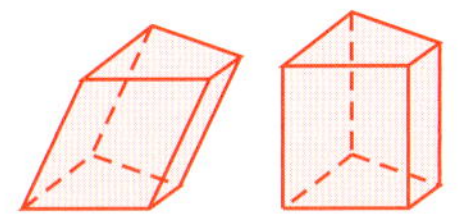

Merke

Eigenschaften von Prismen

- Grundfläche G und Deckfläche sind kongruent (deckungsgleich).
- Die Höhe h eines Prismas ist der Abstand der kongruenten Grund- und Deckfläche.
- Die **Oberfläche O** ist die Summe der Flächeninhalte aller begrenzenden Flächen.
- Die **Mantelfläche M** ist die Oberfläche ohne Grundfläche und Deckfläche.
- Die Mantelfläche von **geraden Prismen** besteht aus **Rechtecken**.
- Prismen, die im Grundflächeninhalt A_G und in der Höhe h übereinstimmen, besitzen das **gleiche Volumen**.

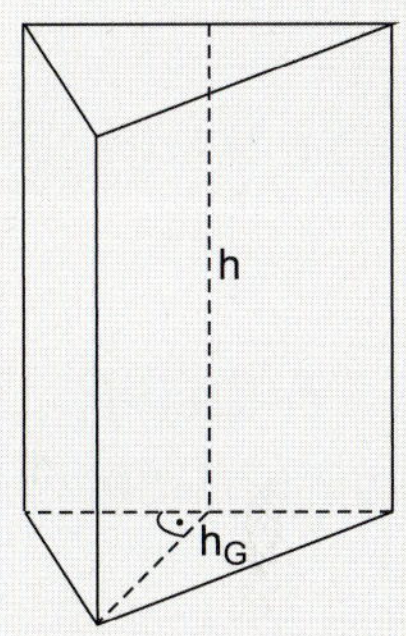

Volumen: $V = A_G \cdot h$

Beispiel

Die Grundfläche des Prismas ABCDEF ist ein gleichseitiges Dreieck mit Seitenlänge 6 cm. Die Höhe h des Prismas beträgt 8 cm.
Berechne das Volumen, die Mantelfläche und die Oberfläche des Prismas und das Maß φ des Winkels MBN.

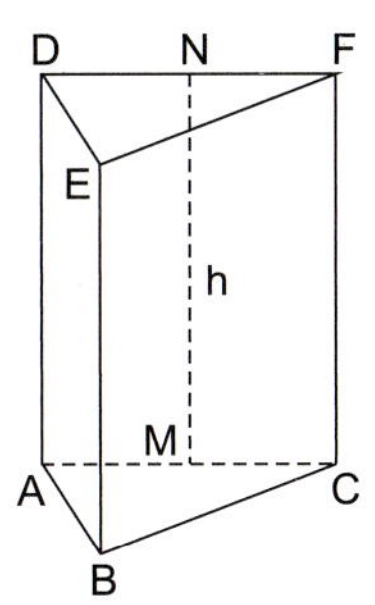

Lösung:
Volumen V:
$V = A_G \cdot h$ — A_G: Flächeninhalt des Dreiecks ABC mit $A_{\Delta ABC} = \frac{1}{2} \cdot g \cdot h$

$V = \frac{1}{2} \cdot |\overline{AC}| \cdot h_G \cdot h$

$V = \frac{1}{2} \cdot 6 \cdot \sqrt{6^2 - 3^2} \cdot 8\ \text{cm}^3$

$V = \frac{1}{2} \cdot 6 \cdot 5{,}20 \cdot 8\ \text{cm}^3$

$V = 124{,}8\ \text{cm}^3$

Wende den Satz des Pythagoras im rechtwinkligen Dreieck MBC an:

$h_G = |\overline{MB}|$

$|\overline{MB}| = \sqrt{|\overline{BC}|^2 - |\overline{CM}|^2}$

$|\overline{MB}| = \sqrt{6^2 - 3^2}\ \text{cm}$

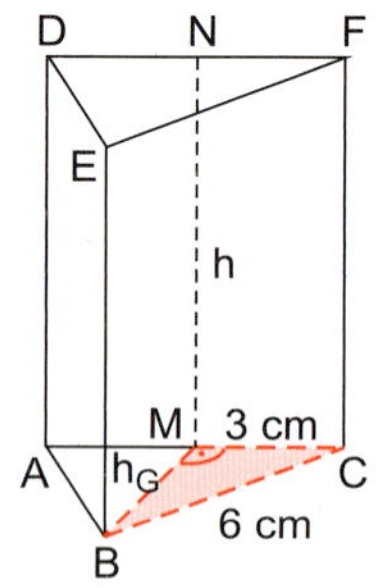

Oberflächeinhalt O:

$O = 2 \cdot A_G + 3 \cdot A_{ACFD}$

$O = 2 \cdot \frac{1}{2} \cdot 6\ \text{cm} \cdot 5{,}20\ \text{cm} + 3 \cdot 6\ \text{cm} \cdot 8\ \text{cm}$

$O = 175{,}20\ \text{cm}^2$

Mantelflächeninhalt M:

$M = 3 \cdot A_{ACFD} = 3 \cdot 6\ \text{cm} \cdot 8\ \text{cm} = 144\ \text{cm}^2$

Netz des Prismas:

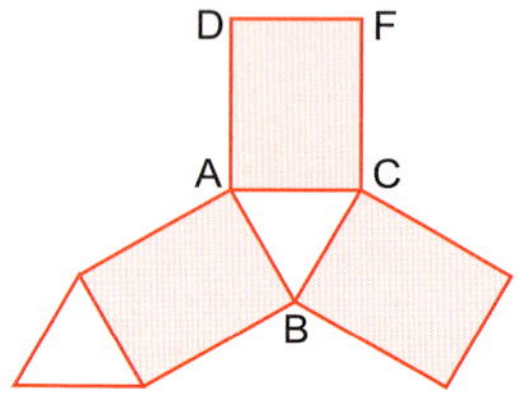

Berechnung von $\varphi = \sphericalangle MBN$:

$\tan\varphi = \frac{|\overline{MN}|}{|\overline{BM}|}$

$\tan\varphi = \frac{8}{5{,}2}$

$\tan\varphi = 1{,}5384\ldots$

$\varphi = 56{,}98°$

Im rechtwinkligen Dreieck BMN sind bekannt:

$|\overline{BM}| = h_G = 5{,}2\ \text{cm}$

$|\overline{MN}| = 8\ \text{cm}$

$\sphericalangle NMB = 90°$

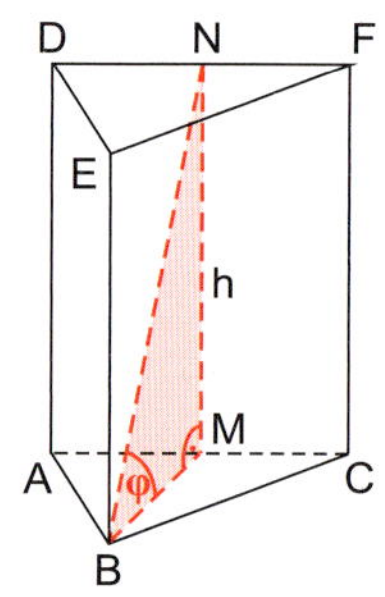

Aufgabe 195

Das Drachenviereck ABCD mit Diagonalenschnittpunkt M und $|\overline{AC}| = 8$ cm, $|\overline{BD}| = 6$ cm und $|\overline{CM}| = 3$ cm ist Grundfläche eines Prismas mit der Höhe $|\overline{AE}| = 5$ cm.

a) Zeichne ein Schrägbild mit $\overline{BD}$ auf der Schrägbildachse und $q = \frac{1}{2}$ sowie $\omega = 45°$.

b) Berechne das Volumen und die Mantelfläche.

c) Berechne das Maß ε des Winkels EMF.

Tipp

Bei **Winkelberechnungen** lautet das Grundprinzip: Suche nach Dreiecken, von denen du drei Bestimmungsstücke kennst. Beachte dabei, dass im Schrägbild nicht alle Strecken und Winkel in wahrer Größe erscheinen.

Interaktive Aufgaben

1. Prisma mit rechteckiger Grundfläche
2. Prisma mit dreieckiger Grundfläche
3. Netz

Funktionale Abhängigkeiten und Extremwertberechnungen

Durch Verlängern oder Verkürzen von Strecken in Abhängigkeit einer Variablen x entstehen aus gegebenen Körpern neue Körper. Deren Volumen, Mantel- und Oberfläche kann dann in Abhängigkeit von x berechnet werden.

Beispiel

Gegeben ist wieder das Prisma ABCDEF aus obigem Beispiel mit einem gleichseitigen Dreieck der Seitenlänge 6 cm als Grundfläche und der Höhe h = 8 cm. Die Strecke $\overline{AC}$ des Prismas wird an beiden Enden um x cm verlängert. Gleichzeitig wird die Höhe h des Prismas um x cm verkürzt. Dadurch entstehen neue Prismen $A_nBC_nD_nE_nF_n$.

a) Zeichne das ursprüngliche Prisma mit $\overline{AC}$ auf der Schrägbildachse und $q = \frac{1}{2}$ und $\omega = 45°$. Zeichne nun das veränderte Prisma für x = 2 ein und berechne anschließend das Volumen der veränderten Prismen $A_nBC_nD_nE_nF_n$ in Abhängigkeit von x.

b) Bestimme den x-Wert, für den man das Prisma mit dem größten Volumen erhält.

c) Bestimme, die x-Werte, für die Prismen mit einem Rauminhalt von 145,6 cm³ entstehen.

Lösung:

a)

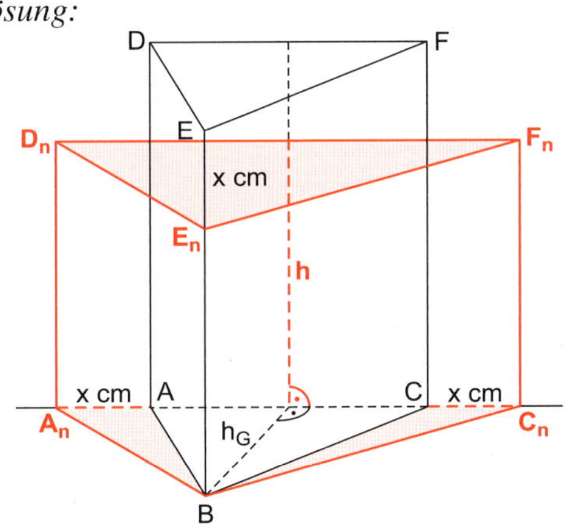

Verwende den im obigen Beispiel berechneten Wert von h_G zum Zeichnen der Grundfläche. Da h_G senkrecht auf der Schrägbildachse steht und $q = \frac{1}{2}$, ist h_G mit 5,20 cm : 2 = 2,60 cm Länge einzuzeichnen. (Da nebenstehende Zeichnung im Maßstab 1 : 2 angefertigt ist, beträgt h_G hier nur 1,30 cm.)

(Zeichnung im Maßstab 1 : 2)

Formel der gesuchten Größe:

$V = A_G \cdot h$

$V = \frac{1}{2} \cdot |\overline{A_nC_n}| \cdot h_G \cdot h$

Überlege: Welche Streckenlängen in der Formel sind abhängig von x?

Ansatz in Abhängigkeit von x:

$V(x) = \frac{1}{2} \cdot (6 + 2x) \cdot 5{,}2 \cdot (8 - x)\ \text{cm}^3$

Die Höhe $h_G = 5{,}2$ cm des Dreiecks (Grundfläche) ändert sich nicht!

$V(x) = (3 + x) \cdot (41{,}6 - 5{,}2x)\ \text{cm}^3$

$V(x) = (124{,}8 - 15{,}6x + 41{,}6x - 5{,}2x^2)\ \text{cm}^3$

$V(x) = (-5{,}2x^2 + 26x + 124{,}8)\ \text{cm}^3$

b) Quadratische Ergänzung (ohne Maßeinheiten):

$V(x) = -5{,}2x^2 + 26x + 124{,}8$

$V(x) = -5{,}2(x^2 - 5x - 24)$

$V(x) = -5{,}2(x^2 - 5x \mathbf{+ 2{,}5^2 - 2{,}5^2} - 24)$

$V(x) = -5{,}2[(x - 2{,}5)^2 - 30{,}25]$ $\quad 6{,}25 = 2{,}5^2$

$V(x) = -5{,}2(x - 2{,}5)^2 + 157{,}3$

$V_{max} = 157{,}3\ \text{cm}^3$ für $x = 2{,}5$

c) $\left| \begin{array}{l} V(x) = (-5{,}2x^2 + 26x + 124{,}8)\ \text{cm}^3 \\ \wedge\ V(x) = 145{,}6\ \text{cm}^3 \end{array} \right.$

$\Rightarrow\ -5{,}2x^2 + 26x + 124{,}8 = 145{,}6 \quad (I = II) \quad |-145{,}6$

$\Leftrightarrow\ -5{,}2x^2 + 26x - 20{,}8 = 0$ — Allgemeine Form $ax^2 + bx + c = 0$

$D = b^2 - 4ac$
$D = 26^2 - 4 \cdot (-5{,}2) \cdot (-20{,}8)$
$D = 243{,}36$

$\Leftrightarrow\ x_{1/2} = \dfrac{-26 \pm \sqrt{243{,}36}}{-10{,}4}$ — Anwenden der Lösungsformel für quadratische Gleichungen

$\Leftrightarrow\ x_{1/2} = \dfrac{-26 \pm 15{,}6}{-10{,}4}$

$x_1 = 1 \ \vee \ x_2 = 4$

$L = \{1; 4\}$

Für die x-Werte 1 und 4 entstehen Prismen mit dem angegebenen Volumen.

Aufgabe 196

Das gerade Prisma ABCDEFGH hat die Raute ABCD als Grundfläche. Der Punkt E liegt senkrecht über A. Die Diagonale $\overline{AC}$ ist 5 cm lang. Die Diagonale $\overline{BD}$ hat eine Länge von 8 cm. Das Prisma besitzt die Höhe h = 6 cm.

a) Zeichne das Prisma im Schrägbild mit $\overline{AC}$ auf der Schrägbildachse, $q = 0{,}5$ und $\omega = 45°$.
b) Berechne die Längen der Raumdiagonalen $\overline{AG}$ und $\overline{HB}$.
Bestimme, welchen Winkel diese Raumdiagonalen mit der Grundfläche einschließen.
c) Berechne das Volumen und die Oberfläche des Prismas.
d) Die Diagonale $\overline{AC}$ wird über C hinaus um x cm verlängert und gleichzeitig wird die Diagonale $\overline{BD}$ von beiden Enden um 0,5x cm verkürzt.
Zeichne das veränderte Prisma für x = 2 in die Zeichnung ein.
e) Berechne das Volumen der veränderten Prismen in Abhängigkeit von x.
f) Bestimme, für welchen x-Wert man das Prisma mit dem größten Volumen erhält.
g) Bestimme, für welchen x-Wert man ein Prisma mit einem Volumen von 126 cm^3 erhält.

Interaktive Aufgabe

4. Veränderte Prismen

Pyramide

Verbindet man die Eckpunkte eines Vielecks mit einem Punkt S, der nicht in der gleichen Ebene wie das Vieleck liegt, so entsteht eine **Pyramide**.
Eine Pyramide, deren Seitenkanten (Kanten, die von der Spitze S ausgehen) alle gleich lang sind, heißt **gerade Pyramide**.

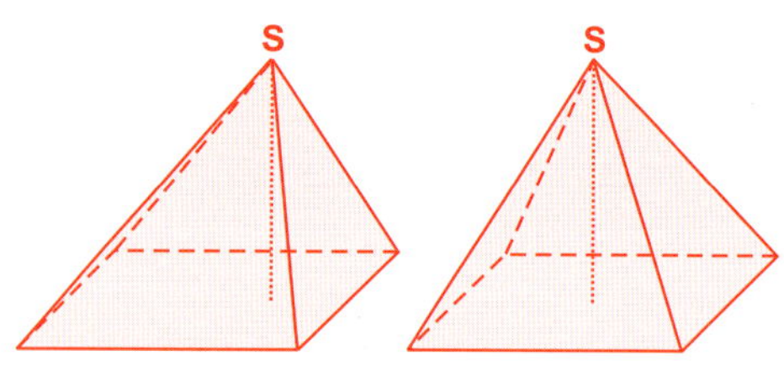

Merke

Eigenschaften von Pyramiden

- Die Höhe h einer Pyramide ist der Abstand der Spitze S von der Grundfläche G.
- Die **Mantelfläche M** besteht aus Dreiecken.
- Die Mantelfläche von **geraden Pyramiden** besteht aus **gleichschenkligen Dreiecken**.
- Die **Oberfläche O** setzt sich aus der Mantelfläche und der Grundfläche zusammen.
- Pyramiden, die im Grundflächeninhalt A_G und in der Höhe h übereinstimmen, besitzen das **gleiche Volumen**.

Volumen: $V = \frac{1}{3} \cdot A_G \cdot h$

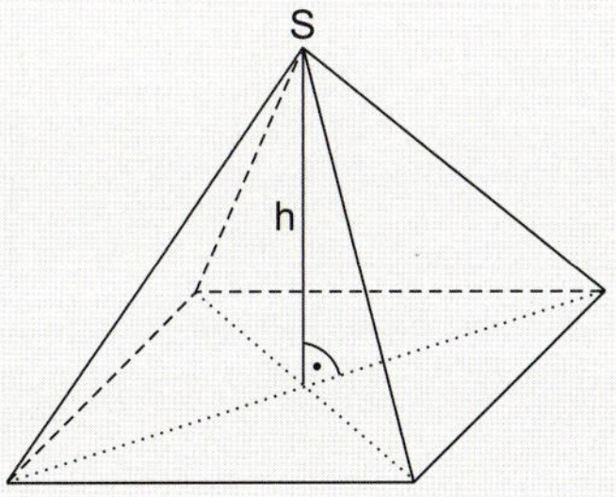

Beispiel

Die Pyramide ABCDS hat als Grundfläche das Rechteck ABCD mit $|\overline{AB}| = 8$ cm und $|\overline{BC}| = 6$ cm.
Die Spitze S liegt senkrecht über dem Diagonalenschnittpunkt M der Grundfläche.
Dabei ist $|\overline{MS}| = 5$ cm.

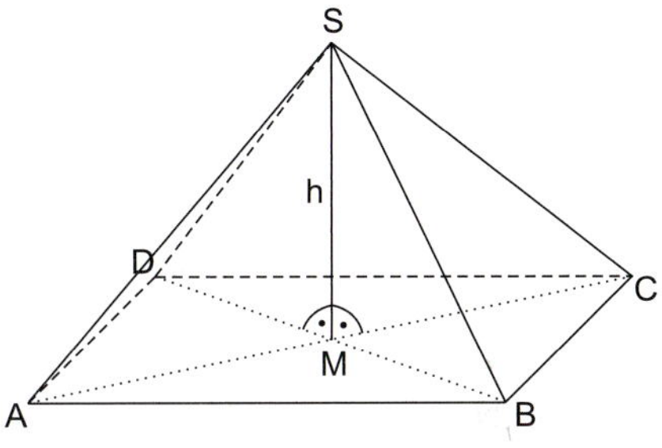

a) Berechne Volumen, Mantelfläche und Oberfläche der Pyramide.
b) Berechne die Länge der Kante $\overline{CS}$ im Dreieck MCS (rechtwinklig!).
c) Berechne den Neigungswinkel α der Seitenfläche BCS zur Grundfläche.
d) Berechne den Neigungswinkel γ der Seitenkante $\overline{CS}$ zur Grundfläche.

Lösung:

a) Berechnung des Volumens:

$$V = \frac{1}{3} \cdot A_G \cdot h$$

$$V = \frac{1}{3} \cdot |\overline{AB}| \cdot |\overline{BC}| \cdot |\overline{MS}|$$

$$V = \frac{1}{3} \cdot 8 \cdot 6 \cdot 5 \text{ cm}^3$$

$$V = 80 \text{ cm}^3$$

Vorüberlegung zur Berechnung der Mantelfläche:
Die Mantelfläche besteht aus jeweils 2 zueinander kongruenten Dreiecken.
Berechnung des Flächeninhalts des Dreiecks ABS mithilfe der Höhe $\overline{SN}$:

$$|\overline{SN}| = \sqrt{|\overline{NM}|^2 + |\overline{MS}|^2}$$

Satz des Pythagoras im Dreieck NMS
$|\overline{NM}| = \frac{1}{2} \cdot |\overline{BC}|$

$$|\overline{SN}| = \sqrt{3^2 + 5^2} \text{ cm}$$

$$|\overline{SN}| = \sqrt{34} \text{ cm}$$

$$|\overline{SN}| = 5{,}83 \text{ cm}$$

$$A_{\Delta ABS} = \frac{1}{2} \cdot |\overline{AB}| \cdot |\overline{SN}|$$

$$A_{\Delta ABS} = \frac{1}{2} \cdot 8 \text{ cm} \cdot 5{,}83 \text{ cm}$$

$$A_{\Delta ABS} = 23{,}32 \text{ cm}^2$$

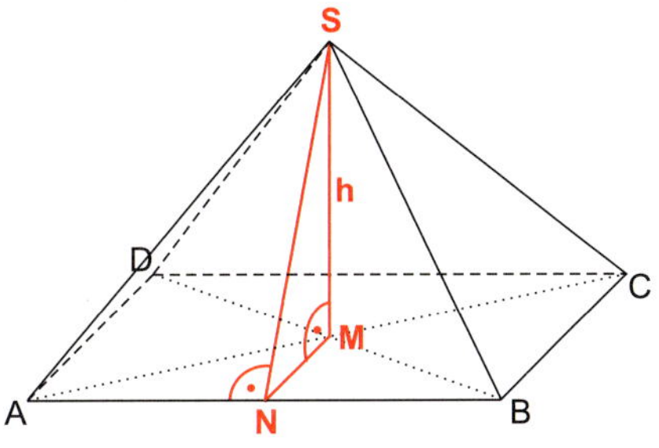

Berechnung des Flächeninhalts des Dreiecks BCS mithilfe der Höhe $\overline{PS}$:

$|\overline{PS}| = \sqrt{|\overline{MP}|^2 + |\overline{SM}|^2}$ — Satz des Pythagoras im Dreieck MPS

$|\overline{MP}| = \frac{1}{2} \cdot |\overline{AB}|$

$|\overline{PS}| = \sqrt{4^2 + 5^2}$ cm

$|\overline{PS}| = \sqrt{41}$ cm

$|\overline{PS}| = 6{,}40$ cm

$A_{\Delta BCS} = \frac{1}{2} \cdot |\overline{BC}| \cdot |\overline{PS}|$

$A_{\Delta BCS} = \frac{1}{2} \cdot 6\text{ cm} \cdot 6{,}40\text{ cm}$

$A_{\Delta BCS} = 19{,}20\text{ cm}^2$

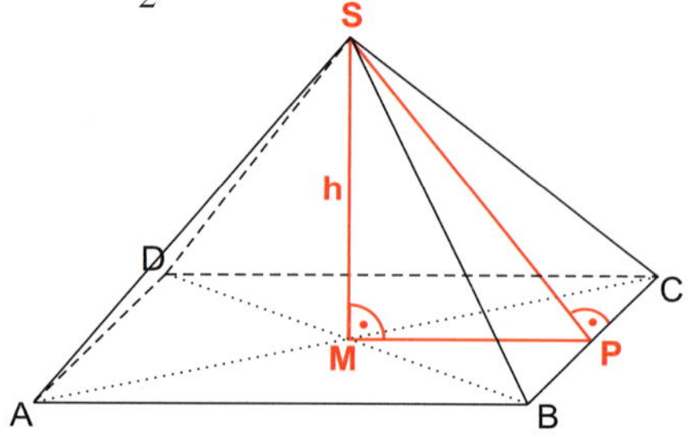

Berechnung der Mantelfläche:
$M = 2 \cdot A_{\Delta ABS} + 2 \cdot A_{\Delta BCS}$
$M = 2 \cdot 23{,}32\text{ cm}^2 + 2 \cdot 19{,}20\text{ cm}^2$
$M = 85{,}04\text{ cm}^2$

Netz der Pyramide ABCDS:

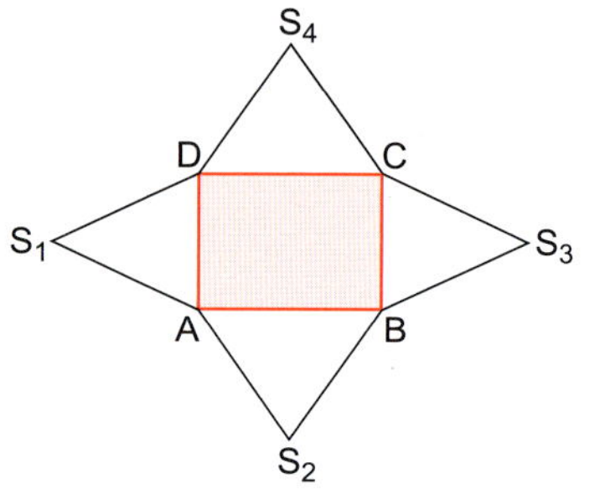

Berechnung der Oberfläche:
$O = M + A_G$
$O = 85{,}04\text{ cm}^2 + 8\text{ cm} \cdot 6\text{ cm}$
$O = 85{,}04\text{ cm}^2 + 48\text{ cm}^2$
$O = 133{,}04\text{ cm}^2$

b) $|\overline{CS}| = \sqrt{|\overline{MC}|^2 + |\overline{SM}|^2}$ — Satz des Pythagoras im Dreieck MCS

$\overline{MC}$ ist die Hälfte der Diagonale $\overline{CA}$:

$|\overline{CA}| = \sqrt{|\overline{AB}|^2 + |\overline{BC}|^2}$ — Satz des Pythagoras im Dreieck ABC

$|\overline{CA}| = \sqrt{8^2 + 6^2}$ cm

$|\overline{CA}| = 10\text{ cm} \Rightarrow |\overline{MC}| = 5\text{ cm}$

also:

$|\overline{CS}| = \sqrt{5^2 + 5^2}$ cm

$|\overline{CS}| = \sqrt{50}$ cm

$|\overline{CS}| = 7{,}07$ cm

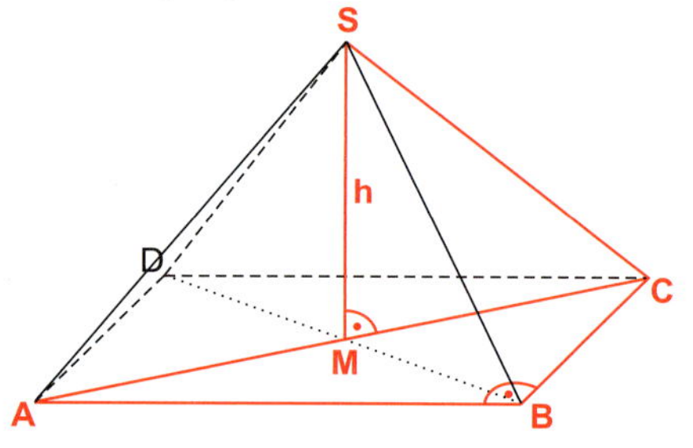

c) Der Neigungswinkel α ist der Winkel, den die Höhe des Dreiecks BCS mit der Grundfläche einschließt: $\alpha = \sphericalangle SPM$

$\tan\alpha = \frac{|\overline{SM}|}{|\overline{MP}|}$

$\tan\alpha = \frac{5\text{ cm}}{4\text{ cm}}$

$\tan\alpha = 1{,}25$

$\alpha = 51{,}34°$

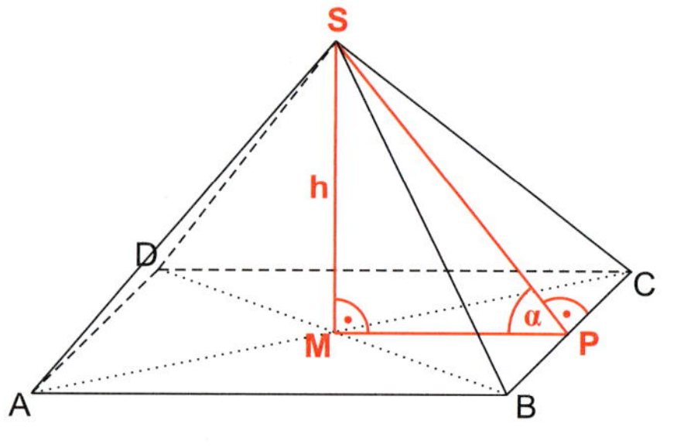

d) γ ist der Winkel, den die Kante $\overline{CS}$ mit der Diagonalen $\overline{CA}$ einschließt:

$\gamma = \sphericalangle SCM$

$\tan\gamma = \frac{|\overline{SM}|}{|\overline{MC}|}$

$\tan\gamma = \frac{5\text{ cm}}{5\text{ cm}}$

$\tan\gamma = 1$

$\gamma = 45°$

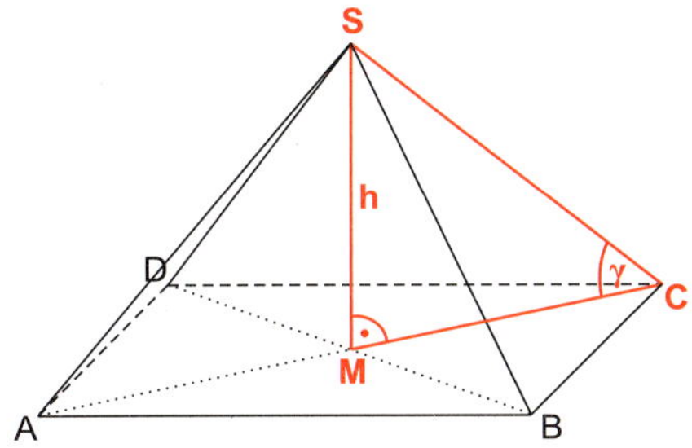

Aufgaben

197 Die gerade Pyramide $ABCDS_1$ hat als Grundfläche das Rechteck ABCD mit $|\overline{AB}| = 4$ cm und $|\overline{BC}| = 6$ cm. Die Spitze S_1 liegt senkrecht über dem Mittelpunkt M der Diagonalen der Grundfläche mit $|\overline{MS_1}| = 5$ cm.

a) Zeichne das Schrägbild der Pyramide mit $\overline{AB}$ auf der Schrägbildachse, $q = 0{,}5$ und $\omega = 45°$.

b) Berechne die Länge der Seitenkanten. Zeichne dann das Netz der Pyramide und berechne die Oberfläche und das Volumen.

198 Die schiefe Pyramide $ABCDS_2$ hat dieselbe Grundfläche wie die Pyramide aus der obigen Aufgabe. Die Spitze S_2 liegt aber 5 cm senkrecht über dem Mittelpunkt E der Seite $\overline{DA}$.

a) Zeichne das Schrägbild der Pyramide mit $\overline{AB}$ auf der Schrägbildachse, $q = 0{,}5$ und $\omega = 45°$.

b) Berechne die Länge der Seitenkanten. Zeichne dann das Netz der Pyramide und berechne Oberfläche und Volumen.

Interaktive Aufgaben

5. Quadratische Pyramide: Volumen
6. Rechteckige Pyramide: Volumen
7. Quadratische Pyramide: Höhe und Neigungswinkel
8. Quadratische Pyramide: Volumen
9. Quadratische Pyramide: Grundkante bestimmen

Funktionale Abhängigkeiten und Extremwertberechnungen

In vielen Aufgaben mit Pyramiden lässt sich der Strahlensatz anwenden.
Suche gezielt nach folgenden Figuren:

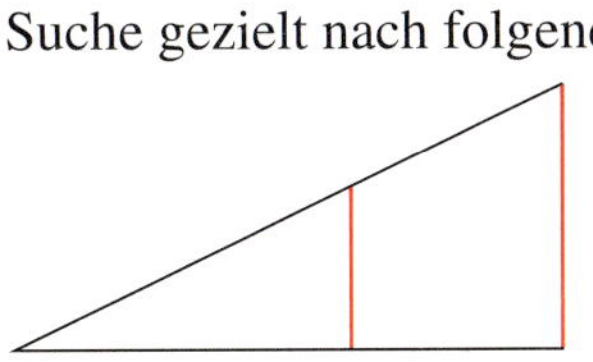

Vorkommen:
Höhe von einbeschriebenen Körpern …

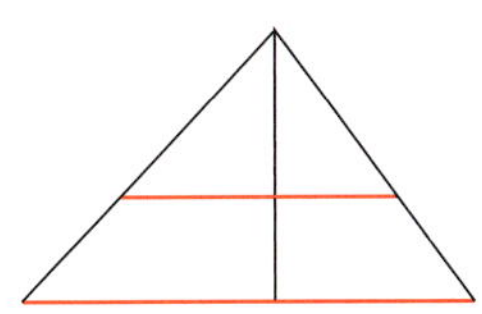

Vorkommen:
Pyramidenstumpf, Schnittebenen …

Beispiel

Gegeben ist die Pyramide ABCDS aus obigem Beispiel, die als Grundfläche das Rechteck ABCD mit $|\overline{AB}| = 8$ cm und $|\overline{BC}| = 6$ cm hat.
Die Spitze S liegt senkrecht über dem Diagonalenschnittpunkt M der Grundfläche, wobei $|\overline{MS}| = 5$ cm.
Die Punkte P_n liegen auf der Strecke $\overline{PS}$ in x cm Entfernung von P. Sie sind die Spitzen von Pyramiden $ABCDP_n$.

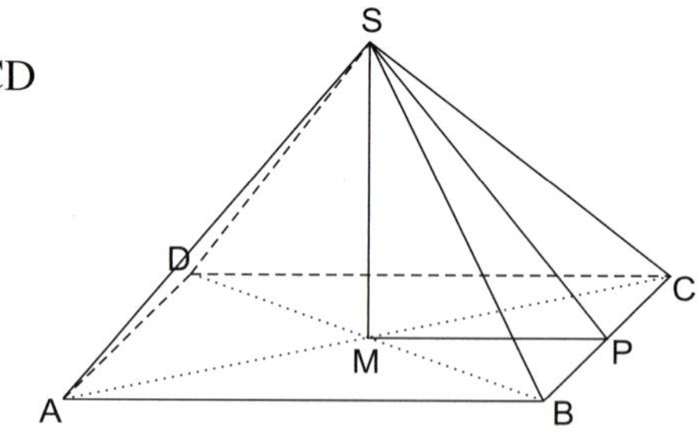

a) Zeichne die Pyramide $ABCDP_1$ für $x = 4$ mit ihrer Höhe h_1 ein.
b) Berechne anschließend das Volumen der Pyramiden $ABCDP_n$ in Abhängigkeit von x.
c) Berechne die Länge der Strecke $\overline{P_1M}$ und das Maß ω des Winkels MP_1P.
d) Betrachte nun die Seitendreiecke DAP_n der einbeschriebenen Pyramiden. Berechne den x-Wert, für den das Seitendreieck DAP_n den kleinsten Flächeninhalt besitzt.

Lösung:

a)

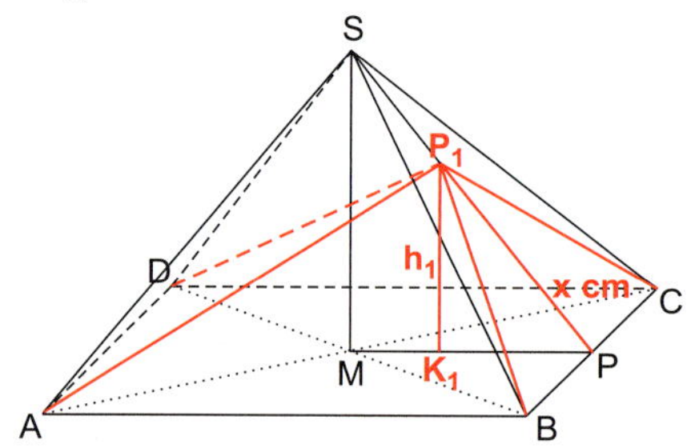

(Zeichnung im Maßstab 1 : 2)

Die Strecke h_1 ist der Abstand des Punktes P_1 von der Grundfläche G. Der Fußpunkt des Lotes von P_1 auf G ist der Punkt K_1. Er liegt auf $\overline{MP}$.

b) Formel:

$$V = \frac{1}{3} \cdot A_G \cdot h$$

Überlege, welche Streckenlängen in der Formel von x abhängig sind. Hier ist $h = |\overline{P_nK_n}|$ veränderlich, während die Grundfläche unverändert bleibt.

Die Höhe h ist das Lot von P_n auf die Grundfläche. 2. Strahlensatz:

$$\frac{h}{|\overline{MS}|} = \frac{|\overline{PP_n}|}{|\overline{PS}|} \qquad |\cdot|\overline{MS}|$$

$$h = \frac{|\overline{PP_n}|}{|\overline{PS}|} \cdot |\overline{MS}|$$

$$h(x) = \frac{x\text{ cm}}{6,40\text{ cm}} \cdot 5\text{ cm}$$

$$h(x) = 0,78x\text{ cm}$$

Die Höhe h lässt sich mit dem 2. Strahlensatz im Dreieck MPS berechnen, da $h = \overline{P_nK_n}$ stets parallel zu $\overline{SM}$ ist.

$|\overline{PS}| = \sqrt{4^2 + 5^2}$ cm $= 6,40$ cm

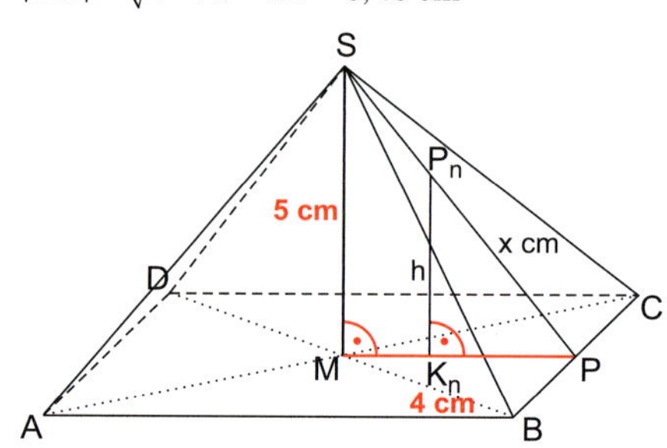

Einsetzen in die Formel:

$$V(x) = \frac{1}{3} \cdot 8\text{ cm} \cdot 6\text{ cm} \cdot 0,78x\text{ cm}$$

$$V(x) = 12,48x\text{ cm}^3$$

c) Im Dreieck MPP_1 gilt:

$|\overline{PP_1}| = 4\text{ cm}$

$|\overline{MP}| = 4\text{ cm}$

$\alpha = 51{,}34°$ (bekannt aus obigem Beispiel)

Kosinussatz im Dreieck MPP_1:

$|\overline{P_1M}|^2 = |\overline{MP}|^2 + |\overline{PP_1}|^2 - 2 \cdot |\overline{MP}| \cdot |\overline{PP_1}| \cdot \cos\alpha$

$|\overline{P_1M}| = \sqrt{4^2 + 4^2 - 2 \cdot 4 \cdot 4 \cdot \cos 51{,}34°}\text{ cm}$

$|\overline{P_1M}| = 3{,}47\text{ cm}$

Suche ein Dreieck, von dem drei Bestimmungsstücke bekannt sind, und wende den Kosinussatz oder den Sinussatz an.

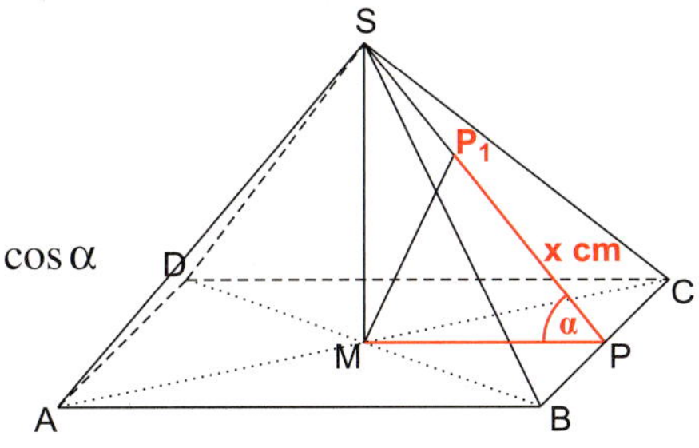

Sinussatz im Dreieck MPP_1:

$\frac{\sin\omega}{|\overline{MP}|} = \frac{\sin\alpha}{|\overline{P_1M}|} \quad | \cdot |\overline{MP}|$

$\sin\omega = \frac{\sin\alpha}{|\overline{P_1M}|} \cdot |\overline{MP}|$

$\sin\omega = \frac{\sin 51{,}34°}{3{,}47\text{ cm}} \cdot 4\text{ cm}$

$\sin\omega = 0{,}9001\ldots$

$\omega_1 = 64{,}18° \quad (\vee \quad \omega_2 = 180° - 64{,}18° = 115{,}82°)$

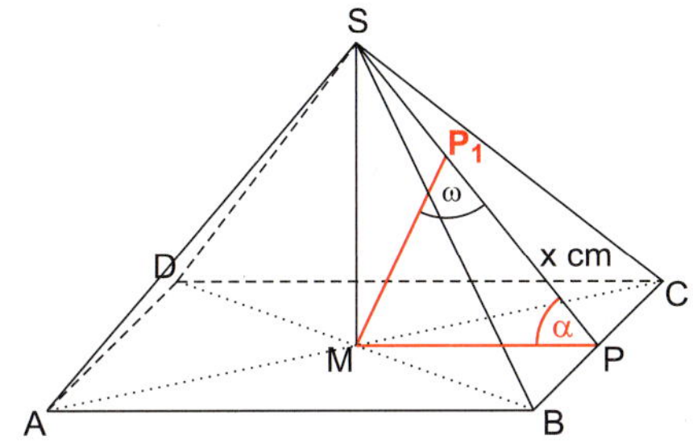

Wegen $|\overline{PP_1}| = 4\text{ cm} = |\overline{MP}|$ ist das Dreieck MPP_1 gleichschenklig. Weil $\alpha + 2\omega_2 > 180°$, kann die zweite Lösung ausgeschlossen werden.

oder:

Wegen $|\overline{PP_1}| = 4\text{ cm} = |\overline{MP}|$ ist das Dreieck MPP_1 gleichschenklig. Es folgt:

$\omega = (180° - \alpha) : 2$

$\omega = (180° - 51{,}34°) : 2$

$\omega = 64{,}33°$

Der Unterschied zum Ergebnis des vorherigen Lösungswegs erklärt sich durch Rundungsungenauigkeiten.

d) Formel für den Flächeninhalt:

$A = \frac{1}{2} \cdot g \cdot h$

$A = \frac{1}{2} \cdot |\overline{DA}| \cdot |\overline{HP_n}|$

Nur die Höhe $\overline{HP_n}$ ist abhängig von x. Also hat das Dreieck den kleinsten Flächeninhalt, wenn die Höhe $\overline{HP_n}$ am kürzesten ist. Die kürzeste Strecke ist das Lot $\overline{HP_0}$ von H auf $\overline{PS}$:

$h_{min} = |\overline{HP_0}|$

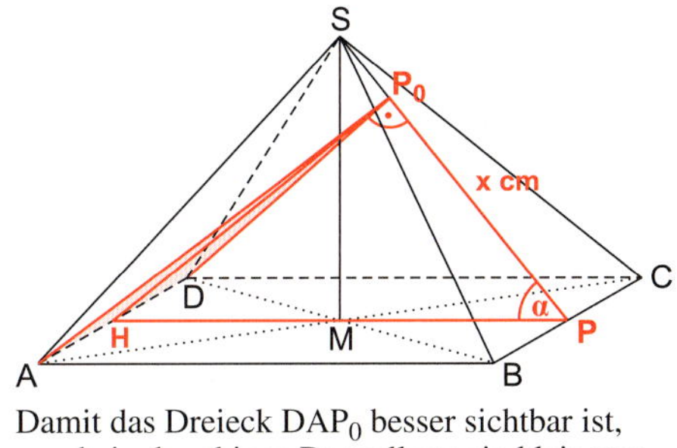

Damit das Dreieck DAP_0 besser sichtbar ist, wurde in der obigen Darstellung ein kleinerer Verzerrungswinkel gewählt.

Berechnung des zugehörigen x-Wertes ($x\text{ cm} = |\overline{PP_0}|$):

Im rechtwinkligen Dreieck HPP_0 gilt:

$\cos\alpha = \frac{x\text{ cm}}{|\overline{HP}|} \quad | \cdot |\overline{HP}|$

$x\text{ cm} = \cos\alpha \cdot |\overline{HP}|$

$x\text{ cm} = \cos 51{,}34° \cdot 8\text{ cm}$

$x = 5{,}00$

Aufgaben

199 Die Pyramide EFGHS hat das Rechteck EFGH mit $|\overline{EF}| = 7$ cm und $|\overline{FG}| = 9$ cm als Grundfläche. Die Spitze liegt senkrecht über dem Punkt H in 8 cm Höhe.

a) Zeichne ein Schrägbild mit $\overline{HG}$ auf der Schrägbildachse, $q = 0{,}5$ und $\omega = 45°$.

b) Berechne die Länge der Seitenkante $\overline{GS}$.

c) Die Punkte S_n liegen auf $\overline{HS}$ in x cm Entfernung von S. Die Punkte S_n sind die Spitzen neuer Pyramiden $EFG_nH_nS_n$. Die Punkte G_n erhält man durch Verlängerung von $\overline{HG}$ über G hinaus um 2x cm. Die Punkte H_n entstehen durch Verlängerung von $\overline{HG}$ über H hinaus um 2x cm. Zeichne die Pyramide $EFG_1H_1S_1$ für $x = 2$ in das Schrägbild ein und berechne ihr Volumen.

d) Bestätige durch Rechnung, dass für das Volumen in Abhängigkeit von x Folgendes gilt: $V(x) = (-6x^2 + 27x + 168)$ cm^3

e) Berechne den x-Wert, für den die Pyramide mit dem größten Volumen entsteht.

f) Berechne den x-Wert, für den eine Pyramide mit 100 cm^3 Volumen entsteht.

g) Berechne den prozentualen Anteil, den das Volumen der Pyramide EFGHS am Volumen der Pyramide $EFG_1H_1S_1$ hat.

200 Im Drachenviereck ABCD liegt die Diagonale $\overline{AC}$ auf der Symmetrieachse und ist 10 cm lang. Die Diagonale $\overline{BD}$ mit $|\overline{BD}| = 8$ cm schneidet die Diagonale $\overline{AC}$ im Punkt M mit $|\overline{AM}| = 3$ cm. Das Drachenviereck ABCD ist die Grundfläche einer Pyramide ABCDS, deren Spitze S genau 9 cm senkrecht über dem Punkt A liegt.

a) Zeichne ein Schrägbild mit $\overline{AC}$ auf der Schrägbildachse mit $q = 0{,}5$ und $\omega = 45°$ und berechne die Länge der Strecke $\overline{CS}$ sowie das Maß γ des Winkels SCA.

b) Die Punkte P_n auf der Kante $\overline{CS}$ legen neue Pyramiden $BCDP_n$ fest. Dabei ist $|\overline{CP_n}| = x$ cm lang. Zeichne die Pyramide $BCDP_1$ für $x = 4$ cm ein und berechne ihre Höhe (Strahlensatz!) sowie die Länge der Strecke $\overline{P_1M}$ und das Maß ω des Winkels P_1MS.

c) Berechne die Höhe der Pyramiden $BCDP_n$ in Abhängigkeit von x und anschließend ihr Volumen in Abhängigkeit von x.

d) Berechne den x-Wert, für den eine Pyramide mit dem Volumen 20 cm^3 entsteht.

e) Das Volumen der Pyramide $BCDP_3$ beträgt 80 % des Volumens der Pyramide $BCDP_1$. Berechne ihre Höhe.

f) Für welchen Wert von x hat das Dreieck DBP_n den kleinsten Flächeninhalt? Berechne diesen.

201 Die Raute ABCD ist Grundfläche einer geraden Pyramide ABCDS mit 12 cm Höhe. Die Diagonale $\overline{AC}$ der Grundfläche ist 8 cm lang. Die Diagonale $\overline{BD}$ ist 6 cm lang.

a) Zeichne das Schrägbild mit $\overline{BD}$ auf der Schrägbildachse, wobei $\omega = 45°$ und $q = 0{,}5$.

b) Der Punkt M_n liegt x cm über dem Diagonalenschnittpunkt M der Grundfläche ABCD. Eine zur Grundfläche parallele Ebene durch den Punkt M_n schneidet die Pyramide. Es entsteht so ein Pyramidenstumpf $ABCDE_nF_nG_nH_n$, wobei $E_n \in \overline{AS}$. Zeichne den Pyramidenstumpf $ABCDE_1F_1G_1H_1$ für $x = 5$ in die Zeichnung ein.

c) Berechne mithilfe des Strahlensatzes die Länge der Diagonalen und der Seiten der Schnittfläche $E_1F_1G_1H_1$.
[Teilergebnis $|\overline{G_1H_1}| = 2{,}92$ cm]

d) Berechne das Volumen des Pyramidenstumpfes $ABCDE_1F_1G_1H_1$. (Differenz zweier Pyramiden!)

e) Berechne die Länge der Seiten $\overline{G_nH_n}$ in Abhängigkeit von x.

f) Berechne die Länge der Seiten $\overline{H_nD}$ in Abhängigkeit von x.

Interaktive Aufgaben

- 10. Tetraeder
- 11. Quadratische Pyramide: maximales Volumen

Zylinder

Lässt man eine zweidimensionale Figur um eine Rotationsachse rotieren, so entsteht dabei ein dreidimensionaler **Rotationskörper**.
Nimmt man als Ausgangsfigur ein Rechteck und lässt es um eine seiner Seiten rotieren, so entsteht dabei als Rotationskörper ein **Zylinder**.

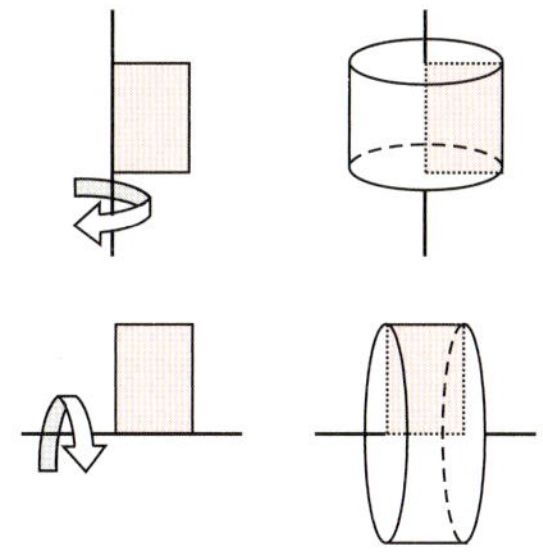

Der Axialschnitt durch einen Zylinder ist ein Rechteck mit den Seitenlängen d (Durchmesser) und h (Höhe).

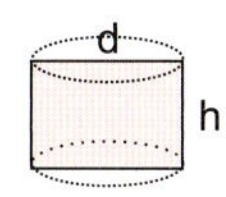

Die Abwicklung der Mantelfläche eines Zylinders ist ein Rechteck. Die Seitenlängen dieses Rechtecks entsprechen dem Umfang des Grundkreises und der Höhe des Zylinders.

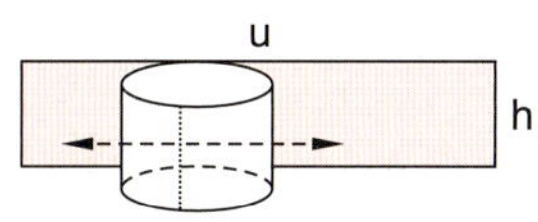

Merke

Eigenschaften von Zylindern
- Die Höhe h eines Zylinders ist der Abstand der Grundfläche G von der Deckfläche.
- Die **Mantelfläche M** ist ein Rechteck.
- Die **Oberfläche O** besteht aus der Mantelfläche und 2 kongruenten (deckungsgleichen) Kreisflächen.

Mantelfläche: $M = u \cdot h$
$M = 2 \cdot r \cdot \pi \cdot h$

Oberfläche: $O = M + 2 \cdot A_G$
$O = 2 \cdot r \cdot \pi \cdot (h + r)$

Volumen: $V = A_G \cdot h$
$V = r^2 \cdot \pi \cdot h$

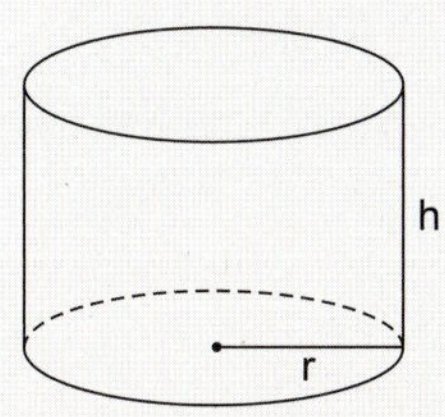

Beispiel

Zeichne den Axialschnitt eines Zylinders mit r = 5 cm und h = 8 cm und berechne das Volumen und die Mantelfläche.

Lösung:

$V = r^2 \cdot \pi \cdot h$
$V = (5\ \text{cm})^2 \cdot \pi \cdot 8\ \text{cm}$
$V = 628{,}32\ \text{cm}^3$
$M = 2 \cdot r \cdot \pi \cdot h$
$M = 2 \cdot 5\ \text{cm} \cdot \pi \cdot 8\ \text{cm}$
$M = 251{,}33\ \text{cm}^2$

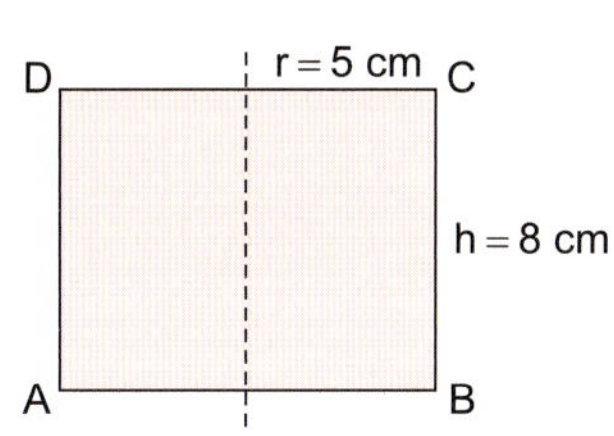

(Zeichnung im Maßstab 1 : 4)

Aufgaben

202 Ein Rohr hat den abgebildeten Querschnitt und eine Länge von 1 m.
Berechne das Fassungsvermögen und die Oberfläche des Rohrs bei dieser Länge.

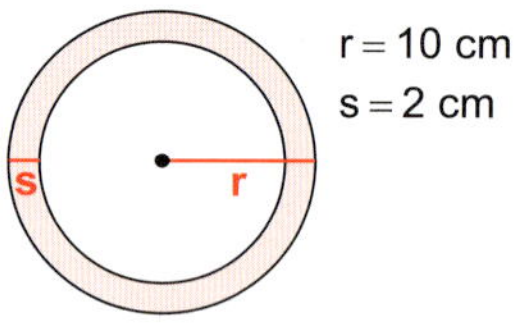

203 Eine Dose enthält 0,33 ℓ. Sie ist 12 cm hoch, aber abfüllbedingt nicht randvoll. Berechne die Füllhöhe der Dose und zu welchem Prozentsatz sie gefüllt ist, wenn die Banderole (Klebeetikett) von 23 cm Länge nur 1 cm überlappt.

Interaktive Aufgaben

- 12. Kakaodose
- 13. Einbeschriebener Zylinder
- 14. Farbeimer

Funktionale Abhängigkeiten und Extremwertberechnungen

Beispiel

Das Rechteck ABCD ist der Axialschnitt eines Zylinders mit $r = 4$ cm und $h = 6$ cm.

a) Zeichne den Axialschnitt des Zylinders.

b) Die Seite $\overline{BC}$ wird um x cm verkürzt und gleichzeitig wird die Seite $\overline{AB}$ an beiden Enden um x cm verlängert. Dadurch entstehen neue Zylinder mit dem Axialschnitt $A_nB_nC_nD_n$.
Zeichne den Axialschnitt für $x = 2$ ein.

c) Berechne die Mantelfläche der Zylinder mit Axialschnitt $A_nB_nC_nD_n$ in Abhängigkeit von x.

d) Berechne die maximale Mantelfläche und den zugehörigen x-Wert der Zylinder mit dem Axialschnitt $A_nB_nC_nD_n$ ohne zu runden.

Lösung:

a) und b)

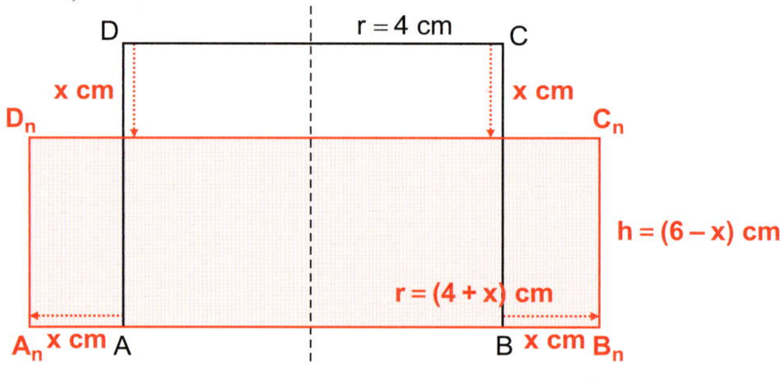

(Zeichnung im Maßstab 1 : 2)

c) $M = 2 \cdot r \cdot \pi \cdot h$

$M(x) = 2 \cdot (4 + x) \cdot \pi \cdot (6 - x)\ \text{cm}^2$

$M(x) = (8 + 2x) \cdot (6 - x) \cdot \pi\ \text{cm}^2$

$M(x) = (48 - 8x + 12x - 2x^2) \cdot \pi\ \text{cm}^2$

$M(x) = (-2x^2 + 4x + 48) \cdot \pi\ \text{cm}^2$

Um Rundungen zu vermeiden, wird π üblicherweise ausgeklammert.

d) Berechnung des Extremwerts (ohne zu runden):

$M(x) = (-2x^2 + 4x + 48) \cdot \pi \text{ cm}^2$

$M(x) = \{-2 \cdot [x^2 - 2x - 24]\} \cdot \pi \text{ cm}^2$

$M(x) = \{-2 \cdot [x^2 - 2x + 1^2 - 1^2 - 24]\} \cdot \pi \text{ cm}^2$

$M(x) = \{-2 \cdot [(x-1)^2 - 25]\} \cdot \pi \text{ cm}^2$

$M(x) = \{-2(x-1)^2 + 50\} \cdot \pi \text{ cm}^2$

$M_{max} = 50\pi \text{ cm}^2$ für $x = 1$ cm

Da nicht gerundet werden soll, setze eine zusätzliche geschweifte Klammer und führe die quadratische Ergänzung wie gewohnt innerhalb der geschweiften Klammer durch.

Bei der Angabe des Extremwerts darf man den Faktor π nicht vergessen.

Aufgabe 204 a – c

Ein Zylinder ist 4 cm hoch und hat einen Durchmesser von 12 cm. Der Radius wird um x cm verkürzt und gleichzeitig wird die Höhe um 2x cm verlängert.

a) Zeichne den Axialschnitt des ursprünglichen Zylinders und zeichne den Axialschnitt des Zylinders für $x = 3$ ein.

b) Berechne die Mantelfläche des entstandenen Zylinders in Abhängigkeit von x. (Teilergebnis: $M(x) = (-4x^2 + 16x + 48) \cdot \pi \text{ cm}^2$)

c) Berechne den Extremwert der Mantelfläche und den zugehörigen x-Wert.

d) Berechne, für welchen x-Wert die Mantelfläche 150 cm^2 beträgt.

Interaktive Aufgabe

15. Zwei Zylinder

Kegel

Ein **Kegel** (genauer: Kreiskegel) entsteht, wenn ein rechtwinkliges Dreieck um eine seiner beiden Katheten rotiert.

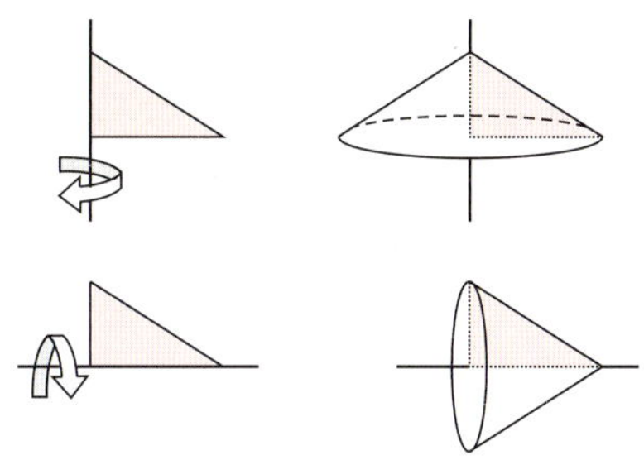

Der Axialschnitt eines Kegels ist ein gleichschenkliges Dreieck. Dessen gleich lange Schenkel werden als **Mantellinien m** bezeichnet. Sie schließen den sogenannten **Öffnungswinkel α** an der Spitze des Kegels ein.

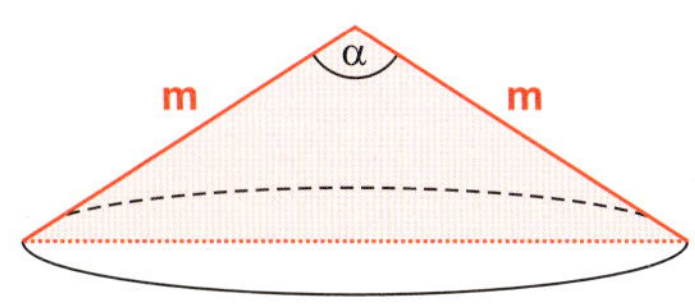

Die Abwicklung der Mantelfläche eines Kreiskegels ist ein **Kreissektor** mit **Mittelpunktswinkel φ**. Der Radius dieses Sektors ist die Mantellinie m des Kegels. Die Länge des Kreisbogens b entspricht dem Umfang u des Grundkreises. Die Mantelfläche M des Kegels entspricht der Fläche des Kreissektors.

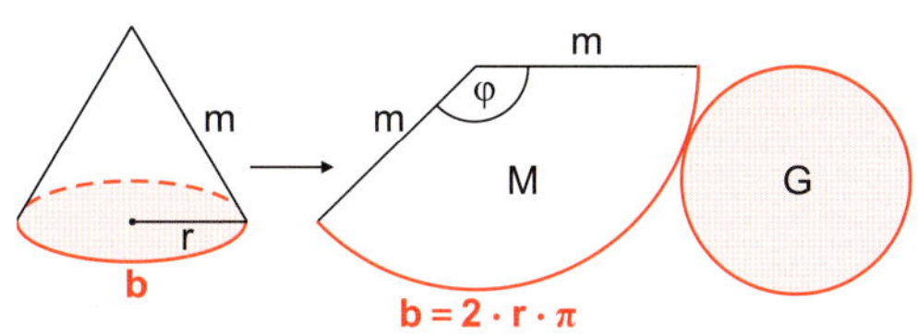

Merke

Eigenschaften von Kegeln

- Die Höhe h eines Kegels ist der Abstand der Spitze S von der Grundfläche.
- Die Abwicklung der **Mantelfläche M** ist ein Kreissektor.
- Die **Oberfläche O** besteht aus der Mantelfläche und dem Grundkreis.

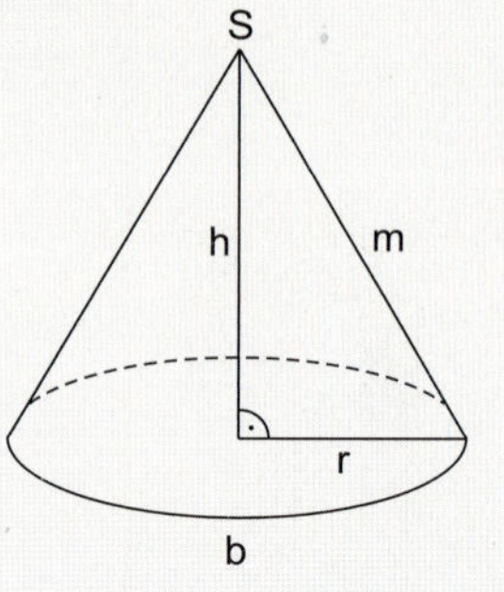

Volumen: $V = \frac{1}{3} \cdot A_G \cdot h$

$V = \frac{1}{3} \cdot r^2 \cdot \pi \cdot h$

Mantelfläche: $M = \frac{1}{2} \cdot b \cdot m$ oder: $M = \frac{\varphi}{360°} \cdot m^2 \cdot \pi$

$M = r \cdot \pi \cdot m$

Oberfläche: $O = M + A_G$

$O = r \cdot \pi \cdot (m + r)$

Mittelpunktswinkel φ der Abwicklung der Mantelfläche:

$\varphi = \frac{r}{m} \cdot 360°$

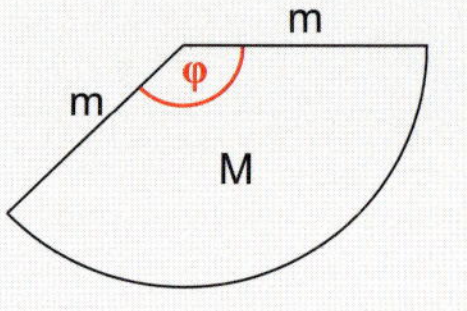

Beispiel

Berechne das Volumen, die Mantelfläche und den Mittelpunktswinkel φ der abgewickelten Mantelfläche für einen Kegel mit den Maßen r = 5 cm und h = 8 cm.

Lösung:

Berechnung des Volumens:

$V = \frac{1}{3} \cdot r^2 \cdot \pi \cdot h$

$V = \frac{1}{3} \cdot (5\text{ cm})^2 \cdot \pi \cdot 8\text{ cm}$

$V = 209{,}44\text{ cm}^3$

Berechnung der Mantelfläche:

$M = r \cdot \pi \cdot m$

$M = 5\text{ cm} \cdot \pi \cdot \sqrt{(5\text{ cm})^2 + (8\text{ cm})^2}$

$M = 5 \cdot \pi \cdot 9{,}43\text{ cm}^2$

$M = 148{,}13\text{ cm}^2$

Berechnung der Mantellinie m mit dem Satz des Pythagoras

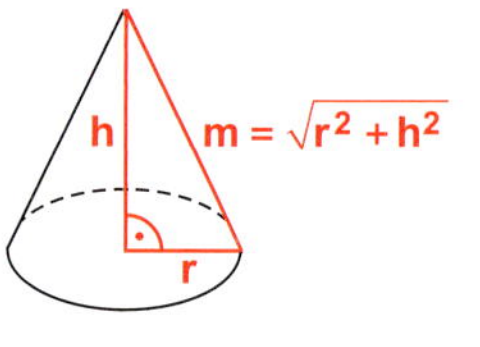

Berechnung des Mittelpunktswinkels:

$M = \frac{\varphi}{360°} \cdot m^2 \cdot \pi \quad \Big| \cdot \frac{360°}{m^2 \cdot \pi}$

$\varphi = \frac{M \cdot 360°}{m^2 \cdot \pi}$

$\varphi = \frac{148{,}13\text{ cm}^2 \cdot 360°}{(9{,}43\text{ cm})^2 \cdot \pi}$

$\varphi = 190{,}89°$

Abwicklung der Mantelfläche:

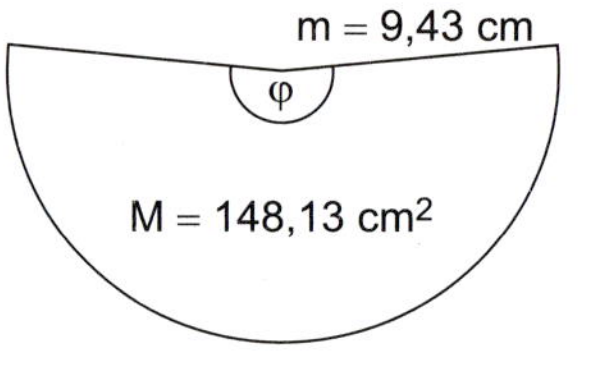

oder:

$$\varphi = \frac{r}{m} \cdot 360°$$

$$\varphi = \frac{5\ \text{cm}}{9{,}43\ \text{cm}} \cdot 360°$$

$$\varphi = 190{,}88°$$

Aufgaben

205

Ein Kegel hat die Mantellinie m = 5 cm und den Radius r = 2,5 cm.

a) Zeige, dass die Abwicklung der Mantelfläche ein Halbkreis ist.

b) Zeige allgemein, dass die Mantelfläche immer ein Halbkreis ist, wenn der Axialschnitt ein gleichseitiges Dreieck ergibt.

206

Ein Kegel mit Radius r = 5 cm und Höhe h = 8 cm wird von einer zur Grundfläche parallelen Ebene in einem Abstand von 3 cm geschnitten. Dabei entsteht ein 3 cm hoher Kegelstumpf.
Berechne Volumen und Mantelfläche des entstandenen Kegelstumpfes.

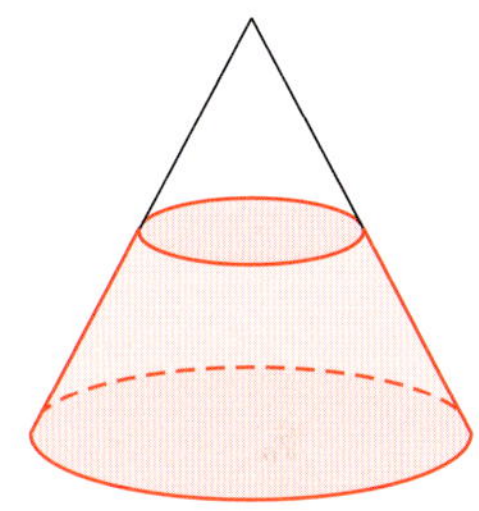

Tipp Differenz zweier Kegel

207

Das Dreieck ABC mit a = 5 cm, b = 6 cm und c = 7 cm rotiert um die Seite c. Dabei entsteht ein Doppelkegel.
Berechne Volumen und Oberfläche des Doppelkegels und zeichne den Axialschnitt dazu.

Interaktive Aufgaben

16. Kegel: Mantelline
17. Kegel: Oberfläche
18. Tipi

Funktionale Abhängigkeiten und Extremwertberechnungen – Schnitt durch einen Kegel

Beispiel

Ein Kegel hat einen Radius von 3 cm und eine Höhe von 12 cm. Dieser Kegel wird durch eine zur Grundfläche parallele Ebene in einem Abstand von x cm zum Mittelpunkt M der Grundfläche geschnitten. Die Schnittfläche ist ein Kreis mit Radius r_K. Mit der Spitze S bildet dieser Kreis wieder neue Kegel mit dem Axialschnitt A_nB_nS.

a) Zeichne den Axialschnitt A_1B_1S des Kegels für x = 5 cm.

b) Berechne den Radius r_K der abgeschnittenen Kegel in Abhängigkeit von x.

c) Berechne die Mantelfläche der abgeschnittenen Kegel in Abhängigkeit von x.

d) Berechne den x-Wert, für den die Mantelfläche des abgeschnittenen Kegels $2\pi\ \text{cm}^2$ beträgt.

Lösung:

a)

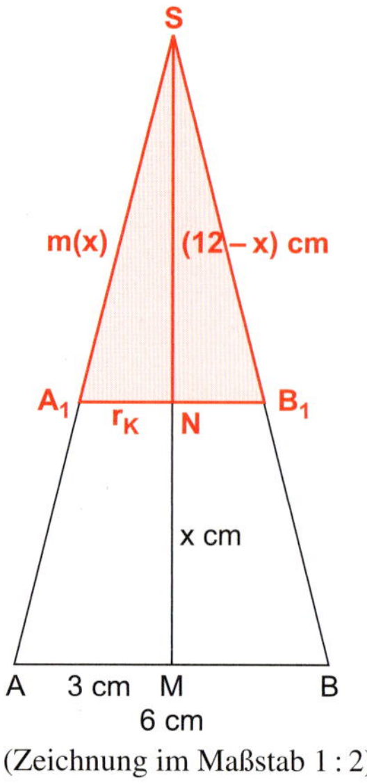

(Zeichnung im Maßstab 1 : 2)

b) Strahlensatz mit Zentrum S:

$$\frac{r_K}{|\overline{AM}|} = \frac{|\overline{SN}|}{|\overline{SM}|} \qquad |\cdot|\overline{AM}|$$

$$r_K = \frac{|\overline{SN}|}{|\overline{SM}|} \cdot |\overline{AM}|$$

$$r_K(x) = \frac{(12-x)\text{ cm}}{12\text{ cm}} \cdot 3\text{ cm}$$

$$r_K(x) = \frac{(12-x)}{4}\text{ cm}$$

$$r_K(x) = \left(3 - \frac{1}{4}x\right)\text{ cm}$$

c) Bestimme zunächst die Mantellinie $|\overline{SA_n}| = m$.

Strahlensatz mit Zentrum S:

$$\frac{m}{|\overline{SA}|} = \frac{|\overline{SN}|}{|\overline{SM}|} \qquad |\cdot|\overline{SA}|$$

$$m = \frac{|\overline{SN}|}{|\overline{SM}|} \cdot |\overline{SA}|$$

$$m(x) = \frac{(12-x)\text{ cm}}{12\text{ cm}} \cdot |\overline{SA}|$$

Bestimme $|\overline{SA}|$ im rechtwinkligen Dreieck AMS.

$$m(x) = \frac{12-x}{12} \cdot \sqrt{|\overline{AM}|^2 + |\overline{MS}|^2}$$

$$m(x) = \left(1 - \frac{1}{12}x\right) \cdot \sqrt{3^2 + 12^2}\text{ cm}$$

$$m(x) = (12{,}37 - 1{,}03x)\text{ cm}$$

Mantelfläche der abgeschnittenen Kegel:

$M = r_K(x) \cdot \pi \cdot m(x)$

$M(x) = \left(3 - \frac{1}{4}x\right) \cdot \pi \cdot (12,37 - 1,03x)\ cm^2$

$M(x) = (37,11 - 3,09x - 3,09x + 0,26x^2) \cdot \pi\ cm^2$

$M(x) = (0,26x^2 - 6,18x + 37,11) \cdot \pi\ cm^2$

d) $\begin{array}{|l} M(x) = (0,26x^2 - 6,18x + 37,11) \cdot \pi\ cm^2 \\ \wedge\ M(x) = 2\pi\ cm^2 \end{array}$

$\Rightarrow (0,26x^2 - 6,18x + 37,11) \cdot \pi = 2\pi \quad (I = II) \quad |:\pi$ — π lässt sich durch Division beseitigen.

$\Leftrightarrow 0,26x^2 - 6,18x + 37,11 = 2 \quad |-2$

$\Leftrightarrow 0,26x^2 - 6,18x + 35,11 = 0$ — Allgemeine Form der quadratischen Gleichung

$D = (-6,18)^2 - 4 \cdot 0,26 \cdot 35,11$ — Diskriminante $D = b^2 - 4ac$

$D = 1,678$

$\Leftrightarrow x_{1/2} = \frac{6,18 \pm \sqrt{1,678}}{2 \cdot 0,26}$

$(x_1 = 14,38) \quad \vee \quad x_2 = 9,39$

x_1 ist keine Lösung, da der Kegel nur 12 cm hoch ist und er daher im Abstand von 14,38 cm von der Grundfläche nicht von einer Ebene geschnitten werden kann.

$L = \{9,39\}$

Für $x = 9,39$ beträgt die Mantelfläche $2\pi\ cm^2$.

Aufgaben

208 a – d

Einem Kegel mit Radius 4 cm und Höhe 10 cm sind Zylinder mit Radius x cm einbeschrieben.

a) Zeichne den Axialschnitt des Kegels und des einbeschriebenen Zylinders für $x = 2$ ein.
b) Berechne die Höhe der Zylinder in Abhängigkeit von x.
c) Berechne die Mantelfläche der Zylinder in Abhängigkeit von x.
d) Berechne den x-Wert, für den der Zylinder mit der größten Mantelfläche entsteht.
e) Prüfe rechnerisch, ob es einen Zylinder gibt, dessen Mantelfläche halb so groß ist wie die Mantelfläche des Kegels.

209 a – c

Ein Kegel hat eine Höhe von 10 cm. Der Radius beträgt 2 cm. Die Höhe wird um x cm verkürzt und der Radius um x cm verlängert.

a) Zeichne den Axialschnitt ABS des Kegels und den Axialschnitt $A_1B_1S_1$ des veränderten Kegels für $x = 2$.
b) Berechne die Länge der Mantellinie m der veränderten Kegel mit Axialschnitt $A_nB_nS_n$ in Abhängigkeit von x.
c) Berechne, für welchen x-Wert man die kürzeste Mantellinie erhält.
d) Berechne, für welchen x-Wert die Mantellinie 9 cm lang ist.

Interaktive Aufgabe

19. Kegel: Mantelfläche

Kugel

Eine **Kugel** entsteht, wenn ein Halbkreis um seinen Durchmesser rotiert. Der Mittelpunkt M des Durchmessers ist gleichzeitig auch der Mittelpunkt der Kugel.

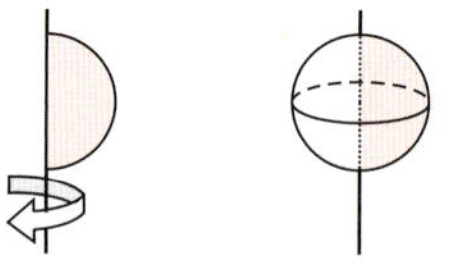

Der Axialschnitt einer Kugel ist ein Kreis mit Radius r. Schneidet man die Kugel mit einer beliebigen Ebene, so entstehen als Schnitte Kreise mit Radien r' ≤ r.

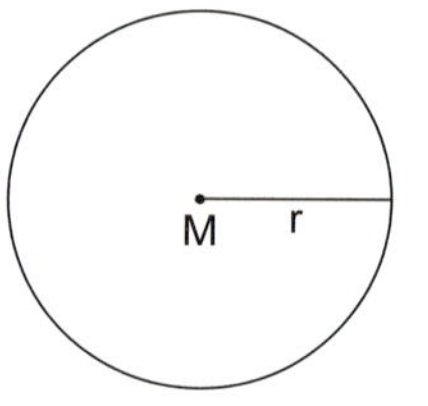

Merke

Eigenschaften von Kugeln
Jeder Punkt auf der **Oberfläche O** einer Kugel ist gleich weit vom **Mittelpunkt M** der Kugel entfernt.
Oberfläche: $O = 4 \cdot r^2 \cdot \pi$
Volumen: $V = \frac{4}{3} \cdot r^3 \cdot \pi$

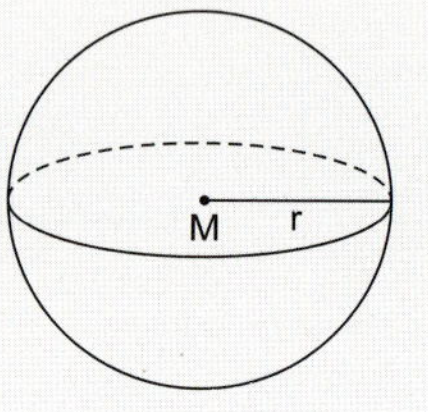

Beispiel

Ein Fußball hat einen Radius von 11 cm.
Berechne Oberfläche und Volumen. Vernachlässige dabei, dass ein Fußball nur näherungsweise eine Kugel ist.

Lösung:

Berechnung der Oberfläche:
$O = 4 \cdot r^2 \cdot \pi$
$O = 4 \cdot (11\,\text{cm})^2 \cdot \pi$
$O = 1\,520{,}53\,\text{cm}^2$

Berechnung des Volumens:
$V = \frac{4}{3} \cdot (11\,\text{cm})^3 \cdot \pi$
$V = 5\,575{,}28\,\text{cm}^3$
$V = 5{,}58\,\text{dm}^3 \quad (V = 5{,}58\,\ell)$

Aufgaben

210 Die Abbildung zeigt den Axialschnitt einer Designer-Glasschüssel. Er rotiert um die Symmetrieachse f.
a) Bestimme das Fassungsvermögen der Schüssel.
b) Bestimme das Volumen der Schüssel.
c) Bestimme die Oberfläche der Schüssel.

Tipp Zerlege die Oberfläche in Teilflächen verschiedener Grundkörper.

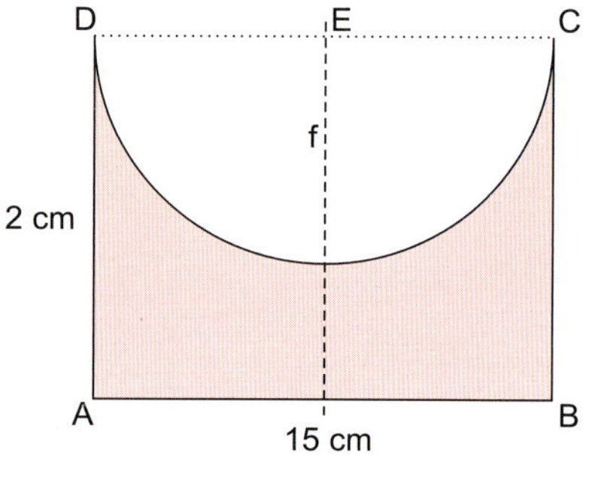

211 In einem Zylinder mit Radius r = 5 cm und Höhe h = 8 cm befindet sich eine Kugel.
a) Berechne die Oberfläche und das Volumen der größtmöglichen Kugel und zeichne einen Axialschnitt.
b) Berechne, welchen prozentualen Anteil am Volumen des Zylinders das Kugelvolumen einnimmt.

212 Berechne das Volumen der Inkugel und der Umkugel des Kegels, dessen Axialschnitt abgebildet ist, wenn für den Kegel gilt: Radius $r = 5$ cm und Höhe $h = 8$ cm.

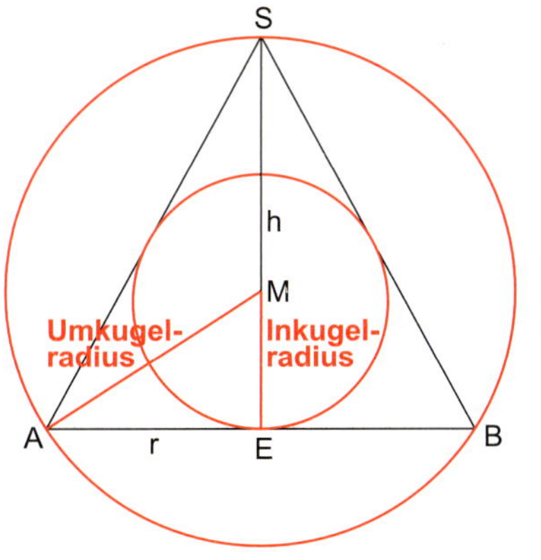

213 Einer Kugel mit Radius 5 cm wird ein Zylinder mit 6 cm Höhe einbeschrieben. Berechne das Volumen des einbeschriebenen Zylinders (Axialschnitt ABCD).

Interaktive Aufgaben

20. Bowlingkugel

21. Planet

Funktionale Abhängigkeiten und Extremwertberechnungen

Beispiel

Einem Kegel ist eine Kugel einbeschrieben. Der Kegel hat einen Radius von 6 cm und eine Höhe von 8 cm.

a) Zeichne den Axialschnitt ABS des Kegels mit einbeschriebener Kugel und berechne den Radius der Inkugel.
b) Gib den prozentualen Anteil des Kugelvolumens am Volumen des Kegels an.
c) In den Raum über der Inkugel wird eine weitere Kugel in den Kegel einbeschrieben. Berechne, …
   - in welchem Verhältnis die Volumina der beiden Kugeln stehen.
   - in welchem Verhältnis die Oberflächen der beiden Kugeln stehen.
   - in welchem Verhältnis die Radien der beiden Kugeln stehen, und beschreibe kurz, was dir auffällt.

Lösung:

a)

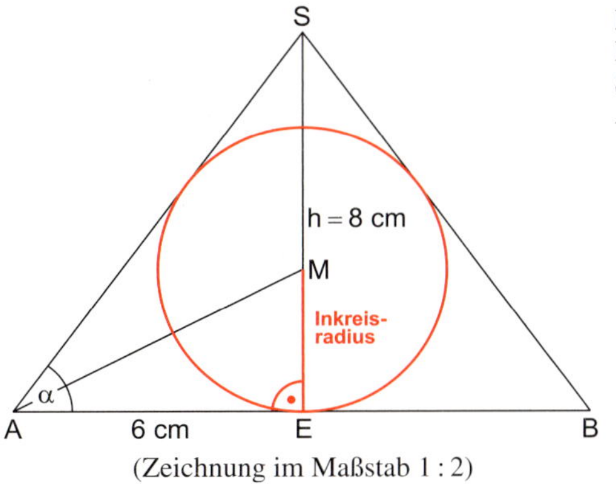

(Zeichnung im Maßstab 1 : 2)

Der Axialschnitt der Inkugel ist der Inkreis des Dreiecks ABS. Der Inkreismittelpunkt M ist der Schnittpunkt der Winkelhalbierenden im Dreieck ABS.

Im rechtwinkligen Dreieck AES gilt:

$$\tan\alpha = \frac{|\overline{ES}|}{|\overline{AE}|}$$

$$\tan\alpha = \frac{8\text{ cm}}{6\text{ cm}}$$

$$\tan\alpha = 1{,}3333\ldots$$

$$\alpha = 53{,}13°$$

Also: $\sphericalangle EAM = \frac{\alpha}{2} = 26{,}57°$

Im rechtwinkligen Dreieck AEM gilt:

$$\tan\frac{\alpha}{2} = \frac{|\overline{EM}|}{|\overline{AE}|} \qquad |\cdot|\overline{AE}|$$

$$|\overline{EM}| = \tan\frac{\alpha}{2}\cdot|\overline{AE}|$$

$$|\overline{EM}| = \tan 26{,}57°\cdot 6\text{ cm}$$

$$|\overline{EM}| = 3{,}00\text{ cm} = r_{\text{Inkugel}}$$

b) Berechnung des Kugelvolumens:

$$V_{\text{Kugel}} = \frac{4}{3}\cdot r_{\text{Inkugel}}{}^3\cdot\pi$$

$$V_{\text{Kugel}} = \frac{4}{3}\cdot(3{,}00\text{ cm})^3\cdot\pi$$

$$V_{\text{Kugel}} = 113{,}10\text{ cm}^3$$

Berechnung des Kegelvolumens:

$$V_{\text{Kegel}} = \frac{1}{3}\cdot r_{\text{Kegel}}{}^2\cdot\pi\cdot h$$

$$V_{\text{Kegel}} = \frac{1}{3}\cdot(6\text{ cm})^2\cdot\pi\cdot 8\text{ cm}$$

$$V_{\text{Kegel}} = 301{,}59\text{ cm}^3$$

Berechnung des prozentualen Anteils:

$$\frac{V_{\text{Kugel}}}{V_{\text{Kegel}}} = \frac{113{,}10}{301{,}59} = 0{,}375 = 37{,}5\,\%$$

c) Strahlensatz mit Zentrum S:

Berechne den Grundkreisradius $|\overline{HD}|$ des Kegels mit Axialschnitt HIS.

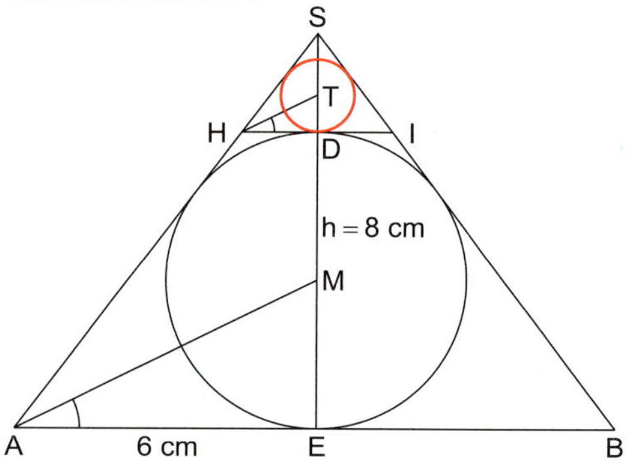

$$\frac{|\overline{HD}|}{|\overline{AE}|} = \frac{|\overline{SD}|}{|\overline{SE}|} \qquad |\cdot|\overline{AE}|$$

$$|\overline{HD}| = \frac{|\overline{SD}|}{|\overline{SE}|}\cdot|\overline{AE}|$$

$$|\overline{HD}| = \frac{|\overline{SE}| - 2\cdot r_{\text{Inkugel}}}{8\text{ cm}}\cdot 6\text{ cm}$$

$$|\overline{HD}| = \frac{8\text{ cm} - 2\cdot 3\text{ cm}}{8\text{ cm}}\cdot 6\text{ cm}$$

$$|\overline{HD}| = \frac{2\text{ cm}}{8\text{ cm}}\cdot 6\text{ cm}$$

$$|\overline{HD}| = 1{,}5\text{ cm}$$

Betrachte das Dreieck HDT:

$\overline{HT}$ ist die Winkelhalbierende des Winkels DHS (Inkreiskonstruktion).

$$\sphericalangle DHT = \sphericalangle EAM = \frac{\alpha}{2} = 26{,}57°$$

Stufenwinkel!

Berechnung des Radius r_{klein} der kleinen Inkugel:

$\tan\frac{\alpha}{2} = \frac{|\overline{DT}|}{|\overline{HD}|}$ $\quad |\cdot|\overline{HD}|$ $\quad r_{klein} = |\overline{DT}|$

$|\overline{DT}| = |\overline{HD}| \cdot \tan\frac{\alpha}{2}$

$|\overline{DT}| = 1{,}5\text{ cm} \cdot \tan 26{,}57°$

$|\overline{DT}| = 0{,}75\text{ cm} = r_{klein}$

Berechnung der Volumina:

$V_{klein} = \frac{4}{3} \cdot r_{klein}{}^3 \cdot \pi = \frac{4}{3} \cdot (0{,}75\text{ cm})^3 \cdot \pi = 1{,}77\text{ cm}^3$

$V_{groß} = 113{,}10\text{ cm}^3$ (siehe Teilaufgabe b)

Berechnung der Oberflächen:

$O_{klein} = 4 \cdot r_{klein}{}^2 \cdot \pi = 4 \cdot (0{,}75\text{ cm})^2 \cdot \pi = 7{,}07\text{ cm}^2$

$O_{groß} = 4 \cdot r_{Inkugel}{}^2 \cdot \pi = 4 \cdot (3\text{ cm})^2 \cdot \pi = 113{,}10\text{ cm}^2$

Aufstellen der Verhältnisse:

$\frac{V_{groß}}{V_{klein}} = \frac{113{,}10\text{ cm}^3}{1{,}77\text{ cm}^3} = \frac{64}{1}$

$\frac{O_{groß}}{O_{klein}} = \frac{113{,}10\text{ cm}^2}{7{,}07\text{ cm}^2} = \frac{16}{1}$

$\frac{r_{groß}}{r_{klein}} = \frac{3\text{ cm}}{0{,}75\text{ cm}} = \frac{4}{1}$

Beobachtung: Vervierfacht sich der Radius, dann nimmt die Oberfläche auf das 4^2-Fache und das Volumen auf das 4^3-Fache zu!

Hinweis: Diese Beobachtung stimmt für alle Kugeln, deren Radius vervierfacht wird, und ist unabhängig vom ursprünglichen Radius:

$$\frac{V_{groß}}{V_{klein}} = \frac{\frac{4}{3} \cdot (4r)^3 \cdot \pi}{\frac{4}{3} \cdot r^3 \cdot \pi} = \frac{4^3 r^3}{r^3} = \frac{4^3}{1}$$

$$\frac{O_{groß}}{O_{klein}} = \frac{4 \cdot (4r)^2 \cdot \pi}{4 \cdot r^2 \cdot \pi} = \frac{4^2 r^2}{r^2} = \frac{4^2}{1}$$

Aufgabe 214

a – c

Aus einem rechteckigen Stück Blech ABCD mit $|\overline{AB}| = 5\text{ cm}$ und $|\overline{BC}| = 3\text{ cm}$ werden zwei Viertelkreise ausgeschnitten.

Es gilt $r_1 = |\overline{CF_n}|$ und $r_2 = |\overline{BF_n}| = x\text{ cm}$.

Dieses Blech rotiert um die Achse $\overline{BC}$.

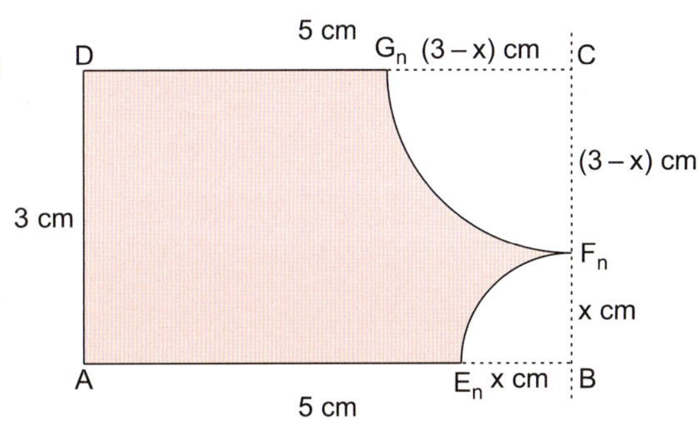

a) Skizziere den Rotationskörper, der dabei entsteht.

b) Berechne die Oberfläche des Körpers in Abhängigkeit von x.

c) Berechne den x-Wert, für den der Körper mit der kleinsten Oberfläche entsteht.

d) Berechne den x-Wert, für den ein Körper mit $100\pi\text{ cm}^2$ Oberfläche entsteht.

3.6 Pfadregeln in Baumdiagrammen

Pfad-Multiplikationsregel

Beispiel 2 b (Seite 88 in Abschnitt 2.9) führte zu einem umfangreichen Baumdiagramm. Dieses lässt sich wie folgt vereinfachen.

Merke

Pfad-Multiplikationsregel
Die Wahrscheinlichkeit eines Ergebnisses erhält man, wenn man die **Wahrscheinlichkeiten entlang seines Pfades** im Baumdiagramm **multipliziert**.

Beispiel

In einer Urne befinden sich 2 schwarze Kugeln (S) und eine weiße Kugel (W). Es werden 3 Kugeln gezogen. Dabei wird nach jedem Zug die gezogene Kugel wieder zurück in die Urne gelegt. Bestimme die Wahrscheinlichkeit, dass dreimal hintereinander eine schwarze Kugel gezogen wird, also P(SSS).

Lösung:

Bei dieser Aufgabe sind die Wahrscheinlichkeiten für Schwarz und Weiß nicht gleich. Bei jedem Zug ist:

$P(\text{„Schwarz“}) = \frac{2}{3}$ — Unter den 3 Kugeln sind 2 schwarze Kugeln.

$P(\text{„Weiß“}) = \frac{1}{3}$ — Unter den 3 Kugeln ist 1 weiße Kugel.

Darstellung im Baumdiagramm:

Man führt im Baumdiagramm pro Zug **jede Farbe nur einmal** auf, gibt aber dafür **die Wahrscheinlichkeit für jeden Pfad** an.
Dadurch reduziert sich der Umfang des Baumdiagramms.

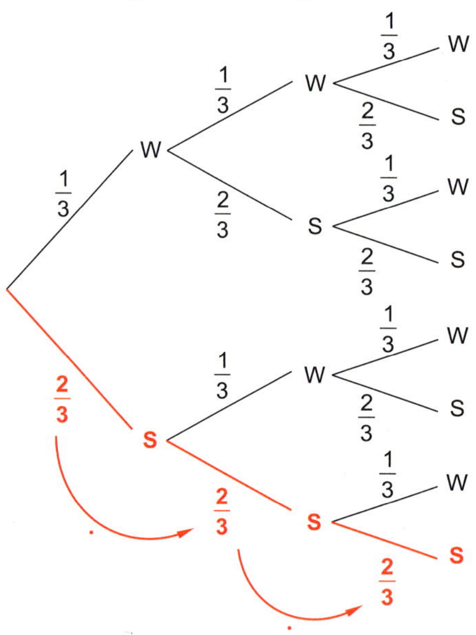

Die Wahrscheinlichkeit für das Ereignis SSS („dreimal Schwarz) erhält man nun, wenn man die Wahrscheinlichkeiten entlang des Pfades multipliziert:

$P(SSS) = \frac{2}{3} \cdot \frac{2}{3} \cdot \frac{2}{3} = \frac{8}{27}$ — Vgl. mit der Lösung auf Seite 89

Aufgabe 215

Löse Aufgabe 138 a (Seite 89) mithilfe eines Baumdiagramms und der Pfad-Multiplikationsregel:
Aus einem Schafkopfspiel nimmt man 2 Ober (O) und 2 Unter (U) heraus und legt sie verdeckt auf den Tisch. Du ziehst nacheinander 2 Karten, ohne die erste wieder zurückzulegen. Bestimme, wie hoch die Wahrscheinlichkeit ist, dass du 2 Ober hintereinander ziehst.

Tipp

Nach dem ersten Zug ändern sich die Wahrscheinlichkeiten.

216

Schafkopf wird in Oberbayern mit 32 Karten gespielt. Beim Geben erhält jeder Spieler 8 Karten. Bestimme, mit welcher Wahrscheinlichkeit ein Spieler alle 4 Ober und alle 4 Unter, die im Kartenset vorkommen, erhält.

217

Moritz hat einen roten und 3 blaue Legosteine. Er möchte einen Turm bauen, der aus 3 aufeinanderliegenden Steinen besteht (z. B. rot-blau-blau).

a) Bestimme, wie viele verschiedene Farbkombinationen bei seinem Turm möglich sind.
b) Moritz zieht blind nacheinander 3 Steine und setzt die Steine in der Reihenfolge, mit der er sie zieht, aufeinander. Ermittle, mit welcher Wahrscheinlichkeit er einen Turm in der Reihenfolge blau-blau-rot baut.

Interaktive Aufgabe

1. Baumdiagramm
2. Multiplikationsregel (mit ZL)
3. Multiplikationsregel (ohne ZL)

Pfad-Additionsregel

Die Pfad-Additionsregel wird benötigt, wenn die günstigen Ergebnisse in mehreren Pfaden des Baumdiagramms vorkommen.

Merke

> **Pfad-Additionsregel**
> Die Wahrscheinlichkeit für ein Ereignis erhält man als Summe der Wahrscheinlichkeiten der einzelnen Ergebnisse dieses Ereignisses.
> Man **addiert** also die **Wahrscheinlichkeiten der einzelnen Pfade**.

Beispiel

Eine Münze wird dreimal hintereinander geworfen. Ermittle die Wahrscheinlichkeit, dass bei den 3 Würfen genau zweimal Zahl dabei ist.

Lösung:

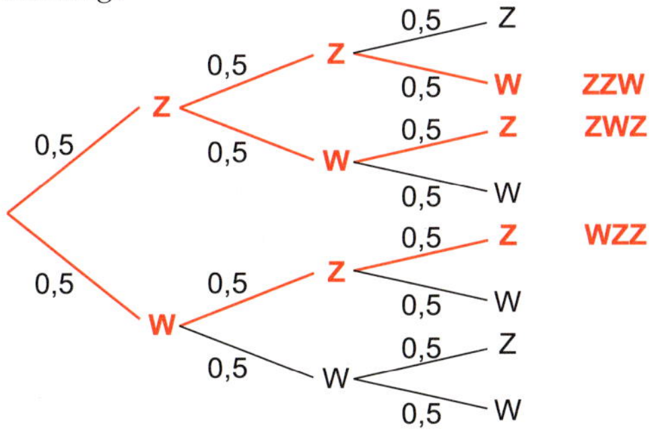

„Z“ für Zahl und „W“ für Wappen

Um die Wahrscheinlichkeit für das Ereignis „genau zweimal Zahl“ zu bestimmen, zählt man die Pfade, die zu günstigen Ergebnissen führen. Das sind 3 Pfade:
ZZW, ZWZ, WZZ

Wahrscheinlichkeit für das Ergebnis ZZW:

P(ZZW) $= 0{,}5 \cdot 0{,}5 \cdot 0{,}5 = 0{,}125 =$ **12,5 %**

Pfad-Multiplikationsregel für Pfad ZZW

Die Wahrscheinlichkeiten für die anderen beiden günstigen Ergebnisse ZWZ und WZZ betragen ebenfalls:

Pfad-Multiplikationsregeln für die Pfade ZWZ und WZZ

P(ZWZ) = 12,5 % bzw. **P(WZZ) = 12,5 %**

Um die Gesamtwahrscheinlichkeit für das Ereignis „Genau zweimal Zahl" zu erhalten, addiert man die Wahrscheinlichkeiten der Pfade ZZW, ZWZ und WZZ:

P(„Genau zweimal Zahl")

= **P(ZZW) + P(ZWZ) + P(WZZ)**

Diese Regel nennt man die Pfad-Additionsregel.

$= 12{,}5\ \% + 12{,}5\ \% + 12{,}5\ \% = 37{,}5\ \%$

Löse die folgenden Aufgaben mithilfe der beiden Pfadregeln.

Aufgaben

218 In einer Urne befinden sich 6 Kugeln. 3 davon sind rot (R), eine grün (G) und 2 blau (B). Nacheinander werden 2 Kugeln gezogen. Die erste Kugel wird nach dem Ziehen wieder **zurückgelegt**.

a) Bestimme, mit welcher Wahrscheinlichkeit zuerst eine rote und dann eine grüne Kugel gezogen wird.
b) Bestimme, mit welcher Wahrscheinlichkeit eine rote und eine grüne Kugel gezogen werden. Die Reihenfolge ist dabei egal.

219 In einer Urne befinden sich eine gelbe Kugel (G), 2 blaue Kugeln (B) und 3 rote Kugeln (R). Nacheinander werden 2 Kugeln gezogen. Die erste Kugel wird nach dem Ziehen **nicht zurückgelegt**.

a) Stelle dieses Zufallsexperiment in einem Baumdiagramm dar. Schreibe auf jeden Pfad die Wahrscheinlichkeiten.

Tipp Nach jedem Zug ändert sich die Anzahl der Kugeln in der Urne.

b) Gib anschließend die Wahrscheinlichkeiten für folgende Ereignisse an.
   i) Es wird zuerst Gelb und dann Blau gezogen.
   ii) Es werden 2 blaue Kugeln gezogen.
   iii) Es werden eine rote und eine gelbe Kugel gezogen. Die Reihenfolge ist dabei egal.

220 In einer Urne befinden sich 5 rote (R), 4 blaue (B) und 3 weiße Kugeln (W). Pythagoras zieht 2 Kugeln ohne Zurücklegen. Gib deine Ergebnisse im Folgenden in Prozent auf 2 Nachkommastellen gerundet an.

a) Bestimme, mit welcher Wahrscheinlichkeit Pythagoras 2 rote Kugeln zieht.
b) Bestimme, mit welcher Wahrscheinlichkeit Pythagoras zuerst eine rote und dann eine blaue Kugel zieht.
c) Bestimme, mit welcher Wahrscheinlichkeit Pythagoras eine rote und eine blaue Kugel zieht. Die Reihenfolge ist dabei egal.
d) Bestimme, mit welcher Wahrscheinlichkeit Pythagoras 2 Kugeln unterschiedlicher Farbe zieht. Verwende bei deiner Lösung das Gegenereignis.

221 In Deutschland sind 8 % der Männer farbenblind. Es werden 4 Männer zufällig ausgewählt. Gib deine Ergebnisse in Prozent auf ganze Zahlen gerundet an.

a) Bestimme, mit welcher Wahrscheinlichkeit keiner farbenblind ist.
b) Bestimme, mit welcher Wahrscheinlichkeit mindestens einer farbenblind ist.

222 Mit der App eines Burger-Restaurants kann man sich den Burger seiner Wahl zusammenstellen. Zuerst wählt man die Burgersemmel aus: entweder Weißmehl, Vollkorn oder Sesam. Anschließend wählt man die Art des Belages: entweder Tofu, Hühnchen, Rindfleisch oder Pute. Dann die Soße: entweder Barbecue, Ketchup, Senf oder Mayo. Und zum Schluss noch: mit Käse oder ohne Käse.

a) Stelle in einem Baumdiagramm-Ausschnitt alle Möglichkeiten dar, sich einen Vollkorn-Burger mit Pute zusammenzustellen.
b) Gib an, wie viele verschiedene Burger-Kombinationen insgesamt möglich sind.
c) Das Restaurant bietet den Random-Burger an. Dabei werden die Zutaten zufällig kombiniert. Bestimme, mit welcher Wahrscheinlichkeit man einen Burger mit Tofu, Ketchup und Käse erhält.
d) Bestimme, mit welcher Wahrscheinlichkeit der Random-Burger entweder ein Weißmehl-Burger mit Rindfleisch oder ein Hühnchen-Burger mit Senf ist.

223 Auf der Homepage eines Autohändlers kann man sich sein Wunschauto konfigurieren. Zuerst wählt man entweder Diesel, Benziner oder E-Motor, anschließend eine der Farben Blau, Orange, Schwarz oder Rot und schließlich noch eine der Ausstattungslinien Basic (Ba), Business (Bu) oder Exclusive (Ex).

a) Ermittle, wie viele Varianten es gibt.
b) Bestimme die Wahrscheinlichkeit dafür, dass beim zufälligen Klicken ein roter Diesel mit Business-Paket konfiguriert wird.
c) 20 % der Bestellungen fallen auf blaue Autos mit E-Motor. Entscheide, ob das der Wahrscheinlichkeit beim zufälligen Klicken entspricht.
d) Zeichne einen Ausschnitt des Baumdiagramms, aus dem man die Anzahl der Varianten mit E-Motor entnehmen kann.
e) Man kann das Fahrzeug zufällig konfigurieren lassen, wobei alle Konfigurationen gleich wahrscheinlich angeboten werden. Bestimme, mit welcher Wahrscheinlichkeit man ein schwarzes Fahrzeug mit Basic-Ausstattung oder einen orangen Diesel erhält.

224 Ein Impfstoff ist zu 95 % wirksam. 3 Personen werden mit diesem Impfstoff geimpft.

a) Bestimme, mit welcher Wahrscheinlichkeit der Impfstoff bei allen 3 Personen wirkt. Runde dein Ergebnis in Prozent auf eine Nachkommastelle.
b) Bestimme, mit welcher Wahrscheinlichkeit der Impfstoff bei keiner der 3 Personen wirkt. Runde dein Ergebnis in Prozent auf 2 Nachkommastellen.
c) Bestimme, mit welcher Wahrscheinlichkeit der Impfstoff bei mindestens einer der 3 Personen nicht wirkt. Runde dein Ergebnis in Prozent auf eine Nachkommastelle.

225 Bei einem Multiple-Choice-Test mit 4 Fragen gibt es jeweils 3 Antwortmöglichkeiten. Es ist bei jeder Frage immer nur genau eine Antwort richtig.
Gib deine Ergebnisse in Prozent auf eine Nachkommastelle gerundet an.

a) Bestimme die Wahrscheinlichkeit, dass man durch Raten alle 4 Fragen richtig beantwortet.
b) Bestimme die Wahrscheinlichkeit, dass durch Raten alle Antworten falsch sind.
c) Bestimme die Wahrscheinlichkeit, dass durch Raten genau eine Antwort richtig ist.

Tipp Erstelle ein Baumdiagramm.

d) Bestimme die Wahrscheinlichkeit dafür, dass durch Raten mindestens eine Antwort richtig ist.

Tipp Nutze hierzu das Gegenereignis.

Interaktive Aufgabe

4. Urne

5. Lose

Gleichungen erstellen mithilfe von Baumdiagrammen

Beispiel

Die 9. und 10. Klassen einer Realschule nehmen an einem Skikurs teil. Sie haben entweder wenig Ski-Erfahrung oder sind Fortgeschrittene. Aus den 9. Klassen haben 60 % wenig Ski-Erfahrung. Aus den 10. Klassen sind 70 % Fortgeschrittene. Der Gesamtanteil der am Skikurs Teilnehmenden aus den 9. Klassen beträgt x %.

a) Erstelle ein Baumdiagramm und trage die Anteile auf allen Ästen ein.

b) Insgesamt beträgt der Anteil derjenigen mit wenig Ski-Erfahrung 45 %. Zeige, dass genau 50 % der am Skikurs Teilnehmenden aus den 9. Klassen sind, also $x = 50$ ist.

Lösung:

a)

1. Stufe: Wenn der Anteil aus den 9. Klassen $\frac{x}{100}$ beträgt, dann ist der Anteil aus den 10. Klassen $1-\frac{x}{100}$.

2. Stufe oben: Wenn 60 % aus Klasse 9 wenig Ski-Erfahrung haben, sind 100 % − 60 % = 40 % aus Klasse 9 Fortgeschrittene.

2. Stufe unten: Wenn 70 % aus Klasse 10 Fortgeschrittene sind, haben 100 % − 70 % = 30 % aus Klasse 10 wenig Ski-Erfahrung.

b) Den rot markierten Pfaden entnimmt man mit der Pfad-Multiplikationsregel:

i) Anteil, der aus **Klasse 9** ist und **wenig Ski-Erfahrung** hat:

$\frac{x}{100} \cdot 0{,}6$

ii) Anteil, der aus **Klasse 10** ist und **wenig Ski-Erfahrung** hat:

$\left(1-\frac{x}{100}\right) \cdot 0{,}3$

Beide Anteile zusammen ergeben den **Gesamtanteil** der Teilnehmenden mit **wenig Ski-Erfahrung**. Dieser beträgt laut Angabe:

45 % = **0,45**

Das führt mit der Pfad-Additionsregel zu folgender Gleichung:

$$0{,}45 = \frac{x}{100} \cdot 0{,}6 + \left(1-\frac{x}{100}\right) \cdot 0{,}3$$

$$0{,}45 = 0{,}6 \cdot \frac{x}{100} + 0{,}3 - 0{,}3 \cdot \frac{x}{100} \qquad |-0{,}3$$

$$0{,}15 = 0{,}6 \cdot \frac{x}{100} - 0{,}3 \cdot \frac{x}{100} \qquad |\cdot 100$$

$$15 = 0{,}6x - 0{,}3x$$

$$15 = 0{,}3x \qquad |:0{,}3$$

$$x = 50$$

Also sind $\frac{50}{100} = 50\,\%$ der Teilnehmenden aus Klasse 9.

Aufgaben

226

Eine Maschine produziert Schrauben mit Gewinde M5 und Schrauben mit Gewinde M8. Der Anteil der M5-Schrauben sei x %. Bei der Produktion treten Fehler auf. Von den M8-Schrauben haben 6 % Gewindefehler und 8 % Fehler am Schraubenkopf. Bei den M5-Schrauben ist der Anteil der beiden Fehlerarten jeweils nur halb so groß.

a) Zeichne ein Baumdiagramm, das diese Anteile darstellt.

b) Bei einer Prüfung stellt man fest, dass 2 % aller Schrauben ein M5-Gewinde mit einem Gewindefehler oder einem Schraubenkopffehler besitzen. Berechne, wie groß der Anteil der M5-Schrauben an der Gesamtproduktion ist. Gib dein Ergebnis in Prozent auf 2 Nachkommastellen gerundet an.

Tipp

Betrachte den Teil des Baumdiagramms, der die fehlerhaften M5-Schrauben beschreibt, und gewinne daraus eine Gleichung, die den Anteil x % = $\frac{x}{100}$ der M5-Schrauben enthält.

227

Auf einem Flohmarkt verkauft ein Händler Uhren. Er hat alle Uhren auf einem großen Tisch ausgelegt und ein Schild aufgestellt, auf dem steht: „Wertvolle Originale und günstige Imitate!“ Von den wertvollen Originalen funktionieren 70 %. Von den Imitaten sind 60 % defekt.

a) Zeichne das Baumdiagramm für die Auswahl einer Uhr auf dem Tisch. Bezeichne dabei den Anteil der wertvollen Originale mit p %.

b) Insgesamt beträgt der Anteil der funktionierenden Uhren 50 %.
Berechne den Anteil p % der Uhren, die wertvolle Originale sind.

Interaktive Aufgabe

6. Gleichung erstellen

Komplexe Aufgaben

Komplexe Aufgaben

Wenn du dich in den Inhalten der vorhergehenden Kapitel fit fühlst, kannst du anhand der folgenden komplexen Aufgaben die wichtigsten Themengebiete der Abschlussprüfung intensiv trainieren. Alle Zwischen- und Endergebnisse sind auf 2 Stellen nach dem Komma zu runden.

Quadratische Funktionen

Aufgaben

1

Die Parabel p: $y = -x^2 + 6x - 4$ mit $x, y \in \mathbb{R}$ schneidet die Gerade g: $y = \frac{1}{4}x - 2$ mit $x, y \in \mathbb{R}$ in den Punkten P und Q.

a) Zeichne die Gerade g und die Parabel p in ein Koordinatensystem und gib die Definitionsmenge und die Wertemenge der Parabel p an.
Platzbedarf: $-1 \leq x \leq 6$; $-4 \leq y \leq 5$
[Teilergebnis: $S(3\,|\,5)$]

b) Berechne die Koordinaten der Schnittpunkte P und Q.

c) Die Punkte A_n auf der Parabel p und die Punkte B_n auf der Geraden g haben dieselbe Abszisse x und bewegen sich zwischen den Punkten P und Q. Die Punkte A_n und B_n sind Eckpunkte von Quadraten $A_nB_nC_nD_n$.
Zeichne für $x = 1$ die Strecke $\overline{A_1B_1}$ und das zugehörige Quadrat $A_1B_1C_1D_1$.

d) Ermittle die Länge der Strecken $\overline{A_nB_n}$ in Abhängigkeit von x und gib den Umfang der Quadrate in Abhängigkeit von x an.
[Teilergebnis: $|\overline{A_nB_n}|(x) = (-x^2 + 5{,}75x - 2)$ LE]

e) Berechne den x-Wert, für den das Quadrat mit dem größten Umfang entsteht.
Gib den Flächeninhalt dieses Quadrats an.

f) Berechne die x-Werte, für die Quadrate mit der Seitenlänge 3 LE entstehen.

g) Welches der abgebildeten Diagramme stellt die Länge der Strecken $\overline{A_nB_n}$ in Abhängigkeit von der x-Koordinate der Punkte A_n dar? Begründe kurz.

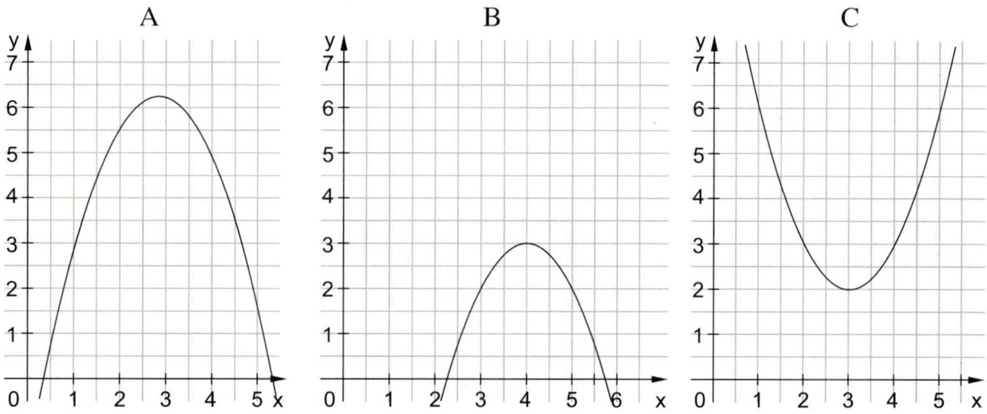

2 Die Parabel p hat die Gleichung $y = -\frac{1}{4}x^2 + x - 4$ mit $x, y \in \mathbb{R}$. Die Gerade g hat die Gleichung $y = \frac{1}{2}x + 2$ mit $x, y \in \mathbb{R}$.

a) Berechne die Koordinaten des Scheitelpunktes S der Parabel und gib ihre Definitions- und Wertemenge an.
Zeichne anschließend die Parabel p und die Gerade g in ein Koordinatensystem.
Platzbedarf: $-6 \leq x \leq 8$; $-11 \leq y \leq 5$

b) Punkte A_n auf der Parabel p und Punkte C_n auf der Geraden g haben jeweils die gleiche Abszisse x und sind zusammen mit Punkten B_n und D_n Eckpunkte von Rauten $A_nB_nC_nD_n$. Für alle Rauten gilt: $|\overline{B_nD_n}| = 5$ LE.
Zeichne die Raute $A_1B_1C_1D_1$ für $x = -1$ in das Koordinatensystem ein.

c) Berechne zunächst die Länge der Diagonale $\overline{A_nC_n}$ in Abhängigkeit von x und anschließend den Flächeninhalt der Raute $A_2B_2C_2D_2$ für $x = 5\frac{1}{2}$.
[Ergebnis: $|\overline{A_nC_n}|(x) = \left(\frac{1}{4}x^2 - \frac{1}{2}x + 6\right)$ LE]

d) Stelle den Flächeninhalt der Rauten $A_nB_nC_nD_n$ in Abhängigkeit von der Abszisse x dar und berechne sodann den kleinstmöglichen Flächeninhalt A_{min}.

e) Überprüfe rechnerisch, ob es unter den Rauten $A_nB_nC_nD_n$ Quadrate gibt.

3 Die Punkte U(–2 | 7) und V(8 | 2) liegen auf der Parabel p: $y = \frac{1}{4}x^2 + bx + c$ mit $x, y \in \mathbb{R}$. Die Gerade g hat die Gleichung g: $y = \frac{1}{2}x + 2$ mit $x, y \in \mathbb{R}$.

a) Berechne die Gleichung der Parabel p und zeichne die Parabel p und die Gerade g in ein Koordinatensystem.
Platzbedarf: $-3 \leq x \leq 10$; $-5 \leq y \leq 9$

b) Berechne die Koordinaten der Schnittpunkte A und B der Geraden g mit der Parabel p, wobei gilt: $x_A > x_B$.

c) Zeichne die Gerade h, die parallel zur Geraden g und durch den Punkt P(1 | –3,75) verläuft, in das Koordinatensystem ein und ermittle die Gleichung der Geraden h.

d) Die Punkte C_n liegen auf der Geraden h und sind Eckpunkte von Dreiecken ABC_n. Zeichne das Dreieck ABC_1 für $C_1(2 | ?)$ in das Koordinatensystem ein und berechne die Seitenlängen der Dreiecksseiten sowie die Maße α (des Winkels BAC_1), β (des Winkels C_1BA) und γ der Innenwinkel des Dreiecks ABC_1.

e) Zeige, dass es zwei gleichschenklige Dreieck ABC_n mit der Basis $\overline{BC_n}$ gibt und zeichne eines davon als ABC_2 in das Koordinatensystem ein.

4 Die Parabel p hat die Gleichung p: $y = -x^2 - 2x + 3$ mit $x, y \in \mathbb{R}$. Die Gerade g hat die Gleichung g: $y = -3x + 3{,}25$ mit $x, y \in \mathbb{R}$.

a) Erstelle für die Parabel p eine Wertetabelle für $x \in [-4; 4]$ in Schritten von $\Delta x = 1$ und zeichne die Parabel p und die Gerade g in ein Koordinatensystem.
Für die Zeichnung: $-4 \leq x \leq 3$; $-5 \leq y \leq 5$; Längeneinheit 1 cm.

b) Berechne die Nullstellen der Parabel p und gib die Koordinaten der Schnittpunkte mit der x-Achse an.

c) Zeige rechnerisch, dass die Gerade g Tangente an die Parabel p ist, und gib die Koordinaten des Berührpunktes B an.

d) Die Punkte A_n und C_n liegen auf der Parabel p und sind zusammen mit dem Punkt B Eckpunkte von Dreiecken A_nBC_n. Die Abszisse der Punkte C_n ist stets um 2 größer als die Abszisse x der Punkte A_n.
Zeichne das Dreieck A_1BC_1 für $x = -2{,}5$ in das Koordinatensystem ein.

e) Gib an, für welche Werte von x Dreiecke A_nBC_n existieren.

f) Die Dreiecke A_2BC_2 und A_3BC_3 haben einen Flächeninhalt von 5 FE.
Berechne die zugehörigen Werte für x.

Ebene Geometrie

Aufgaben
5

In einem Windpark stehen bereits 3 Windräder in den Punkten A, B und C.

a) Fertige eine Skizze des Windparks anhand folgender Messdaten im Maßstab 1 : 4 000 an.
$|\overline{AB}| = 220\text{m}$; $\sphericalangle CBA = 50°$; $\sphericalangle BAC = 75°$

b) Der Mindestabstand zwischen den einzelnen Windrädern muss 180 m betragen, um Windschatten zu vermeiden.
Rechne nach, ob dieser Mindestabstand eingehalten wurde.

c) Der Betreiber des Windparks will ein viertes Windrad im Punkt D errichten. Es soll von den Windrädern in A und C genau den Mindestabstand besitzen.
Zeichne das Windrad ein und berechne das Maß δ des Winkels ADC.
[Teilergebnis: $\delta = 69{,}71°$]

d) Wegen möglicher Gefahren durch herabfallendes Eis sollte sich im Umkreis von 40 m um jedes der Windräder niemand aufhalten.
Berechne den Anteil des Gefahrenbereichs an der Gesamtfläche des Grundstücks ABCD in Prozent.

e) Ein Wartungsgebäude H soll gleich weit von den Windrädern A, B und C entfernt sein.
Zeichne den Standort H ein und berechne die Entfernung von den drei Windrädern.
[Teilergebnis: $|\overline{HA}| = 134{,}29\text{ m}$]

f) Berechne, wie weit der Weg vom Wartungsgebäude H zum Windrad D ist.

6 Ein Dreieckssegel ABC ist in den Punkten K und C am Mast befestigt. Es hat folgende Maße:
$|\overline{AB}| = 8$ m; $|\overline{KC}| = 12$ m; $\sphericalangle KAC = 70°$.

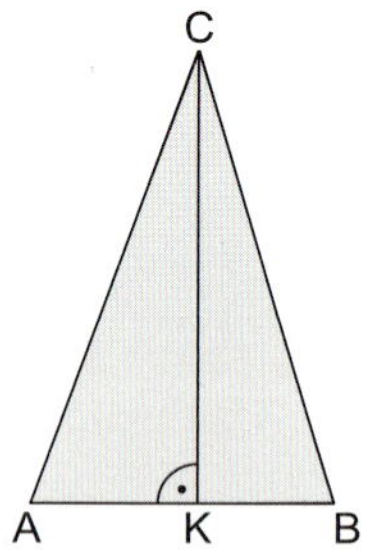

a) Berechne $|\overline{CA}|$ und zeichne das Segel im Maßstab 1 : 100.

b) Berechne das Maß β des Winkels CBK und die Länge der Seite $\overline{BC}$.

c) In 2 m Entfernung von C liegt auf der Strecke $\overline{CA}$ der Punkt D. Vom Punkt D aus verläuft ein Holzstab zur Verstärkung des Segels parallel zur Strecke $\overline{AB}$ zum Punkt E auf $\overline{BC}$. Der Holzstab ist im Punkt T am Mast befestigt.
Zeichne diesen Stab und die genannten Punkte ein und berechne die Länge $|\overline{DE}|$ des Stabes sowie den Abstand des Stabes vom Punkt C.

d) Ein weiterer Stab $\overline{FG}$ verläuft parallel zu $\overline{DE}$ ($F \in \overline{CA}$, $G \in \overline{BC}$). Dieser Stab ist im Punkt Z am Mast befestigt. Der Punkt Z ist x m vom Punkt C entfernt.
Berechne die Länge $|\overline{FG}|$ des Stabes in Abhängigkeit von x.

e) Der Punkt Z wurde so gewählt, dass der Stab $\overline{FG}$ das Segeltuch ABC in zwei gleich große Flächen teilt.
Berechne den zugehörigen Wert für x und zeichne den Stab $\overline{FG}$ ein.

f) Berechne den prozentualen Anteil des trapezförmigen Segeltuchteils FGED an der Gesamtfläche des Segels.

g) Das Segel wird mit einem roten Kreis verziert. Der Schnittpunkt Z der Strecke $\overline{FG}$ mit der Strecke $\overline{KC}$ ist der Mittelpunkt dieses Kreises k. k ist der größtmögliche Kreis mit Mittelpunkt Z, der noch vollständig im Segeltuch ABC eingezeichnet werden kann.
Zeichne den Kreis ein und berechne seinen Flächeninhalt.

h) Als weitere Verzierung wird ein Kreissektor rot eingefärbt. Der Kreissektor mit Mittelpunkt B berührt den Kreis k.
Zeichne den zugehörigen Kreisbogen $\overset{\frown}{PQ}$ ein, wobei $P \in \overline{BC}$ und $Q \in \overline{AB}$.
Berechne den Flächeninhalt dieses Sektors.

i) Berechne den Flächeninhalt der im Viereck ZKBG nicht rot gefärbten Restfläche.

j) Um das Segel zu verstärken, wird ein Seil von A nach E eingenäht.
Berechne, wie lang die Strecke $\overline{AE}$ ist und welches Maß α_1 der Winkel EAC hat.

7 Das Fünfeck ABCDE ist die Grundform eines symmetrischen Flugdrachens. Es gilt:
$|\overline{AM}| = |\overline{ME}| = 80$ cm; $|\overline{AC}| = |\overline{CM}| = 40$ cm;
$|\overline{AB}| = |\overline{BC}|$; $\beta = 26{,}57°$; $|\overline{ED}| = 60$ cm

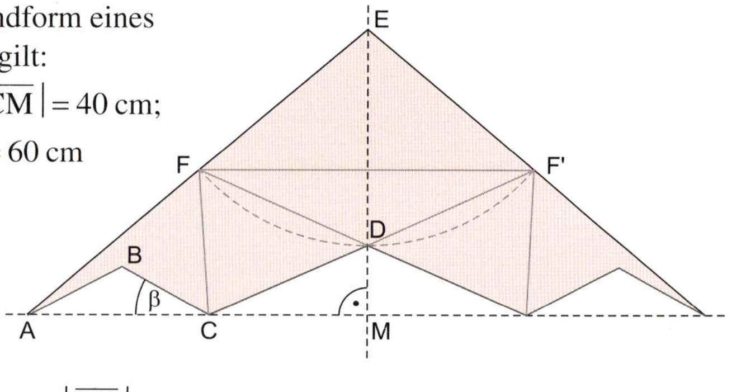

a) Zeichne den Bauplan im Maßstab 1 : 20 und berechne die Länge der Strecken $\overline{AB}$ und $\overline{CD}$ sowie das Maß γ des Winkels EDC.
[Teilergebnisse: $|\overline{AB}| = 22{,}36$ cm; $|\overline{CD}| = 44{,}72$ cm; $\gamma = 116{,}57°$]

b) Berechne, wie groß die Segelfläche (Flächeninhalt) des Flugdrachens auf cm^2 gerundet ist.
[Teilergebnis: $A = 5\,200\ cm^2$]

c) Der Kreis um E mit Radius $r = \overline{DE}$ schneidet die Strecke $\overline{AE}$ im Punkt F.
Berechne die Länge der Querverstrebungen $\overline{DF}$ und $\overline{FF'}$ sowie das Maß α des Winkels DFE.
[Teilergebnisse: $|\overline{DF}| = 45{,}92$ cm; $|\overline{FF'}| = 84{,}85$ cm]

d) Um den Flugdrachen für höhere Windstärken zu versteifen, sollen zwei zusätzliche Stangen $\overline{DP}$ und $\overline{DP'}$ eingebaut werden, wobei $P \in \overline{EF}$ und $P' \in \overline{EF'}$. Diese beiden Stangen sollen möglichst kurz sein.
Zeichne diese beiden Stangen ein und berechne ihre Länge.

e) Das Viereck EFDF' soll mit gelbem Segeltuch bespannt werden.
Berechne den Anteil an der Gesamtfläche in Prozent, den das gelbe Segeltuch einnimmt.

f) Berechne, wie lang der Holm $\overline{FC}$ ist.
[Teilergebnis: $\sphericalangle EDF = 67{,}50°$]

8 Das Trapez ABCD mit $\overline{AB} \parallel \overline{CD}$ ist die Grundform eines Klettergerüsts im Kindergarten. Es besitzt folgende Maße:
$|\overline{AB}| = 4$ m; $|\overline{MB}| = 2$ m; $|\overline{EC}| = h = 1{,}50$ m;
$\sphericalangle ACB = 90°$; $\sphericalangle BAD = \alpha = 45°$.

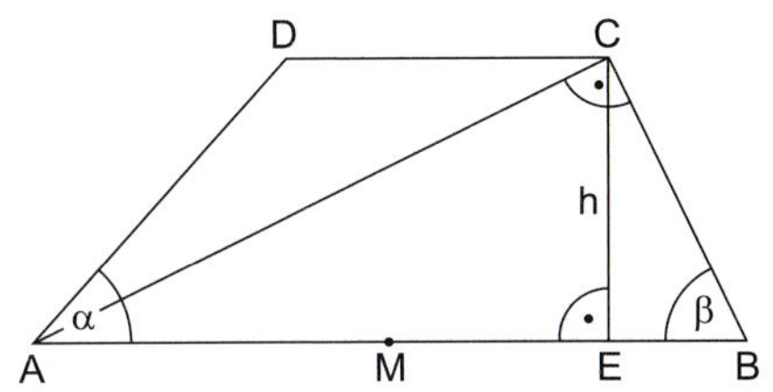

a) Zeichne das Klettergerüst im Maßstab 1:50.

b) Berechne das Maß ω des Winkels BMC, das Maß β des Winkels CBA und die Länge der Strecke $\overline{BC}$.
[Teilergebnisse: $\omega = 48{,}59°$; $|\overline{BC}| = 1{,}65$ m]

c) Berechne den Umfangs des Klettergerüsts.
[Teilergebnisse: $|\overline{AF}| = 1{,}50$ m; $|\overline{EB}| = 0{,}68$ m]

d) Vom Punkt D verläuft eine Stahlstange kreisbogenförmig zum Punkt Q auf $\overline{AC}$. Zeichne den Bogen ein und berechne die Bogenlänge b des Kreisbogens $\overset{\frown}{DQ}$. (Der Mittelpunkt des zugehörigen Kreises ist der Punkt C.)

e) Auf der Strecke $\overline{DA}$ liegt der Punkt P. Von P nach Q verläuft eine Stange parallel zur Strecke $\overline{DC}$. Zeichne die Stange ein und berechne ihre Länge.

f) Berechne, wie hoch die Stange $\overline{PQ}$ über dem Boden befestigt ist.

Raumgeometrie

Aufgaben

9 Die Raute ABCD mit der 12 cm langen Diagonalen $\overline{AC}$ und der 9 cm langen Diagonalen $\overline{BD}$ ist die Grundfläche einer Pyramide ABCDS. Die Spitze S liegt dabei senkrecht über dem Diagonalenschnittpunkt M. Das Maß α des Winkels MAS beträgt 60°.

a) Zeichne ein Schrägbild mit $q=0{,}5$, $\omega=30°$. $\overline{AC}$ soll auf der Schrägbildachse liegen.

b) Berechne die Länge von $\overline{AS}$.

c) Die Punkte P_n auf der Kante $\overline{AS}$ sind x cm von A entfernt und sind Spitzen von Pyramiden $ABDP_n$.
Zeichne die Pyramide $ABDP_1$ für $x=7$ in das Schrägbild ein.
Berechne dann das Volumen der Pyramide $ABDP_1$ und das Maß ε des Neigungswinkels P_1MA der Seitenfläche BDP_1 zur Grundfläche.

d) Ermittle rechnerisch die Streckenlänge $|\overline{MP_n}|$ in Abhängigkeit von x.
[Teilergebnis: $|\overline{MP_n}|(x)=\sqrt{x^2-6x+36}$ cm]

e) Berechne die zugehörigen x-Werte, sodass die Strecken $\overline{MP_n}$ jeweils 5,5 cm lang sind.

f) Die Pyramide $ABDP_2$ hat das Volumen $V=50\ \text{cm}^3$.
Berechne den zugehörigen Wert für x, die Streckenlänge $|\overline{MP_2}|$ und das Maß φ des Winkels AP_2M.
[Teilergebnis: $V(x)=4{,}5\sqrt{3}\cdot x\ \text{cm}^3$]

10 Ein gerader Kegel hat einen Grundkreisradius von 2 cm und eine Höhe von 8 cm. Verlängert man den Radius um x cm und verkürzt man die Höhe gleichzeitig um 2x cm, so entstehen neue Kegel.

a) Zeichne den Axialschnitt ABS des ursprünglichen Kegels und den Axialschnitt $A_1B_1S_1$ des veränderten Kegels für $x=2{,}5$.
Berechne dann das Maß α des Winkels zwischen der Mantellinie und der Grundfläche des Kegels mit Axialschnitt $A_1B_1S_1$.

b) Berechne den Flächeninhalt des Axialschnitts $A_nB_nS_n$ in Abhängigkeit von x.
[Teilergebnis: $A_{\Delta A_nB_nS_n}(x)=[-2x^2+4x+16]\ \text{cm}^2$]

c) Berechne den Radius und die Höhe des Kegels, für den der Axialschnitt $A_nB_nS_n$ den maximalen Flächeninhalt besitzt. Gib A_{max} an.

d) Berechne den Wert für x, für den ein Axialschnitt $A_2B_2S_2$ mit 12 cm² Flächeninhalt entsteht.

e) Berechne das Maß ε des Winkels $S_3B_3A_3$ für den Kegel, der für den x-Wert 1,5 entsteht.

f) Berechne, für welchen x-Wert die Streckenlänge $|\overline{B_nS_n}|$ 6 cm lang ist.
[Teilergebnis: $|\overline{B_nS_n}|=\sqrt{5x^2-28x+68}$ cm]

g) Berechne das Maß φ des Mittelpunktswinkels des Kreissektors, den man als Abwicklung der Mantelfläche des Kegels mit der 6 cm langen Mantellinie m erhält.

11 Das gleichseitige Dreieck ABC mit der Seitenlänge $a = 6$ cm ist Grundfläche eines geraden Prismas ABCDEF mit der Höhe $|\overline{AD}| = 6$ cm.

a) Zeichne ein Schrägbild des Prismas ABCDEF. Dabei soll $\overline{AC}$ auf der Schrägbildachse liegen. Für die Zeichnung: $q = \frac{1}{2}; \omega = 45°$.

b) Punkte P_n mit $|\overline{CP_n}| = x$ cm ($x < 6$; $x \in \mathbb{R}^+$) liegen auf der Strecke $\overline{CF}$ und bilden mit den Punkten A und B gleichschenklige Dreiecke ABP_n.
Zeichne das Dreieck ABP_1 für $x = 4$ in das Schrägbild zu Teilaufgabe a ein und berechne das Maß ε_1 des Winkels CMP_1, wobei M Mittelpunkt von $\overline{AB}$ ist.

c) Berechne den Flächeninhalt des Dreiecks ABP_1.

d) Berechne das größte Maß ε_{max} der Winkel CMP_n.

e) Der Punkt C ist die Spitze der Pyramide ABP_1C. Berechne die Höhe dieser Pyramide und zeichne sie ein.

f) Berechne den Umfang des Dreiecks ABP_2 für $\varepsilon_2 = 40°$.

g) Berechne das Volumen des Körpers mit den Eckpunkten ABP_nDEF in Abhängigkeit von x.

h) Das Volumen der Pyramide $ABCP_3$ beträgt 80 % des maximalen Volumens der Pyramiden $ABCP_n$. Berechne das Maß ε_3 des Winkels CMP_3.

i) T ist der Mittelpunkt der Seite $\overline{DE}$. Berechne das Maß γ des Winkels TP_1M.

12 Die Raute ABCD mit den Diagonalenlängen $|\overline{AC}| = 10$ cm und $|\overline{BD}| = 8$ cm ist die Grundfläche der Pyramide ABCDS. Die Spitze S liegt senkrecht über dem Diagonalenschnittpunkt M der Grundfläche mit $|\overline{MS}| = 8$ cm.

a) Zeichne das Schrägbild der Pyramide ABCDS, wobei $\overline{BD}$ auf der Schrägbildachse liegen soll.
Für die Zeichnung gilt: $q = \frac{1}{2}; \omega = 60°$.

b) Berechne das Maß δ des Winkels BSD sowie die Länge der Strecke $\overline{AS}$.

c) Eine zur Grundfläche parallele Ebene schneidet die Pyramide im Abstand von x cm zur Grundfläche. Die Schnittflächen sind die Rauten $P_nQ_nR_nT_n$ mit $P_n \in \overline{AS}$, $Q_n \in \overline{BS}$, $R_n \in \overline{CS}$ und $T_n \in \overline{DS}$. Die Diagonalenschnittpunkte der Rauten $P_nQ_nR_nT_n$ sind die Punkte U_n mit $|\overline{MU_n}| = x$ cm. Der Punkt M ist die Spitze von Pyramiden $P_nQ_nR_nT_nM$.
Zeichne die Pyramide $P_1Q_1R_1T_1M$ für $x = 5$ in die Zeichnung zu Teilaufgabe a ein.
Gib an, für welche Werte von x es Pyramiden $P_nQ_nR_nT_nM$ gibt.

d) Berechne das Maß ε des Winkels R_1P_1S sowie die Länge der Strecke $\overline{U_1T_1}$.

e) Berechne den Flächeninhalt der Rauten $P_nQ_nR_nT_n$ in Abhängigkeit von x.
[Teilergebnisse: $|\overline{T_nQ_n}|(x) = (8 - x)$ cm; $A(x) = (0{,}625x^2 - 10x + 40)$ cm^2]

f) Schwer: Die Seitenkante $\overline{MQ_2}$ der Pyramide $P_2Q_2R_2T_2M$ schließt mit der Kante $\overline{BS}$ den Winkel $BQ_2M = 60°$ ein. Berechne den zugehörigen x-Wert.
[Teilergebnis: $x = 3{,}43$]

g) Der Flächeninhalt der Raute $P_3Q_3R_3T_3$ beträgt 32 cm^2. Berechne das zugehörige Winkelmaß φ des Winkels MQ_3S.

Aufgaben im Stil der Prüfung

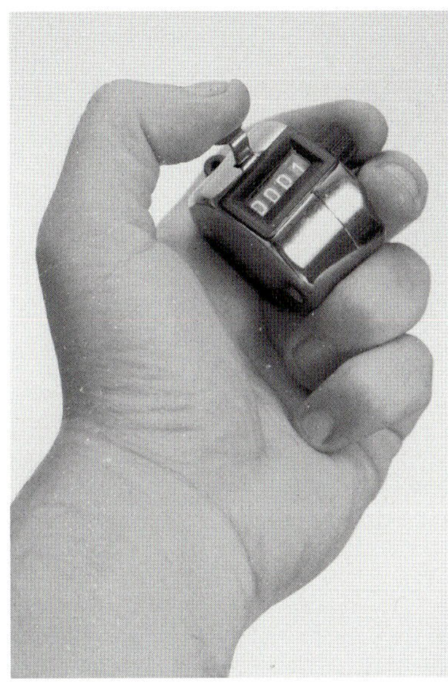

Hinweise des Bayerischen Staatsministeriums für Unterricht und Kultus

Die Beispielaufgaben für die Abschlussprüfung sowie die Muster-Abschlussprüfung sollen insbesondere Folgendes veranschaulichen:

- Mögliche Gestaltung der Abschlussprüfung ab dem Jahr 2023
- Integration eines Prüfungsteils A, der ohne Taschenrechner zu bearbeiten ist
- Neuerungen bei den Prüfungsinhalten, insbesondere auch aus dem Bereich Daten und Zufall (sowohl im Prüfungsteil A als auch im Prüfungsteil B)
- Lehrplanbedingte, formale Änderungen (z. B. neuer Zeichenkatalog)
- Integration neuer Aufgabenformate
- Bedeutung von Operatoren in Aufgabenstellungen
- Orientierung zu Korrektur und Bepunktung
- Bewahrung bewährter Aufgabenformate und Kontinuität im Hinblick auf die bisherige Abschlussprüfung:
  - weitgehende Übernahme von Prüfungsaufgaben aus vergangenen Jahren im Teil B
  - Aufgaben aus vergangenen Jahren als Grundlage einer gezielten Vorbereitung auch für die Abschlussprüfung ab 2023

Bitte beachten Sie, dass die Beispielaufgaben sowie die Muster-Abschlussprüfungen im Zusammenhang betrachtet werden sollten. So können etwa Aufgabenformate oder die Zusammensetzung bzw. der Aufbau von Prüfungen, wie sie etwa für Mathematik I aufgezeigt werden, grundsätzlich auch in Mathematik II vorkommen und umgekehrt. Zudem dienen die Materialien in erster Linie der Orientierung bei der Vorbereitung auf die Prüfungen ab 2023 und haben somit exemplarischen Charakter.
Verbindliche Rückschlüsse auf Prüfungsaufgaben sind nicht möglich.

Beispielaufgaben
Bayern – Realschule – Mathematik II/III

Teil A – ohne Taschenrechner

Aufgabe A 1 Raumgeometrie

4 Punkte A 1 Der zylinderförmige Teil der abgebildeten Litfaßsäule besitzt die Höhe h und den Durchmesser d. Dieser Teil wird vollständig mit Werbeplakaten beklebt.
Ermitteln Sie den ungefähren Flächeninhalt A der beklebten Fläche in Wirklichkeit.
Schätzen Sie die dafür benötigten Größen mithilfe des Bildes ab.

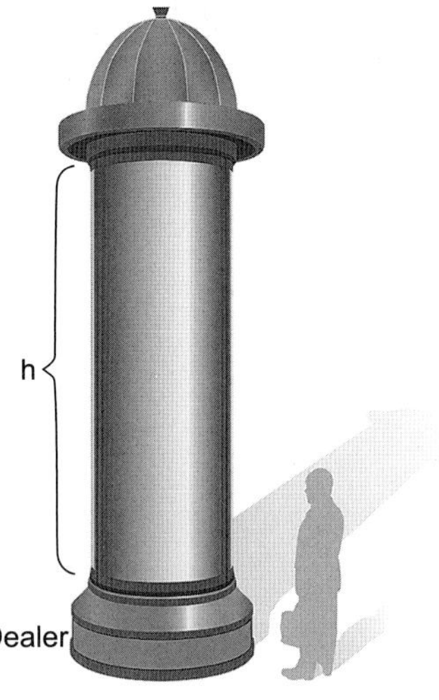

Aufgabe A 2 Daten und Zufall

A 2.0 Eine Umfrage unter den 620 Schülern einer Realschule ergibt, dass sich jeder vierte dieser Schüler eine größere Auswahl beim Pausenverkauf wünscht.

1 Punkt A 2.1 Berechnen Sie, wie viele Schüler diesen Wunsch geäußert haben.

3 Punkte A 2.2 Um den Schülern entgegenzukommen, gibt es beim Pausenverkauf ab sofort die Möglichkeit, sich sein Brötchen nach Wunsch belegen zu lassen.
Dazu wählen die Schüler zwischen Weizen-, Dinkel- und Roggenbrötchen, treffen anschließend eine Entscheidung zwischen Salami (Sa), Schinken (Sch), Kräuterquark (Kr) und Käse (Kä) und wählen dann noch zwischen Gurken (G) oder Tomaten (T) aus.
Erstellen Sie einen Ausschnitt eines Baumdiagramms, der alle Pfade enthält, die sich für vollständig belegte Weizenbrötchen ergeben.
Nennen Sie sodann die Anzahl der verschiedenen Kombinationsmöglichkeiten für vollständig belegte Brötchen.

1 Punkt A 2.3 Alle Kombinationsmöglichkeiten sind gleich beliebt.
Geben Sie die Wahrscheinlichkeit dafür an, dass als erstes Brötchen eines mit Schinken verkauft wird.

2 Punkte A 2.4 Freitags gibt es nur Überraschungsbrötchen. Von allen Kombinationsmöglichkeiten werden gleich viele Brötchen vorbereitet. Beim Kauf erhält man ein zufällig ausgewähltes Überraschungsbrötchen.
Bestimmen Sie, mit welcher Wahrscheinlichkeit das erste verkaufte Überraschungsbrötchen entweder eines mit Salami und Gurke oder ein Roggenbrötchen mit Kräuterquark ist.

Teil B – mit Taschenrechner

Aufgabe B 1 Funktionen

B 1.0 Auf Meereshöhe beträgt der Luftdruck unter normalen Bedingungen 1 013 hPa (Hektopascal). Mit zunehmender Höhe nimmt der Luftdruck ab.
Der Wert des Luftdrucks kann annähernd durch die Funktion f mit der Gleichung $y = 1\,013 \cdot 0{,}87^x$ ($x \in \mathbb{R}_0^+$; $y \in \mathbb{R}_0^+$) beschrieben werden, wobei y den Luftdruck in hPa und x die Höhe in Kilometern über Meereshöhe angibt.

2 Punkte B 1.1 Der minimale Luftdruck, bei dem Menschen nachweislich dauerhaft leben können, liegt bei etwa 460 hPa.
Berechnen Sie mithilfe der Funktion f, in welcher Höhe dieser minimale Luftdruck vorherrscht.
Runden Sie auf eine Stelle nach dem Komma.

3 Punkte B 1.2 In der Luftfahrt verwendet man für den Zusammenhang zwischen Höhe und Luftdruck die Faustregel: „Alle 5,5 km halbiert sich der Luftdruck." Die momentane Reisehöhe eines Flugzeugs der Fluglinie „RisingAir" liegt bei 11 km.
Berechnen Sie, um wie viel Prozent der Wert des Luftdrucks entsprechend der Faustregel größer ist als der Funktionswert, der sich für diese Höhe ergibt. Runden Sie auf Ganze.

Aufgabe B 2 Raumgeometrie

5 Punkte B 2 Nebenstehende Skizze zeigt den Axialschnitt eines Rotationskörpers, der das Glas einer Sanduhr darstellt. Es gilt:
$|\overline{MC}| = |\overline{ME}| = |\overline{MD}| = r = 10$ mm;
$|\overline{AG}| = 2$ mm;
$\sphericalangle FBA = 59°$; $\overline{BC} \parallel \overline{EF}$; $\overline{AG} \parallel \overline{BF}$
Die beiden Hälften des Glases sind jeweils 50 mm hoch. Die untere Hälfte ist bis zur Fülllinie BF mit Sand gefüllt.
Wird die Sanduhr umgedreht, rieseln pro Sekunde durchschnittlich 50 mm³ des Sandes von der oberen in die untere Hälfte des Glases.
Berechnen Sie, nach welcher Zeit sich der Sand wieder vollständig in der unteren Hälfte des Glases befindet.
Runden Sie auf Ganze.
[Zwischenergebnis: $|\overline{BC}| = 25$ mm]

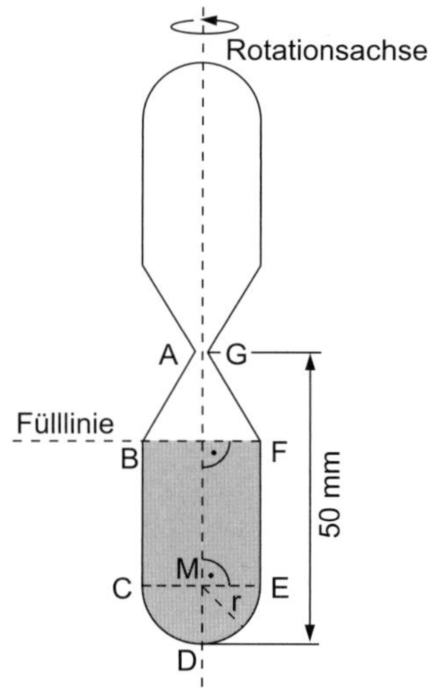

Aufgabe B 3 Funktionen

B 3.0 Die Parabel p mit dem Scheitel S(4 | 2) verläuft durch den Punkt P(–2 | –7).
Sie hat eine Gleichung der Form $y = ax^2 + bx + c$ mit $a \in \mathbb{R} \setminus \{0\}$ und $b, c, x, y \in \mathbb{R}$.
Die Gerade g hat die Gleichung $y = -0{,}5x + 5$ mit $x, y \in \mathbb{R}$.
Runden Sie im Folgenden auf zwei Stellen nach dem Komma.

5 Punkte B 3.1 Geben Sie die Gleichung der Symmetrieachse der Parabel p an und zeigen Sie rechnerisch, dass die Parabel die Gleichung $y = -0{,}25x^2 + 2x - 2$ hat.
Zeichnen Sie die Parabel p und die Gerade g für $x \in [-1; 9]$ in ein Koordinatensystem.
Für die Zeichnung: Längeneinheit 1 cm; $-2 \le x \le 10$; $-5 \le y \le 6$

2 Punkte B 3.2 Punkte $A_n(x \mid -0{,}25x^2 + 2x - 2)$ auf p und Punkte $B_n(x \mid -0{,}5x + 5)$ auf g haben dieselbe Abszisse x. Sie sind zusammen mit Punkten C_n und D_n Eckpunkte von gleichschenkligen Trapezen $A_nB_nC_nD_n$ mit $A_nB_n \parallel C_nD_n$. Die Höhen h der Trapeze haben eine Länge von 4 LE.
Weiter gilt: $|\overline{C_nD_n}| = 6$ LE.
Zeichnen Sie die Trapeze $A_1B_1C_1D_1$ für $x = 4$ und $A_2B_2C_2D_2$ für $x = 8{,}5$ in das Koordinatensystem zu B 3.1 ein.

2 Punkte B 3.3 Zeigen Sie rechnerisch, dass für den Flächeninhalt A der Trapeze $A_nB_nC_nD_n$ in Abhängigkeit von der Abszisse x der Punkte A_n gilt:
$A(x) = (0{,}5x^2 - 5x + 26)$ FE.
[Zwischenergebnis: $|\overline{A_nB_n}|(x) = (0{,}25x^2 - 2{,}5x + 7)$ LE]

4 Punkte B 3.4 Die Trapeze $A_3B_3C_3D_3$ und $A_4B_4C_4D_4$ haben einen Flächeninhalt von 25 FE.
Berechnen Sie die zugehörigen Werte für x.
Sind diese Trapeze Rechtecke? Begründen Sie Ihre Entscheidung.

2 Punkte B 3.5 Berechnen Sie das Maß des Winkels $D_1C_1B_1$.

Aufgabe B 4 Ebene Geometrie

B 4.0 Nebenstehend ist die Vorlage für ein Firmenlogo in Form eines Fisches skizziert. Die Raute ABCD mit dem Diagonalenschnittpunkt M ist Grundlage für den Fischkörper, der durch den Kreisbogen $\overset{\frown}{OA}$ um den Mittelpunkt B, den Kreisbogen $\overset{\frown}{AP}$ um den Mittelpunkt D und die Strecke $\overline{OP}$ begrenzt wird. Das gleichschenklige Trapez OPQR bildet die Schwanzflosse.

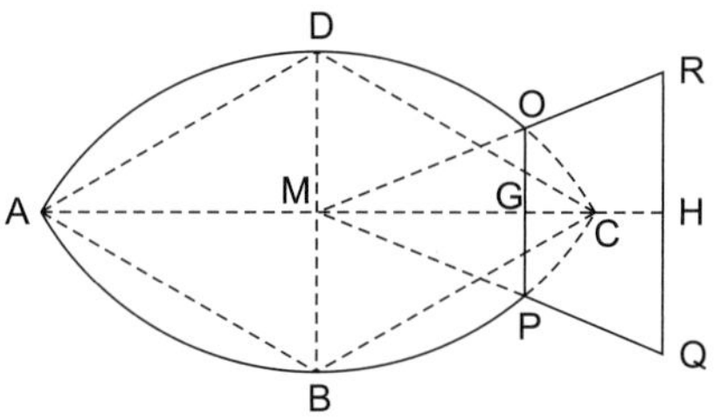

Es gilt:
$|\overline{BM}| = 3$ cm; $|\overline{BC}| = 6$ cm; $|\overline{MH}| = 6{,}5$ cm;
$|\overline{RQ}| = 5{,}2$ cm; $DB \parallel OP \parallel RQ$
Runden Sie im Folgenden auf zwei Stellen nach dem Komma.

2 Punkte B 4.1 Berechnen Sie die Länge der Strecke $\overline{CM}$ und zeigen Sie, dass für das Maß des Winkels CBA gilt: $\sphericalangle CBA = 120°$.
[Teilergebnis: $|\overline{CM}| = 5{,}20$ cm]

3 Punkte — B 4.2 Zeichnen Sie die Vorlage des Firmenlogos.

4 Punkte — B 4.3 Für die Strecke $\overline{OP}$ gilt: $|\overline{OP}| = 0{,}6 \cdot |\overline{RQ}|$.
Berechnen Sie die Längen der Strecken $\overline{MG}$ und $\overline{OR}$.
[Ergebnis: $|\overline{MG}| = 3{,}90$ cm; $|\overline{OR}| = 2{,}80$ cm]

2 Punkte — B 4.4 Zur farbigen Gestaltung werden das Dreieck MPO und die Figur, die durch die Kreisbögen $\overset{\frown}{DA}$ und $\overset{\frown}{AB}$ sowie die Strecke $\overline{BD}$ begrenzt wird, silbern eingefärbt. Berechnen Sie den Inhalt A der silbern eingefärbten Fläche.

4 Punkte — B 4.5 Bestimmen Sie rechnerisch den Umfang u der Vorlage.
[Zwischenergebnis: $\sphericalangle OBA = 100{,}54°$; Ergebnis: $u = 31{,}86$ cm]

2 Punkte — B 4.6 Das Firmenlogo wird später auf T-Shirts aufgenäht. Man geht davon aus, dass der benötigte Faden um 200 % länger als der Umfang der Vorlage ist. Auf einer Rolle befinden sich 500 m Faden.
Berechnen Sie, wie viele Firmenlogos mit einer Rolle höchstens aufgenäht werden können.

Musterprüfung
Bayern – Realschule – Mathematik II/III

Teil A – ohne Taschenrechner

Aufgabe A 1

A 1.0 Gegeben ist das gleichschenklige Dreieck ABC.
Es gilt: A(−2 | 1); B(2 | − 2); $\overrightarrow{AC} = \begin{pmatrix} 3 \\ 4 \end{pmatrix}$.

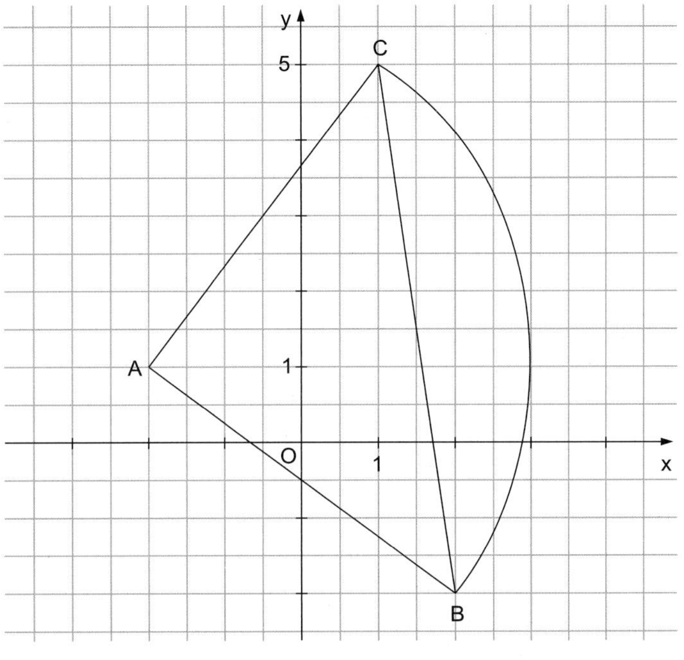

2 Punkte A 1.1 Begründen Sie rechnerisch, weshalb das Dreieck ABC rechtwinklig ist.

2 Punkte A 1.2 Der Kreis um A mit dem Radius 5 LE schneidet die Strecke $\overline{BC}$ in den Punkten B und C.
Berechnen Sie den Flächeninhalt $A_{Segment}$ des Kreissegments, das durch die Strecke $\overline{BC}$ und den Kreisbogen $\overset{\frown}{BC}$ begrenzt wird. Geben Sie das exakte Ergebnis an.

Aufgabe A 2

1,5 Punkte

A 2 Zeichnen Sie die Parabel p mit der Gleichung $y = -0{,}5 \cdot (x-1)^2 + 2$ ($x, y \in \mathbb{R}$) für $x \in [-3; 5]$ in das Koordinatensystem ein.

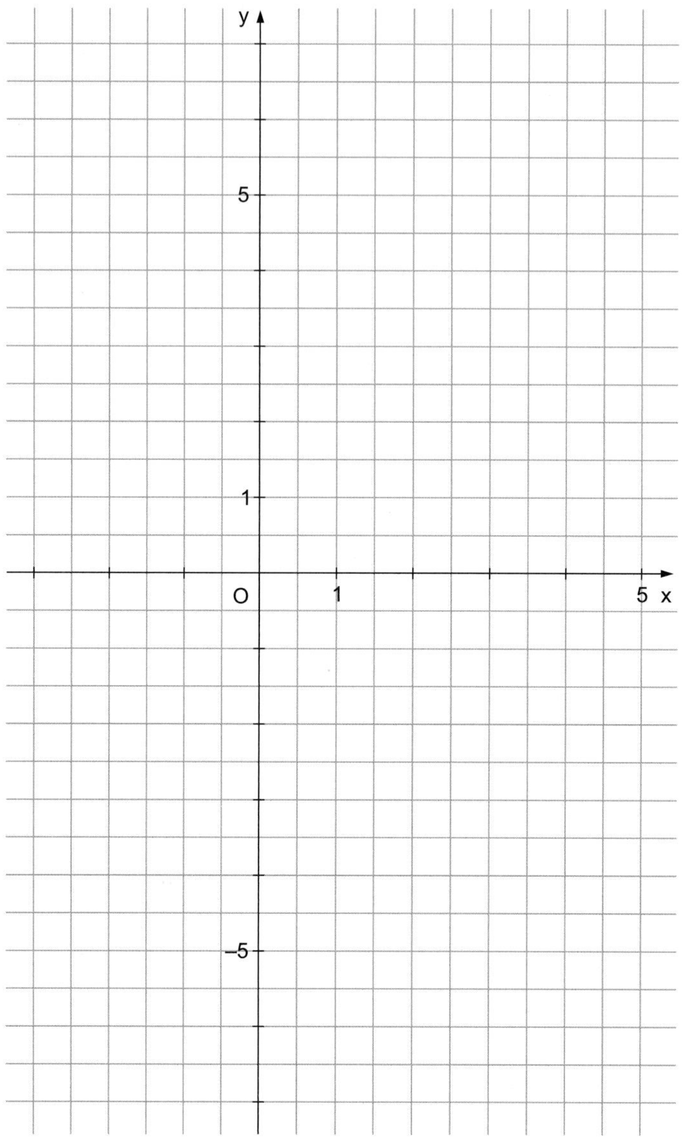

Aufgabe A 3

2 Punkte

A 3 Ermitteln Sie rechnerisch die Lösung der Gleichung $0{,}5x^2 + 18 = 6x$ ($x \in \mathbb{R}$).

Aufgabe A 4

A 4.0 In einem Kartenspiel mit insgesamt 100 Karten befinden sich jeweils 20 Ziffernkarten in den Farben Rot, Gelb, Grün und Blau. Pro Farbe sind jeweils zwei Karten mit den Ziffern 0 bis 9 beschriftet. Die übrigen 20 Karten sind Sonderkarten.
Die Karten werden gemischt und verdeckt verteilt. Bruno erhält die beiden ersten Karten.

1 Punkt A 4.1 Geben Sie die Wahrscheinlichkeit dafür an, dass Bruno als Erstes eine gelbe Ziffernkarte mit der Ziffer 0 erhält.

1 Punkt A 4.2 Geben Sie die Wahrscheinlichkeit dafür an, dass Bruno als Erstes eine grüne oder eine rote Ziffernkarte erhält.

2 Punkte A 4.3 Berechnen Sie die Wahrscheinlichkeit dafür, dass Bruno zwei Sonderkarten erhält.

Teil B – mit Taschenrechner

Aufgabe B 1

B 1.0 In einer Glasfabrik werden ausschließlich Flaschen aus weißem („W") und braunem („B") Glas hergestellt. Dabei beträgt der Anteil der weißen Flaschen p % ($p \in \mathbb{R}^+$). Bei der Produktion treten bei manchen Flaschen Fehler („F") auf. Von den weißen Flaschen haben 22 % Fehler. Bei den braunen Flaschen ist der Anteil der Flaschen mit Fehlern nur halb so groß. Der Rest der Flaschen hat keine Fehler („KF").

2,5 Punkte B 1.1 Zeichnen Sie ein zugehöriges Baumdiagramm, in dem die prozentualen Anteile ersichtlich sind.

2 Punkte B 1.2 Bei den letzten Qualitätskontrollen hat sich gezeigt, dass man bei einer zufällig ausgewählten Flasche mit einer Wahrscheinlichkeit von 14 % eine weiße Flasche mit einem Fehler erhält.
Berechnen Sie den Anteil p % der produzierten weißen Flaschen.
Runden Sie auf Ganze.

Aufgabe B 2

B 2.0 Am 21.02.2021 kaufte sich Claudia für 2 000 € Aktien. Sie geht davon aus, dass der Wert y € ihrer Aktien nach x Jahren durch die Funktion f: $y = 2\,000 \cdot 1{,}07^x$ mit $x \in \mathbb{R}_0^+$ und $y \in \mathbb{R}^+$ dargestellt werden kann.

1 Punkt B 2.1 Ergänzen Sie die folgende Aussage.
Claudia nimmt an, dass der Wert ihrer Aktien jährlich um ______ Prozent zunimmt.

1 Punkt B 2.2 Claudia plant, am 21.02.2066 in den Ruhestand zu gehen.
Bestimmen Sie rechnerisch, wie viel ihre Aktien zu diesem Zeitpunkt nach der oben getroffenen Annahme wert wären.
Runden Sie auf ganze Euro.

3 Punkte B 2.3 Jeweils am 21. Februar eines Jahres soll Claudia eine Mitteilung über den momentanen Wert der Aktien erhalten.
Ermitteln Sie rechnerisch das Datum, an dem Claudia erstmals erfahren würde, dass sich der Wert des Anfangskapitals verfünffacht hätte.

Aufgabe B 3

B 3.0 Nebenstehende Skizze zeigt das Viereck ABCD, für das gilt:
$|\overline{AB}| = |\overline{AC}| = 10\text{ cm}$; $|\overline{AD}| = 8\text{ cm}$;
$\sphericalangle BAD = 100°$; $\overline{AB} \parallel \overline{CD}$.
Runden Sie im Folgenden auf zwei Stellen nach dem Komma.

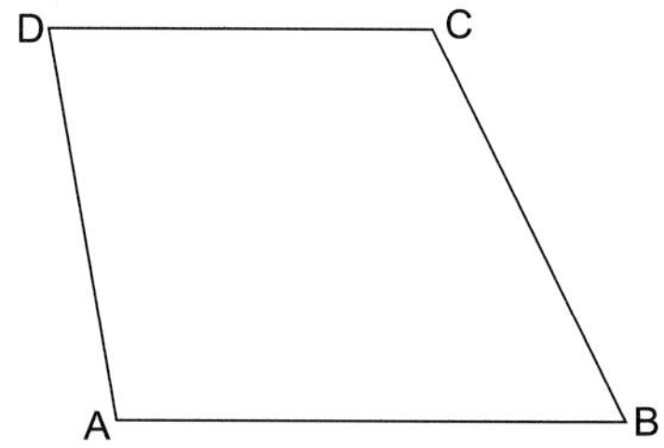

4 Punkte B 3.1 Zeichnen Sie das Viereck ABCD mit den Diagonalen $\overline{AC}$ und $\overline{BD}$.
Berechnen Sie sodann die Länge der Strecke $\overline{BD}$ sowie das Maß des Winkels DBA.
[Ergebnis: $|\overline{BD}| = 13{,}85\text{ cm}$; $\sphericalangle DBA = 34{,}67°$]

2 Punkte B 3.2 Berechnen Sie das Maß des Winkels DCA und begründen Sie, dass gilt: $\sphericalangle BAC = \sphericalangle DCA = 51{,}98°$.

2 Punkte B 3.3 Berechnen Sie den Flächeninhalt A_{ABCD} des Vierecks ABCD.
[Ergebnis: $A_{ABCD} = 69{,}12\ cm^2$]

1 Punkt B 3.4 Der Punkt M ist der Mittelpunkt der Strecke $\overline{AB}$. Ein Kreis um M berührt die Strecke $\overline{BD}$ im Punkt E und schneidet die Strecke $\overline{AM}$ im Punkt F.
Ergänzen Sie die Zeichnung zu B 3.1 um die Strecke $\overline{ME}$ und den Kreisbogen $\overset{\frown}{EF}$ mit dem Mittelpunkt M.

5 Punkte B 3.5 Die Strecken $\overline{FB}$ und $\overline{BE}$ sowie der Kreisbogen $\overset{\frown}{EF}$ legen die Figur FBE fest.
Berechnen Sie den prozentualen Anteil des Flächeninhalts A_{FBE} der Figur FBE am Flächeninhalt A_{ABCD} des Vierecks ABCD.
[Zwischenergebnis: $|\overline{ME}| = 2{,}84\ cm$]

2 Punkte B 3.6 Der Punkt G ist der Schnittpunkt der Diagonalen des Vierecks ABCD.
Berechnen Sie das Maß des Winkels CGD.
Begründen Sie sodann, dass gilt: $|\overline{DG}| > d(D; \overline{AC})$.

Aufgabe B 4

B 4.0 Die nebenstehende Skizze zeigt ein Schrägbild der Pyramide ABCDS mit der Höhe $\overline{MS}$, deren Grundfläche die Raute ABCD mit dem Diagonalenschnittpunkt M ist.
Es gilt:
$|\overline{AC}| = 13\ cm$; $|\overline{BD}| = 12\ cm$;
$|\overline{MS}| = 12\ cm$.
Runden Sie im Folgenden auf zwei Stellen nach dem Komma.

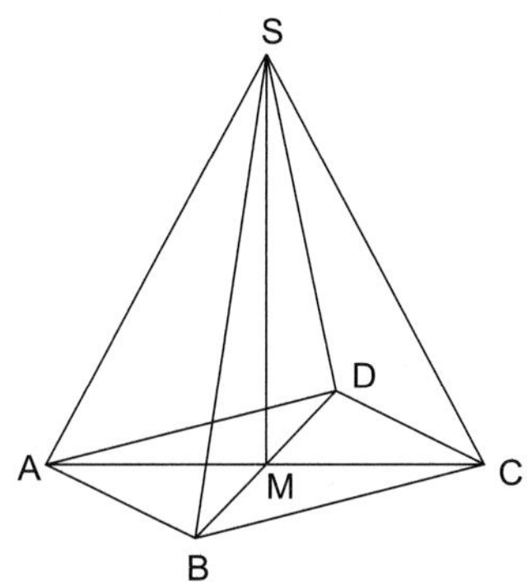

4 Punkte B 4.1 Zeichnen Sie das Schrägbild der Pyramide ABCDS, wobei die Strecke $\overline{AC}$ auf der Schrägbildachse und der Punkt A links vom Punkt C liegen soll.
Für die Zeichnung gilt: $q = \frac{1}{2}$; $\omega = 45°$.
Berechnen Sie sodann die Länge der Strecke $\overline{CS}$ und das Maß des Winkels SCA.
[Teilergebnis: $|\overline{CS}| = 13{,}65\ cm$]

2 Punkte B 4.2 Punkte H_n liegen auf der Strecke $\overline{AM}$ mit $|\overline{AH_n}|(x) = x\ cm$ $(x \in \mathbb{R};\ 0 < x < 6{,}5)$.
Sie sind Mittelpunkte von Strecken $\overline{P_nQ_n}$ mit $P_n \in \overline{AB}$, $Q_n \in \overline{AD}$ und $\overline{P_nQ_n} \parallel \overline{BD}$.
Punkte R_n sind Spitzen von Pyramiden $AP_nCQ_nR_n$ mit den Grundflächen AP_nCQ_n und den Höhen $\overline{H_nR_n}$, wobei gilt: $|\overline{CR_n}| = |\overline{CS}|$.
Zeichnen Sie die Pyramide $AP_1CQ_1R_1$ und die zugehörige Höhe $\overline{H_1R_1}$ für $x = 3$ in das Schrägbild zu B 4.1 ein.

5 Punkte B 4.3 Zeigen Sie rechnerisch, dass für das Volumen V_1 der Pyramide $AP_1CQ_1R_1$ gilt: $V_1 = 111{,}51\ cm^3$.
Bestimmen Sie sodann den prozentualen Anteil des Volumens V_1 am Volumen V der Pyramide ABCDS.

2 Punkte B 4.4 In der Pyramide $AP_2CQ_2R_2$ gilt: $|\overline{H_2R_2}| = 6$ cm.
Bestimmen Sie rechnerisch den zugehörigen Wert für x.

2 Punkte B 4.5 Zeigen Sie, dass für die Höhen $\overline{H_nR_n}$ der Pyramiden $AP_nCQ_nR_n$ in Abhängigkeit von x gilt: $|\overline{H_nR_n}|(x) = \sqrt{-x^2 + 26x + 17{,}32}$ cm.

2 Punkte B 4.6 Begründen Sie, weshalb es unter den Pyramiden $AP_nCQ_nR_n$ keine Pyramide $AP_3CQ_3R_3$ mit $\sphericalangle R_3CA = 15°$ gibt.

Abschlussprüfung 2022
Bayern – Realschule – Mathematik II/III

Um dir die Prüfung 2022 schnellstmöglich zur Verfügung stellen zu können, bringen wir sie in digitaler Form heraus.

Sobald die Original-Prüfungsaufgaben 2022 zur Veröffentlichung freigegeben sind, können sie als PDF auf der Plattform MyStark heruntergeladen werden (Zugangscode vorne im Buch).

Prüfung 2022

www.stark-verlag.de/mystark

STOPP DIE PANIK

Mit der Fußsohlen-Methode

Prüfungen können Angst- und Fluchtsituationen sein. Dein Körper schüttet Adrenalin aus und dämpft das Gefühl in den Füßen. Z. B. beim Weglaufen ist es gut, wenn man die Füße nicht spürt. Eine Prüfung ist aber **keine Gefahrensituation**. Signalisiere deinem Körper, dass du nicht weglaufen musst, und bring das Gefühl in deine Füße zurück:

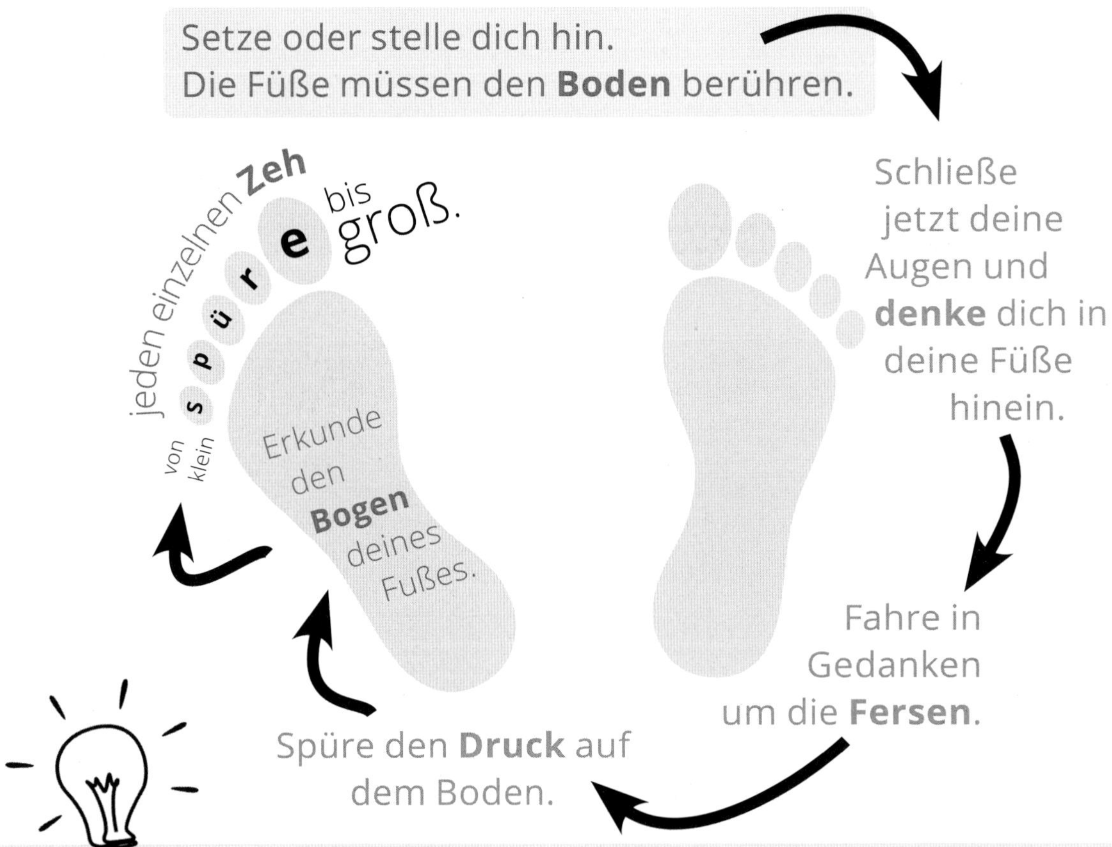

Dein Körper **fühlt** die Füße wieder und denkt, er sei in keiner Panik-Situation, sondern in **Sicherheit**.